Barbara Handelman

Hundeverhalten

Ich widme dieses Buch meinem Ehemann Bob.

Das Samenkorn für unsere Liebe hast du
Mit einem Sturm in mein Herz gepflanzt.
Zwei Keimlinge – zwei Seelen
Sie lachten und wuchsen
Gut verwurzelt im Boden
Und trotzdem auf Flügeln.
Graue Haare beweisen
Die Tiefe unserer Liebe.

Und an Debi Davis.

Du bist wertvoll in meinem Leben.
Du bist meine Freundin, meine Lehrerin und meine Schwester im Geiste.
Deine Stimme schwingt in mir, jetzt und immer.

Barbara Handelman

Hundeverhalten

Mimik, Körpersprache und Verständigung
Mit über 800 ausdrucksstarken Fotos

KOSMOS

Es gab niemals einen größeren König als Salomon
Nicht seit Anbeginn der Welt
Und doch sprach Salomon zu den Schmetterlingen
Als ob er zu seinesgleichen spräche.

Rudyard Kipling

Inhalt

Gott hat die Erde, den Himmel und das Wasser geschaffen, den Mond und die Sonne. Er schuf Menschen und Vögel und wilde Tiere.
Aber den Hund erschuf er nicht: er hatte bereits einen.

Sprichwort der Amerikanischen Ureinwohner

Zum Geleit

Diejenigen von uns, die sich seit Jahrzehnten mit Hunden und ihrem Verhalten beschäftigen, können sich noch gut daran erinnern, wie wenig Wissen »damals« vorhanden war. Wir wussten etwas über Hundetraining aber fast nichts über Hundeverhalten. Wir versuchten Hundeverhalten zu verstehen und mit Hunden zu kommunizieren, indem wir unseren engsten Begleiter aus dem Tierreich unter menschlichen Gesichtspunkten betrachteten und nach unseren eigenen sozialen Spielregeln maßen. Wo dies nicht funktionierte, behandelten wir Hunde als Wölfe mit verschiedensten Fellfarben und Größen, und erlitten wieder Schiffbruch – aus dem einfachen Grund, weil Hunde keine Wölfe sind.

Heutzutage besitzen wir einen reichen Schatz an Wissen über Hundeverhalten. Wir erkennen an, dass Hunde kognitiv und emotional komplexer sind, als wir ursprünglich dachten. Wir nutzen Hunde als Modelle für menschliche Verhaltensauffälligkeiten und psychische Krankheiten. Gerade weil wir wissen, dass Hunde in ihrer Neuroanatomie, Neurophysiologie und Neurochemie uns Menschen sehr ähnlich sind, sollten wir unser Verhältnis zu Hunden und unsere Kommunikation mit ihnen sorgfältiger gestalten, als wir dies in der Vergangenheit taten. Wissenschaftliche Untersuchungen über kognitive Fähigkeiten von Hunden haben gezeigt, dass sie auf ihre Art viele Anstrengungen unternommen haben, um uns Menschen und unsere Art des Umgangs mit ihnen zu verstehen. Jetzt ist es an der Zeit, dass wir ihnen den gleichen Gefallen tun – dass wir uns bemühen, die Kommunikation von Hunden untereinander und mit uns zu verstehen.

Dieses wunderbar illustrierte Buch gibt Einblick in das Verhalten und Kommunikationsverhalten von Hunden in seiner ganzen Komplexität und stellt dabei auch Unterschiede und Gemeinsamkeiten zu anderen Caniden vor. Vergleiche mit Wölfen, Kojoten, Füchsen oder Schakalen helfen uns,

Hunde zu verstehen, solange wir dabei nicht vergessen, dass Hunde keine Wölfe, Kojoten, Füchse oder Schakale sind. Hunde haben sich in der Vergangenheit durch natürliche und künstliche Faktoren in ihrem Verhalten und in ihrem Äußeren verändert, und werden dies auch in der Zukunft tun.

Zum aktuellen Wissen über Hunde haben viele Gruppen beigetragen: Wolfsforscher, Hundetrainer, Humanpsychologen, Verhaltensforscher und tierärztliche Verhaltenstherapeuten. Teilweise hatte man den Eindruck, als ob sich Verhaltensforscher, Trainer und Verhaltenstherapeuten mit verschiedenen Tierarten beschäftigten, so unterschiedlich waren dabei ihre Interpretationen des Hundeverhaltens. Zum Glück hat sich diese Uneinigkeit gegeben. Barbara Handelmans Buch gebührt die Auszeichnung, das erste Werk über Hundeverhalten zu sein, das die Weisheit und das Wissen dieser verschiedenen Disziplinen zusammenbringt.

Barbara Handelman hat uns ein wunderbares Geschenk gemacht: eine Zusammenfassung, die Hunde in ihren schönsten und ihren schlechtesten Momenten zeigt. Selbst wenn Sie das Buch nicht wegen einer konkreten Frage in die Hand nehmen – sie werden die Reise durch die Hundewelt und das Hundeleben genießen.

Viel Spaß beim Lesen

Lore I. Haug, DVM, MS, DACVB, CABC, CPDT

South Texas Veterinary Behavior Services

Expertenstimmen zu diesem Buch

»Indem die oft leichter zu erkennenden Signale und Ausdruckselemente von Wölfen beschrieben werden, hilft das Buch, subtilere Signale bei Hunden zu erkennen und zu verstehen. Hunde und Wölfe werden in gleichen Situationen gezeigt und dadurch wird ein gewaltiger Aha-Effekt im Hinblick auf Hundeverhalten ausgelöst.

Barbara Handelman hat neue Wege beschritten und ermöglicht es einer großen Gruppe von Lesern, Hundeverhalten wirklich zu verstehen.«

› **Debi Davis,**

Trainerin von Servicehunden und ehemalige Mitarbeiterin von Karen Pryor

»Endlich hat ein Verhaltensforscher verstanden, dass der ursprüngliche Wolf immer noch in der DNA unserer Haushunde enthalten ist und die Vorlage für viele Verhaltensmuster bei Hunden liefert. Dieses Buch stellt das Ausdrucksverhalten von Caniden besser dar als jedes andere Buch zu dem Thema.«

› **Charles J. Berger,**

DVM. Dr. Berger war begleitender Tierarzt bei großen Schlittenhundrennen, unter anderem fünfmal Iditarod und zweimal Yukon Quest. Zurzeit unterrichtet er am Dartmouth College über die Evolution und Biologie von Hunden.

»Das Buch enthält eine bemerkenswerte Zusammenstellung von Fotos und gibt eine generelle Übersicht über die Verhaltensmuster, die alle Hundebesitzer erkennen und verstehen sollten. Die wissenschaftlich korrekten Beschreibungen und Interpretationen von Verhaltensmustern habe ich mit Freude gelesen. Obwohl das Buch so vollgestopft mit Wissen ist, wurde es durch die Fotos und den unterschwelligen Humor beim Lesen nie langweilig. Das Buch zeigt nicht nur das Wissen, das sich Barbara Handelman angeeignet hat, sondern auch ihre tiefe Liebe zum ›besten Freund des Menschen‹. Ich werde das Buch mit Freude im Familienkreis, bei Freunden und Patientenbesitzern weiterempfehlen; jeder Hundebesitzer wird es lieben.«

› **Petra Mertens,**

DVM, PhD, FTAV, CAAB, DACVB. Junior-Professor für Verhaltensmedizin, Veterinärmedizinische Fakultät, Universität von Minnesota

»Ein extrem sorgfältig recherchiertes Buch.«

› **James O'Heare,**

CACB, Autor von »Das Aggressionsverhalten des Hundes: ein Arbeitsbuch«, Präsident des Companion Animal Science Institute

»Wenn man ein Tier trainiert, ist es wichtig zu wissen, ›was man vor sich hat‹. Dieses Buch stellt Verhaltensweisen von Hunden auf wissenschaftlichem Niveau vor und ergänzt die Texte mit wunderschönen Bildern. Besonders hervorzuheben ist das Kapitel zum Lernverhalten. Die Bilderserie von Luca, der lernt, sich auf kleinstem Raum zusammenzurollen, ist bemerkenswert. Allein deshalb lohnt es sich, das Buch zu kaufen.«

› **Kellie Snider,**

Zertifizierte Verhaltensberaterin; ihr Schwerpunkt ist das Training bei Aggressionsproblemen: www.animalbehavioranswers.com

»Mein Bücherregal ist um ein Buch reicher geworden. Dieses Buch ist klar und übersichtlich geschrieben und eignet sich gleichermaßen für Besitzer und professionelle Trainer. Die feinen Nuancen in der Körpersprache von Hunden sind auf wunderbare Weise in Text und Bild eingefangen. Ich selbst schaue regelmäßig hinein, einfach um interessante Feinheiten über die Kommunikation zwischen meinen Hunden herauszufinden.«

› **Melissa Alexander,**

Autorin des preisgekrönten Buches »Click for Joy«

»Dieses Buch ist von unschätzbarem Wert für alle, die Hunde besser verstehen wollen. Die Fotos von Monty Sloan sind fantastisch; vermutlich hat er sie über Jahre zusammen getragen. Es ist immer wieder spannend zu sehen, wie ähnlich sich Caniden in ihren Kommunikationsmustern sind. Der alphabetische Aufbau und die Querverweise machen dieses Buch zu einem wichtigen Nachschlagewerk für Hundetrainer und Verhaltensberater, Züchter, Tierheimmitarbeiter, Tierärzte und tierärztliche Fachangestellte. Dieses Buch wird man verschlingen.«

› **Brenda Aloff,**

Autorin des preisgekrönten Buches »Canine Body Language: a Photographic Guide« sowie »Positive Reinforcement: Training Dogs in the Real World, Aggression in Dogs, Foundation Behaviour for Every Dog, Get Connected with Your Dog«

»Was für ein einzigartiges und wertvolles Buch! Es enthält sorgfältig zusammengetragene Informationen aus den unterschiedlichsten Quellen in Kombination mit außerordentlichen Fotografien. Eine perfekte Ergänzung für das Bücherbord von all denen, die mit oder für Hunde arbeiten.«

› **Ken Ramirez,**

Vizepräsident von: »Animal Collections and Training« im Shedd Aquarium, Chicago. Autor von »Animal Training: Successful Animal Management Through Positive Reinforcement«. Mitglied von Karen Pryors Clicker Expo

»Das Buch vergleicht das Verhaltensinventar – Ethogramm – von Wölfen mit den Verhaltensmustern von verschiedenen Hunderassen. Dass der Wolf der Urahn all unserer heutigen Hunde ist, ist mittlerweile allgemein anerkannt – und so sind diese Vergleiche sehr wichtig. Obwohl sich die vielfältigen Rassen durchaus in bestimmten Charakteristika unterscheiden, sind die grundlegenden Muster und motorischen Elemente vergleichbar mit dem Wolf. Das Ethogramm, das wir im Wolf-Park verwenden, ist eine Weiterentwicklung des ursprünglich von Erik Zimen aus seinen Beobachtungen an Europäischen Grauwölfen erarbeiteten Ethogramms. Dieses Buch schafft eine gemeinsame Sprache für alle Hundeleute, wenn sie über das Verhalten ihrer Hunde reden. Für alle Hundebesitzer, Trainer oder Züchter ist es eine nützliche Ergänzung ihrer Bibliothek.«

› **Erich Klinghammer,**

PhD. Eckhard H. Hess Institut für Verhaltensbiologie, Wolf-Park, Battle Ground, IN

»Das Verhalten von Caniden wurde selten so gut bildlich dargestellt wie in diesem Buch.Jedes Foto hat eine herausragende Qualität. Dies gilt selbst für die Bilder, die diese kurzen subtilen Momente der Kommunikation einfangen, die so typisch für Verhaltenssequenzen bei Caniden sind. Monty Sloans Fotografien von Wölfen im Wolf-Park erlauben noch einmal ganz andere und differenziertere Blickwinkel auf das Verhalten von Wölfen und Hunden – ein Blickwinkel, den man selten in der einschlägigen Literatur findet.«

› **Raymond und Lorna Coppinger,**

Co-Autoren von DOGS. Raymond ist emeritierter Professor für Biologie am Hampshire College der Universität von Massachusetts. Lorna hat ein hochgelobtes Buch über Schlittenhunde geschrieben und gemeinsam sind sie die Autoren von: »Hunde: neue Erkenntnisse über Herkunft, Verhalten und Evolution der Caniden«.

»Dieses Buch sollte im Schrank jedes Hundeenthusiasten stehen. Egal wie viel man schon über Hunde weiß, hier lernt man noch etwas dazu. Die Fotos sind fantastisch, und der Kauf lohnt sich schon alleine deshalb. Die Texte geben Einblick in Absichten und Bedeutungen hinter einzelnen Verhaltensweisen von Hunden. Der erste Schritt, um Verhaltensprobleme zu verhindern oder zu lösen, ist zu verstehen, was Hunde uns durch ihre Körpersprache sagen. Barbara Handelman teilt ihr Wissen und ihre Erfahrung großzügig mit uns, und dieses Buch wird garantiert jedem Leser helfen, sein Wissen über Hunde zu vertiefen und den eigenen Hund besser zu verstehen.«

› **Sheila Segurson,**

DVM, DACVB, tätig im »Koret Shelter Medicine Program« an der Veterinärmedizinischen Fakultät der University of California, Davis

Ihr sagt, ihr seid so müde wie ein Hund.
So wütend, krank und hungrig wie ein Hund.
So lustlos und schwermütig wie ein Hund.
So faul, schläfrig und nutzlos wie ein Hund.
Aber warum vergleicht ihr euch auf diese Art mit einem Hund?
In Bereichen, die jeder Mensch hasst an seinem Hund.
Ich will Euch besser vergleichen mit einem Hund.
Ihr seid ansehnlich und stark wie ein Hund.
Ihr seid treu und ehrlich wie ein Hund.
Ihr seid freundlich und tolerant wie ein Hund.
Ihr seid weise und tapfer wie ein Hund.

Sir John Davies

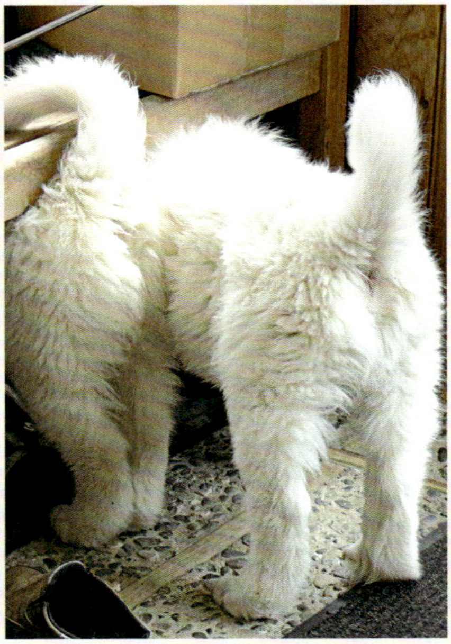

Zu diesem Buch

Das Wissen über Hundeverhalten und Kommunikation entwickelt sich stetig weiter und wir brauchen ein einheitliches Vokabular, um beobachtetes Verhalten verständlich beschreiben zu können. Mit diesem Buch will ich die Basis dafür schaffen, damit möglichst bald ein universelles Lexikon der gebräuchlichsten Begriffe vorhanden ist.

Um Verhalten korrekt interpretieren zu können, muss man auch den Kontext (die Situation) beachten, in dem das Verhalten gezeigt wird. Die unterschiedlichen Verhaltensweisen und Ausdruckselemente zur Kommunikation werden selten isoliert gezeigt oder eingesetzt; im Gegenteil, meist treten mehrere gleichzeitig auf. Die daraus resultierenden Gesamteindrücke

Wolfgang, im Wolfsrudel in der Beta-Position, bedrängt Renki, der im Status unter ihm steht. Wolfgang (links) zeigt einen aufgerichteten Körper; sowohl Kopf als auch Schwanz sind leicht erhoben und die Nackenhaare sind aufgerichtet. Renki macht den Körper klein, während er sich vorsichtig vorwärtsbewegt; der Schwanz ist dabei zwischen die Hinterbeine und unter den Bauch gezogen. Weitere Elemente des submissiven Displays sind die zurückgelegten Ohren und der leicht abgesenkte Kopf; auch bei ihm sind die Nackenhaare aufgerichtet.

sind immer zahlreicher als die Summe der einzelnen Ausdruckselemente. Nicht alle Verhaltensweisen von Hunden dienen der Kommunikation, aber jede Kommunikation läuft über das Zeigen von Verhaltensweisen ab.

Menschen können gleichzeitig wütend und traurig oder glücklich und unsicher auf einzelne Ereignisse reagieren. Solch gegensätzliche Emotionen findet man auch bei Caniden; auch hier können Interaktionen sehr ambivalent ablaufen.

Um einzelne Verhaltensweisen korrekt zu bezeichnen, muss der Betrachter den Hund und seine Körpersprache im Ganzen betrachten. Erscheint er entspannt, angespannt, steif, erregt, ängstlich, aggressiv, unterwürfig oder beschwichtigend? Manchmal können mehrere emotionale Zustände auch gleichzeitig ausgedrückt sein.

Früher, bevor ich Monty Sloans Fotografien aus dem Wolfspark und das Wolfs-Ethogramm (Goodman et al., 2002) gesehen hatte, war ich mir nicht bewusst, wie ähnlich einzelne Kommunikationselemente, Signal- und Ausdrucksformen bei den unterschiedlichen Canidenarten sein können.

Über viele Hundert Jahre hinweg wurden Hunde von Menschen selektiv gezüchtet und dadurch ihr Genom verändert. Einzelne Hunderassen dienten bestimmten Arbeitseinsätzen oder sollten dem Menschen einfach nur ein guter Begleiter sein, andere sollten die menschliche Eitelkeit befriedigen. Der Gedanke ist naheliegend, dass auch ererbte Verhaltensweisen zur Kommunikation von diesen Veränderungen betroffen wurden.

Für unsere Haushunde hängt das Überleben viel weniger davon ab, Unterwürfigkeit zu zeigen, als bei ihren wilden Verwandten. Hunde verlassen sich bei agonistischen Auseinandersetzungen eher darauf, dass Menschen diese unterbrechen oder beeinflussen oder dass Menschen Wunden heilen, die in der freien Natur zum Tode führen würden (Goodwin et al., 1996, S. 302).

Die Vorstellung, dass Hunde und ihre Menschen Rudel bilden, und dass in diesen Rudeln analoge Strukturen zu einem Wolfsrudel herrschen, wurde zu einem Leitbild unter Hundetrainern und Besitzern ab den späten 1970er-Jahren.

Das Buch »How To Be Your Dog's Best Friend« der Mönche von New Skete von 1978 hat das Bild geprägt, dass Wölfe Gewalt einsetzen, um einander zu dominieren und um hierarchische Strukturen zu bilden und zu halten. Die Mönche entwickelten ihr Bild von Wölfen und Hunden aufgrund von Studien aus den 1940er-Jahren. Die Aussagen dieser Studien waren das Resultat von sehr eingeschränkten Beobachtungen an Wölfen und daraus ergaben sich schwerwiegende Fehlinterpretationen von Wolfsverhalten.

Nichtsdestotrotz entwickelte sich diese Idee von einer auf Gewalt basierenden hierarchischen Struktur unter Wölfen zu einer Art Evangelium. Durch diesen Gewalt-Mythos gerechtfertigt, wurde dann von den Mönchen und ihren Nachfolgern proklamiert, dass Menschen Gewalt einzusetzen hätten, um ihre Hunde zu dominieren.

Neuere und sehr ausführliche Studien an Wölfen (z. B. Mech, 1999) haben genau das Gegenteil gezeigt: Wölfe setzen Gewalt eher selten ein, um Dominanzverhältnisse zu klären oder um ihren Status gegenüber anderen Wölfen zu halten. Während eines Konflikts zeigt der im Status niedrigere Wolf seine Position durch Demutsverhalten – als Reaktion auf den höheren Status des anderen und dessen Rang zeigendes Verhalten. Die Submission wird dabei in den meisten Fällen freiwillig gezeigt und nicht vom anderen mit Gewalt eingefordert. Streitigkeiten um Status und Hierarchie werden höchstens durch Kommentkämpfe gelöst (Kommentkampf = ritualisiertes Zeigen von Aggression), ohne dass einer der beiden Kontrahenten verletzt wird.

Wenn Menschen ihren Hund in eine unterwürfige Position hineinzwingen (zum Beispiel durch die sogenannte Alpha-Rolle, verhalten sie sich auf eine Art und Weise, wie Hunde oder Wölfe im Allgemeinen nicht miteinander umgehen würden. Besonders das Einsetzen der Alpha-Rolle als Strafmaßnahme ist unangebracht.

Diese Interaktionen (»Alpha-Rolle«) enthalten sowohl Rang zeigendes Verhalten als auch passive Demut. In ihre jeweilige passive Position wurden die liegenden Tiere nicht hineingezwungen. Sie haben sich aufgrund ihrer Einschätzung der Sachlage in die Position begeben.

Drei ängstliche Wölfe in der linken Bildhälfte: eingeklemmte Schwänze, zurückgelegte Ohren, abgewendete Augen mit unfokussiertem Blick und runde Rücken. Sie zeigen Rückzugsverhalten und Ansätze zum Meideverhalten. Deutlich aufgerichtete Nackenhaare sieht man beim Wolf ganz links und in der rechten Gruppe bei dem Wolf, der am weitesten vorn steht. Dieser ist aus der Gruppe der drohenden Wölfe auch derjenige mit der stärksten Ambivalenz im Verhalten; auch bei ihm sind Komponenten von Angstdisplay erkennbar. Seine Kollegen dagegen zeigen mehr Anteile eines sicheren Aggressionsverhaltens: aufgerichtete Körper, Bewegung nach vorn, nach vorn gestellte Ohren und normal lange Lefzen.

Auch die Mönche von New Skete haben erkannt, dass die Alpha-Rolle keine geeignete Maßnahme ist, um Hunde zu disziplinieren. In der überarbeiteten Fassung ihres Buches aus dem Jahr 2002 schreiben sie Folgendes: Wir empfehlen diese Erziehungsmaßnahme nicht länger und raten unseren Klienten dringend, sie nicht mehr zu benutzen. Es gibt andere Möglichkeiten, um Problemverhalten zu korrigieren, die sicherer und auf Dauer genauso effektiv sind.

Zum Thema Strafe sagt die American Veterinary Society of Animal Behavior (AVSAB) in einem ihrer Positionspapiere:
... Strafmaßnahmen (zum Beispiel Kettenwürger, Stachelhalsbänder u. Ä.) sollten weder als Mittel der Wahl noch als erste Maßnahme zur Behandlung von Problemverhalten eingesetzt werden. Strafmaßnahmen haben eine Reihe von negativen Effekten. Unter anderem wird das Lernvermögen vermindert und mit hoher Wahrscheinlichkeit kann Angst- oder Aggressionsverhalten ausgelöst werden; das Verletzungsrisiko für Menschen und andere Tiere wird erhöht.

Die AVSAB empfiehlt stattdessen, sich im Training auf erwünschte Verhaltensweisen zu fokussieren und diese zu belohnen. Parallel sollten alle Belohnungen für unerwünschtes Verhalten abgestellt werden und sowohl der emotionale Zustand des Hundes als auch die Problemsituation als solche berücksichtigt werden. Über diese Herangehensweise wird man dem Tier gerechter und der Besitzer, der eventuell unabsichtlich zur Entstehung des Problems beigetragen hat, rückt stärker in den Vordergrund.

Im modernen Hundetraining wird heutzutage auf wissenschaftliche Erkenntnisse aus der Lerntheorie zurückgegriffen, besonders auf das Grundprinzip der instrumentellen Konditionierung. Auf dem Belohnungsprinzip basierende Trainingsmethoden werden propagiert und der Einsatz von Gewalt und anderen aversiven Erziehungsmethoden wird kritisch diskutiert.

Wölfe sind keine Hunde und umgekehrt. Dass Hunde trotzdem einen gewissen »Wortschatz« mit ihren anderen Verwandten aus der Familie der Caniden gemeinsam haben, ist faszinierend, und ich hoffe, der Leser findet dies auch. Fotografien von Wölfen oder anderen Caniden wurden teilweise in diesem Buch zur Illustration eingesetzt, weil sie bestimmte Ausdruckselemente und Kommunikationsformen deutlicher und ausgeprägter zeigen als Hunde. So können diese Formen auch von unerfahrenen Beobachtern besser erkannt werden. Ich erhoffe mir, dass auch die Neulinge danach in der Lage sind, die manchmal subtileren und dezenteren Ausdruckselemente und Formen bei Haushunden zu erkennen.

Was ist Verhalten?

Verhalten ist definiert als jede Reaktion auf und jede Interaktion mit der Umwelt. Einige Verhaltensweisen werden bewusst und willentlich ausgeführt und andere laufen unbewusst als physiologische Reaktionen auf Umweltsignale oder Stressoren. Damit eine körperliche Reaktion als »Verhalten« gelten kann, muss sie sowohl beobachtbar als auch messbar sein.

Sprache gilt als Verhalten, denn sie transportiert Absichten und Emotionen und beeinflusst das Verhalten von anderen. Nach Ken Ramirez gilt »jede Aktivität eines Lebewesens als Verhalten, das direkt beobachtbar ist und das von zwei oder mehreren unabhängigen Beobachtern identisch wahrgenommen wird« (Ramirez, 1999, S. 536).

Verhalten wertfrei beobachten

Um Verhalten wirklich zu verstehen, muss man zwischen reinen Beschreibungen und funktionalen Displays unterscheiden. Reine Beschreibungen sind zum Beispiel: Schwanz steht hoch, Kopf ist erhoben, Ohren sind aufgerichtet, Körper ist nach vorn geschoben. Funktionale Displays sind zum Beispiel: Demutsverhalten, Status zeigendes Verhalten. Rückschlüsse über Motivationen und Intentionen eines Hundes können aufgrund einer einzigen kurzen Interaktion nicht zuverlässig gezogen werden.

Status zeigendes Verhalten gehört zu den funktionalen Displays, die hauptsächlich in etablierten sozialen Gruppen gezeigt werden. Wenn man jetzt die reinen Beschreibungen aus dem vorherigen Absatz als Status zeigendes Verhalten zusammenfassen würde, würde man sich »weit aus dem

Fenster lehnen«. Guten Gewissens könnte man sie aber als »Erregungsdisplay« zusammenfassen, und würde damit vermeiden, Motivationszustände und Intentionen in den Hund hineinzuinterpretieren.

Beim Angstdisplay zeigen Hunde oft einen tief getragenen Kopf, zurückgelegte Ohren und Knurren mit leicht geöffnetem Maul und zurückgezogenen Lefzen. Dies sind reine Beschreibungen von Körperpositionen und Ausdruckselementen in einem spezifischen Kontext. Es wäre aber nicht korrekt, aus einem einzigen gezeigten Angstdisplay oder einer Demutsgebärde zu schließen, dass dieses Tier generell einen niedrigen Status in der Gruppe hat.

Beobachter können einen Hund aufgrund der Ausdruckselemente als ängstlich bezeichnen. Angst und niedriger Status (Subdominanz) sind aber nicht identisch. Genauso wenig bedeutet ein selbstsicheres Display oder fokussierte Erregung einen hohen Status (Dominanz).

Jeder, der einen Hund sieht, kann in dem Moment beschreiben, was er beobachtet. Über Aussagen wie »Die Ohren stehen hoch« muss nicht diskutiert werden. Aus Bezeichnungen wie »erregtes«, »selbstsicheres« oder »ängstliches Verhalten« sollten aber keine Persönlichkeits- oder Typ-Bezeichnungen wie »dominanter Hund« oder »subdominanter Hund« hergeleitet werden.

Hinweise zum Aufbau des Buches

Die Begriffe werden in alphabetischer Reihenfolge vorgestellt. Miteinander verknüpfte, verwandte oder anderweitig zusammenhängende Verhaltensweisen werden jeweils unter einer Oberkategorie zusammengefasst, zum Beispiel Aggression, Anatomie, Fortpflanzungsverhalten, Jagdverhalten, Lerntheorie und Lernverhalten, Ruheverhalten und Spielverhalten. Diese Oberkapitel sind innerhalb des Kapitels nicht alphabetisch geordnet. Falls zusammenhängende Verhaltensweisen in mehreren Oberkategorien vorkommen können, wird jeweils auf die entsprechende Stelle in den anderen Kategorien verwiesen.

Der Englische Setter links zeigt Angst. Vorsichtig nähert er sich dem Plüschhund. Die Haare sind besonders an den Schultern und dem Rumpf abgespreizt – dies ist analog zur »Gänsehaut« beim Menschen. Alles an der Körperhaltung zeigt nach hinten, weg von dem angstauslösenden Objekt.

Die Augen eines Tieres
sprechen alle Sprachen
der Welt.

Martin Buber

Alles Wissen,
sämtliche Fragen
und Antworten,
sind im Hund
zusammengefasst.

Franz Kafka

ABSCHNITT 1

Abbruchsignale bis Analkontrolle

Abbruchsignale

› Siehe auch: Calming Signals, Distanz vergrößernde Signale, Erstarren

Abbruchsignale werden meist in Kombination mit einer Reihe anderer Signale gegeben. Wie Übersprungsverhalten oder Distanz vergrößerndes Verhalten sollen sie Konflikte beenden oder gar nicht erst entstehen lassen. Abbruchsignale tragen die unmissverständliche Botschaft, dass weitere Interaktion nicht erwünscht ist. Kommunikationsversuche eines anderen werden damit unterbrochen. Je unangenehmer dem Hund die Situation ist, desto massiver werden seine Signale sein. Werden Abbruchsignale überhört, eskalieren Konflikte sehr häufig.

Die folgenden Verhaltensweisen stellen Abbruchsignale dar und werden meist in Kombination zu zweit oder dritt verwendet:

- Deutliches Kopfabwenden
- Körper abwenden
- Dem anderen den Rücken zudrehen und eventuell weggehen
- Erstarren
- Zähneblecken
- Knurren
- Nackenhaare aufrichten
- Abgewandte Augen
- Abgesenkter Kopf
- Aufgerissenes Maul
- »Festnageln« des anderen

Oben links – Nur Sekunden vorher hatten diese drei Hunde wild gespielt. Als das Spiel einem der Spielgefährten zu wild wurde, hat er mit einem Abbruchsignal dafür gesorgt, dass sich jeder kurz mit etwas anderem beschäftigt.

Oben rechts – Die Deutsche Dogge und der Pitbull Terrier signalisieren beide, dass sie die Interaktion beenden wollen: die Dogge durch ein Ausweichen mit dem Körper, der Pitbull durch ein kurzes Nasenlecken.

Unten links – Die Hunde verharren für kurze Zeit und spielen dann weiter.

Unten rechts – Der linke Wolfswelpe reagiert auf das Zähneblecken seines Spielgefährten mit einem übertriebenen Abwenden.

Abgespreizte Barthaare

Oben – Fuchsgesicht mit entspannten Barthaaren

Unten links – Ein unbekannter Hund stresst diese Hündin; ihre Barthaare sind abgespreizt.

Unten Mitte – Beide Füchse haben extrem abgespreizte Barthaare.

Unten rechts – Der Pitbull Terrier hat seine Oberlippen stark angespannt.

Die Barthaare (Vibrissen) können zur Kommunikation eingesetzt werden und manche Hunde beherrschen dies perfekt. Sie spreizen die Barthaare bei Erregung ab, besonders wenn sie in aggressiver Stimmung sind. Bei Angst werden die Barthaare ähnlich eng wie die Ohren angelegt. Einige Besitzer scheren ihren Hunden die Barthaare, ohne zu berücksichtigen, welche kommunikativen Möglichkeiten sie ihnen damit nehmen.

Einige Hunde können die Lefzen und die Haut im Bereich der Barthaare stark anspannen. Es ist eine Vorstufe zum Nasenrückenrunzeln und Zähneblecken und sieht so aus, als ob die Oberlippe leicht angehoben wird (Goodman et al., 2002, S. 19).

Abnorm repetitives Verhalten

Früher wurden dafür Begriffe wie »Zwangsverhalten« oder »Stereotypie« verwendet. Heute spricht man eigentlich nur noch von abnorm repetitivem Verhalten. Es handelt sich um echte Verhaltensstörungen, und Hunde sprechen auf ähnliche Therapien und die gleichen Medikamente wie Menschen an.

Man geht heute davon aus, dass bei abnorm repetitivem Verhalten Störungen und Entgleisungen im Neurotransmitterstoffwechsel im Gehirn vorliegen. Probleme treten vor allen Dingen im Serotonin- und Dopaminstoffwechsel auf.

Die folgenden Kriterien helfen bei der Diagnose von abnorm repetitivem Verhalten und der Abgrenzung gegen »leicht übertriebenes / gehäuftes Normalverhalten«:

- Das Verhalten wird außerhalb des üblichen / normalen Kontextes gezeigt.
- Das Verhalten kann durch einen spezifischen Auslöser gestartet werden, muss aber nicht.
- Das Verhalten verfolgt keinen offensichtlichen Zweck.
- Das Verhalten kann auf Dauer die Gesundheit des Hundes schädigen.
- Das Verhalten wird lang andauernd gezeigt, auch wenn der ursprüngliche Auslöser nicht mehr vorhanden oder die frustrierende Situation beendet ist.
- Der Hund kann das Verhalten nicht bewusst kontrollieren.
- Der Hund wirkt ängstlich oder frustriert.
- Das Verhalten wird so gezeigt, dass andere normale und wichtige Verhaltensmuster (zum Beispiel Fressen) nicht mehr oder deutlich reduziert gezeigt werden.
- Das Verhalten führt dazu, dass Interaktionen mit Sozialpartnern kaum noch auftreten (Muns, 2004, S. 1, 6).

Aggressives Verhalten – Klassifikation

Wolfgang zeigt eine extreme Warnung: Er macht einen massiven Schnauzengriff bei Woton und drückt dessen Kopf zu Boden.

Aggression

Als Aggression bezeichnet man Drohungen oder direkt schädigende Verhaltensweisen, die gegen ein anderes Individuum gerichtet sind. Aggressives Verhalten stellt Kommunikationsverhalten dar, mit dem der Aggressor versucht, die soziale Distanz zwischen sich und einem anderen zu vergrößern (Alexander, 2003).

Jedes Verhalten, das eine offensichtliche Herausforderung darstellt oder die Bereitschaft verdeutlicht, den anderen gegebenenfalls zu verletzen, gehört zum Aggressionsverhalten. Dazu gehören unter anderem Verhaltensweisen wie Knurren, bedrohliche Körperhaltung oder Schnappen (siehe auch ritualisiertes Aggressionsverhalten). Jede aggressive Auseinandersetzung birgt das Potenzial, dass sich daraus ein ernsthafter Kampf unter Hunden entwickeln oder dass ein Mensch gebissen werden kann.

Wenn wir im Hinterkopf behalten, dass Aggressivität bedeutet, mit welcher Wahrscheinlichkeit aggressiv reagiert wird, können wir uns nun an eine Definition für diesen Begriff machen: Aggressivität ist eine Motivation oder Antriebskraft, die darauf ausgerichtet ist, einen Konkurrenten zu eliminieren (Abrantes, 2005, S. 44).

Allianz-Aggression

› Siehe auch: Aggression aus sozialer Unsicherheit

Von Allianz-Aggression wird gesprochen, wenn ein unsicherer Hund nur dann aggressiv reagiert, wenn er seine soziale Gruppe direkt im Hintergrund hat. Das Zeigen von Allianz-Aggression kann in Häufigkeit und Intensität zunehmen, wenn öfter Situationen auftreten, in denen der Besitzer seinem aggressiv reagierenden Hund beruhigend zuredet.

Aggression aus Angst und Frustration

› Siehe auch: Vorspringen mit Bellen

Wenn keine Möglichkeit zur Flucht oder zum Erreichen des Zielobjekts besteht, können Hunde aus Angst und / oder Frustration aggressiv reagieren. Typische Situationen für Aggression aus Frustration sind solche, bei denen die Hunde durch »echte Barrieren« an Aktionen gehindert werden, zum Beispiel durch Zwinger, Zimmerkennel, Leine oder Zaun.

Die Erregung des Hundes steigert sich und irgendwann eskaliert das Ganze in aggressivem Verhalten (gegen andere Hunde, andere Tiere oder Menschen). Anfangs mag nur Aufregung vorgelegen haben und der Wunsch des Hundes, einen anderen Menschen oder Hund zu begrüßen. Im Zuge der vergeblichen Bemühungen setzt dann die Frustration ein. Angst vor dem sich nähernden Menschen oder dem anderen Hund kann mit eine Rolle spielen.

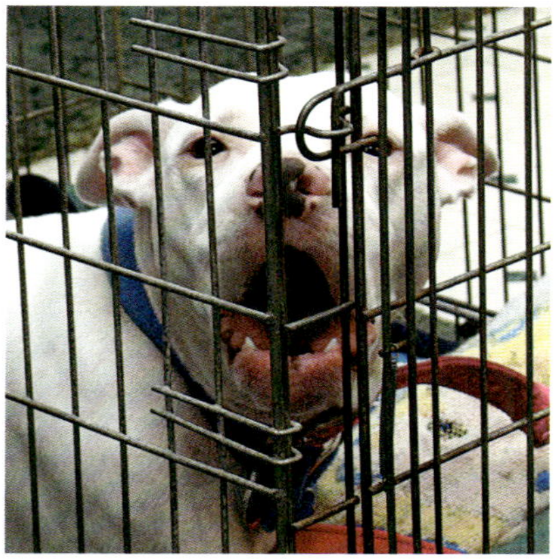

Links – Dieser Hund zeigt aggressives Verhalten aus Frustration gegenüber Dieselfahrzeugen – aber nur wenn sie sein Grundstück passieren.

Rechts oben – Die Hündin ist frustriert aufgrund der Barriere. Sie knurrt, ihre Ohren sind zurückgelegt und sie zeigt Nasenrückenrunzeln jedoch kein Zähneblecken. Aber das Knurren und das Fixieren mit dem Blick reichen als ernsthafte Warnung aus.

Rechts unten – Der Hund bellt hinter dem Zaun aggressiv Passanten an. Er zeigt zurückgelegte Ohren, erhobenen Kopf, zusammengekniffene Augen und Vorwärtsintention.

Aggression aufgrund organischer Erkrankungen

Viele organische Erkrankungen können die Stresstoleranz erniedrigen und / oder die Bereitschaft zum Auftreten von aggressivem Verhalten erhöhen, zum Beispiel die Cushing-Erkrankung, Schilddrüsenfehlfunktionen oder Schmerzen. Bei bestimmten Erkrankungen kann aggressives Verhalten direkt ein Symptom darstellen, zum Beispiel bei Hirntumoren oder bestimmten Epilepsieformen.

Konkurrenzbedingtes Aggressionsverhalten

Caniden konkurrieren um Ressourcen. Zu den Ressourcen (= lebenswichtige Dinge) gehören unter anderem Futter und Wasser, Spielzeug, Aufmerksamkeit von Menschen oder anderen Sozialpartnern oder der Schlafplatz. Die häufigste Situation, in der bei der Autorin zu Hause konkurrenzbedingte Aggression auftritt, ist der Moment, wenn alle drei Hunde gleichzeitig durch die Haustür hineinwollen. Im Allgemeinen beginnen die meisten Konflikte aber über Futter – entweder zwischen Hunden einer Gruppe oder innerhalb eines Wolfsrudels oder auch, wenn einander unbekannte Tiere an einer Nahrungsquelle zusammentreffen.

Defensiv-aggressives Verhalten

Eine Möglichkeit, einen Aggressor (Mensch oder Hund) auf Distanz zu halten, ist die Deeskalation des Konflikts über Übersprungsverhalten oder Meideverhalten. Wenn sich der Aggressor auf diese Verhaltensmuster hin allerdings nicht zurückzieht oder sein offensives Verhalten einstellt, kann der bedrohte Hund aus der Defensive heraus plötzlich attackieren, um sich zu verteidigen.

Status-bedingtes Aggressionsverhalten (»Dominanzaggression«)

› Siehe auch: Dominanz

»Dominanzaggression« ist ein fehlerhafter Begriff. Es ist für einen Hund oder Wolf möglich, sowohl dominant (= im Status hoch) zu sein als auch aggressiv zu reagieren – aber die mögliche Attacke erfolgt nicht aufgrund der Dominanz. Der Begriff »Dominanz« bezeichnet eine Position innerhalb einer Beziehung: Ein Individuum ist dominant über ein anderes. Der Dominante ist derjenige, der die Interaktion zu seinen Gunsten entschieden hat. Dies kann sehr subtil erfolgen; nur sehr selten etabliert sich ein Dominanz-Subdominanz-Verhältnis durch eine aggressive Interaktion:

»Kein normaler Hund greift einen anderen aufgrund von Dominanz an« (Lore Haug, Schreiben an die Autorin, 6. Februar 2007).

Menschen interpretieren agonistisches Verhalten eines Hundes oft fehlerhaft als eine Herausforderung der menschlichen Dominanz. Wenn Hunde gegen Menschen aggressiv reagieren, erfolgt das aber meistens, weil die Menschen Angst, Unsicherheit oder submissives Verhalten des Hundes nicht korrekt erkennen, und sich dann in den Augen des Hundes fehlerhaft verhalten. Verhaltensweisen wie »Sich über den Hund beugen«, »Den Hund anschreien« oder »Den Hund schlagen« stellen für Hunde eine (Be)Drohung dar. Auf solche Drohungen reagieren viele Hunde selbst mit Drohverhalten. Wenn Menschen den Hund dann weiter in die Enge treiben, können sich solche Situationen hochschaukeln und bis zum Biss eskalieren. Genau dieses Drohen oder offensive Aggressionsverhalten wird dann von Menschen fälschlicherweise als Dominanz zeigendes oder Dominanz anstrebendes Verhalten interpretiert. Traurigerweise werden meist die Hunde dafür verantwortlich gemacht, wenn Situationen eskalieren, und sie werden dann fälschlich als »dominant-aggressiv« bezeichnet.

Aggression aufgrund von Medikamenten / Wirkstoffen

Bestimmte Medikamente beziehungsweise deren Wirkstoffe können als Nebenwirkung zu einer Erhöhung der Aggressionsbereitschaft führen. Dies gilt auch für einige Giftstoffe. Es deutet auf eine Medikamentenwirkung oder Vergiftung hin, wenn das aggressive Verhalten plötzlich auftritt und völlig untypisch für den jeweiligen Hund ist.

Angstbedingtes Aggressionsverhalten

› Siehe auch: Aggression aus Demutshaltung heraus und Aggression aus sozialer Unsicherheit

Angstbedingtes Aggressionsverhalten wird regelmäßig parallel mit Angstdisplay gezeigt. Zum Beispiel können die Hunde vorher oder währenddessen zurückweichen, sich passiv verhalten oder Meideverhalten zeigen. Dazu beobachtet man häufiger physiologische Stressreaktionen wie Urinabsatz oder Durchfall (Merck, 2006, Online).

Aggressives Verhalten als Ausdruck von Gruppendynamik

Einige Hunde reagieren nur aus der Gruppe heraus beziehungsweise mit der Gruppe aggressiv.

Idiopathische Aggression

Damit aggressives Verhalten als idiopathisch bezeichnet werden kann, müssen bestimmte Kriterien erfüllt sein:

- Das Verhalten tritt unvorhersehbar und plötzlich auf (»als ob ein Schalter umgelegt wurde«).
- Aufgrund der jeweiligen Situation kommen keine andere Diagnosen infrage.
- Es liegen keine Hinweise auf medizinische Ursachen vor. Besonders neurologische Probleme sind ausgeschlossen.

Ob aggressives Verhalten »unvorhersehbar« ist, hängt im hohen Maße vom Wissen und von der Beobachtungsgabe des Beurteilers ab und davon, dass das Problem von allen Seiten sorgfältig beleuchtet wird. Idiopathische Aggression ist eine sehr seltene Diagnose, auch wenn viele Besitzer es zunächst so nennen (Merck Veterinary Manual, 2006, Online).

Geschlechtsabhängiges Aggressionsverhalten

› Siehe auch: Hündinnenkampf

Manche Hunde zeigen nur Aggression gegen Angehörige des gleichen Geschlechts. Rüden kämpfen oft sehr ritualisiert untereinander und sind mehr auf »Show« aus. Bei kämpfenden Rüden sind Verletzungen seltener als bei kämpfenden Hündinnen.

Mütterliche Aggression

Wenn reale oder eingebildete Welpen (zum Beispiel bei Scheinträchtigkeit) in Gefahr sind, können Hündinnen gegen Menschen, andere Tiere oder andere Hunde aggressiv reagieren.

Schmerzbedingtes Aggressionsverhalten

Akute oder chronische Schmerzen, Krankheiten oder Verletzungen können die Stresstoleranz drastisch senken und die Aggressionsbereitschaft erhöhen. Wenn ein Hund mit einem stabilen und freundlichen Wesen plötzlich aggressiv reagiert, sollte man eher an solche Probleme denken und nicht davon ausgehen, dass sich plötzlich der grundsätzliche Charakter geändert hat.

Aggressionsverhalten aus dem Spiel heraus als umgerichtetes Jagdverhalten

Miteinander spielende Hunde sollten immer im Auge behalten werden. Spielerisches Beißen oder Kämpfen, Zieh- und Zerrspiele oder Jagdspiele können sich sekundenschnell zu echten Kämpfen entwickeln.

Donaldson (2004, S. 105–106) nennt dieses Phänomen »umgerichtetes Jagdverhalten«. Sie sagt:

Umgerichtetes Jagdverhalten liegt dann vor, wenn Hunde aus einer sozialen Interaktion heraus Elemente aus dem Jagdverhalten zeigen, als ob es eine echte Jagdsequenz wäre. Echtes Jagdverhalten wird situationstypisch, je nach Hund, dann gezeigt, wenn die biologisch korrekten Signale auftreten, zum Beispiel beim Wildanblick. Umgerichtetes Jagdverhalten kann auch von Hunden gezeigt werden, die noch nie vorher durch Jagdverhalten aufgefallen sind. Es wird durch spezielle Situationen ausgelöst. Die beiden häufigsten und riskantesten sind:

- Zwei in der Größe sehr unterschiedliche Hunde spielen miteinander, und der kleinere erschrickt und quietscht, fiept und/oder zappelt herum. Wenn der andere Hund diese »Beute-Imitation« dann nahe vor der Nase hat, kann auf einmal echtes Jagdverhalten gezeigt werden.
- Das Ganze (einer fiept und zappelt) findet in einer Gruppe von Hunden statt. Es gibt Berichte, wonach Hunde plötzlich ein krankes oder verletztes Gruppenmitglied massiv attackiert haben. Hier sind die Folgen für den Angegriffenen oft noch fataler.

Aggressionsverhalten durch Missverständnisse im Spiel

› Siehe auch: Rollenspiele, Spiel und Metasignale

Manchmal kann eine Spielsequenz zu massiv werden und eskaliert in einem echten Kampf. Ein häufiger Grund ist das Nachlassen oder vollständige Fehlen von Rollenwechseln. Im Spiel wechseln die Hunde normalerweise ständig ihre Rolle; zum Beispiel wird der Jäger zum Gejagten und umgekehrt.

... Wenn dieses System zusammenbricht, wird einer der Hunde für den anderen nicht mehr einschätzbar. Er zeigt wiederholt und in steigender Intensität ein bestimmtes Verhaltensmuster, während der Spielpartner mit seinen Variationen der Verhaltensmuster fortfährt und eventuell vergeblich versucht, den anderen in seiner Erregung auszubremsen. Die Verhaltensmuster passen nicht mehr zusammen und die Kommunikation läuft aus dem Ruder. Irritation entsteht und kann in einen Kampf münden (Donaldson, 2004, S. 18).

Pan und Bronte, zwei erwachsene Rüden, spielen regelmäßig zusammen. In dieser Sequenz hat Bronte, der Airedale Terrier, spielerisch, aber hartnäckig und regelmäßig in Pans Vorderpfoten gebissen. Pan schätzt dies nicht; Bronte hat das lästige Verhalten aber beibehalten, obwohl Pan zunehmend Metasignale aus dem aggressiven Bereich in das Spiel hat einfließen lassen. Hätten Menschen nicht interveniert, hätte sich diese Interaktion zu einer echten Auseinandersetzung entwickeln können.

Jagd motiviertes Aggressionsverhalten

› Siehe auch: Jagdverhalten

Zu dieser Form von Aggressionsverhalten gehört das Angreifen von Schafen, Caniden, Katzen und anderen kleineren Säugetieren und sogar das Angreifen kleiner Kinder. Hunde können das Aggressionsverhalten einzeln zeigen oder sich mit anderen zu einer Gruppe zusammenschließen.

Jagdmotiviertes Aggressionsverhalten ist Teil eines funktionalen Systems, zu dem alle Verhaltensweisen gehören, die dem Fangen und Töten von Beute dienen.

Wölfe und Hunde zeigen unterschiedliche Strategien, je nachdem ob sie Kaninchen, Katzen oder Marder fangen oder ob sie Hirsche, Wildschweine oder Pferde attackieren. Wenn sie Schafe oder Ziegen angreifen, gehen sie wieder anders vor. Kleine Kinder können je nach Situation als Beute oder als Sozialpartner behandelt werden (Klinghammer, 1992, S. 4).

Nach Lore Haug handelt es sich bei Aggression um Verhalten, nicht um einen Motivationszustand.

Angst, Hunger oder Wut motivieren – Aggression ist bloß Verhalten mit dem Ziel, Schaden anzurichten. Jagdverhalten hat auch das Ziel, Schaden anzurichten, aber die zugrunde liegende Motivation und die physiologischen Abläufe sind in diesem Fall gänzlich anders.

Haushunde zeigen einige Verhaltensmuster und Motivationszustände, die bei wilden Tieren nicht vorkommen. Zum Beispiel zeigen wilde Caniden echtes Jagdverhalten leise – aber Haushunde knurren oder bellen oft dabei. Hunde sind häufig durch Barrieren in ihren Aktionsmöglichkeiten eingeschränkt (zum Beispiel durch Zäune, Leinen, reduzierte Bewegungsfreiheit oder an der

Leine ruckende Besitzer). Diese Einschränkungen erzeugen Frustration und aus Frustration heraus wird Lärm gemacht. Einen Wolf oder wilden Hund wird man nicht dabei ertappen, dass er sein Abendessen anbellt oder anknurrt. Es wäre kontraproduktiv, die Beute vor dem Angriff zu warnen. Ein weiterer Unterschied zwischen jagdmotiviertem Aggressionsverhalten und sozialer Aggression ist die Tatsache, dass verschiedene Gehirnbereiche beteiligt sind. Auch wenn der Erregungslevel von außen betrachtet gleich aussieht, laufen im Gehirn unterschiedliche Prozesse ab. Nach einer Jagdsequenz sinkt der Erregungslevel zum Beispiel zügig wieder ab, während dies nach sozialen Konflikten nicht der Fall sein muss. Das Gleiche gilt für Veränderungen bei den Emotionszuständen.

Wölfe oder wilde Hunde können bei der Jagd hin und wieder knurren: Wenn die Beute sich stark wehrt, würde der Wolf sich verteidigen. In diesem Moment wäre das Drohverhalten aber losgelöst aus der eigentlichen Jagdsequenz.

Streunende Hunde können beim Beutemachen manchmal bellen – besonders, wenn die Beute gezeigt hat, dass sie den Hund wahrgenommen hat. Dieses Bellen ist teilweise das Resultat der selektiven Zucht von bestimmten Rassen auf bestimmte Verhaltensmuster, auch Neotenie kann eine Rolle spielen (Lore Haug, Schreiben an die Autorin, 6. April 2007).

Aggression aus sozialer Unsicherheit

› Siehe auch: Angstbedingtes Aggressionsverhalten

Donaldson beschreibt Aggression aus sozialer Unsicherheit als »soziale Schüchternheit«, die auf verschiedene Arten gezeigt werden kann:

1. Deutliches Angst- und Meideverhalten gegenüber anderen Hunden. Diese Form ist am einfachsten zu erkennen.
2. Vorspringen, Bellen oder Schnappen, ohne dass der andere Hund zuvor gedroht hätte. Das Verhalten richtet sich in der Intensität danach, wie weit der andere Hund entfernt ist.
3. Der Hund zeigt sich überhaupt nicht interessiert am Sozialkontakt mit anderen Hunden und reagiert so lange »neutral-desinteressiert«, solange der andere Hund nicht zu nahe herankommt. Wird die Angelegenheit zu eng, zeigt der Hund dann plötzlich Drohverhalten wie Knurren, Zähnefletschen oder Schnappen oder attackiert den anderen Hund sogar (»Er verhält sich super, solange ihm der andere Hund nicht direkt vor die Nase läuft.«) (Donaldson, 2004, S. 16).

Durch Strafe ausgelöstes aggressives Verhalten

Schimpfen und körperliche Strafmaßnahmen von Menschen (Schlagen, Treten, Schütteln) stellen aus Sicht des Hundes aggressives Verhalten dar. Viele Hunde reagieren auf solche Bedrohungen mit submissivem Verhalten, um den Konflikt zu entschärfen. Wenn der Mensch das submissive Verhalten nicht erkennt oder nicht beachtet, nimmt er dem Hund diese Möglichkeit zur Konfliktentschärfung. Dem Hund bleibt dann nur noch, selbst aggressives Verhalten zu zeigen: Viele Hunde beißen, um ihre Haut zu retten. Solche Konflikte eskalieren leicht, denn Menschen interpretieren das aggressive Verhalten des Hundes oft als nachtragend oder rachsüchtig und reagieren dann ihrerseits mit einer Verstärkung der Strafmaßnahmen.

Umgerichtetes aggressives Verhalten

Wenn der Hund sein offensives Verhalten vom primären Ziel weg und gegen ein anderes Ziel richtet, bezeichnet man dies als umgerichtete Aggression. Häufige Situationen sind zum Beispiel:

› Ein Hund möchte einen anderen Hund angreifen und ist frustriert, weil er nicht zu diesem Hund hinkann. Als umgerichtetes Verhalten wird dann der Besitzer gebissen, der die Leine festhält.
› Ein Hund empfängt in Anwesenheit eines anderen Hundes schmerzhafte Strafreize, zum Beispiel durch ein Stachelhalsband, weil er an der Leine zieht. Spontan dreht der Hund sich zur Seite und beißt den anderen Hund.

Oben – Louie, der größere Hund, ist erregt durch die Ankunft des Schulbusses. Er ist frustriert durch den begrenzenden Zaun. Bianca ist ebenfalls durch den Bus (primäres Ziel) erregt und reagiert mit umgerichteter Aggression gegen Louie.
Bianca beißt Louie. Louie wendet sich kurz vom Bus (primäres Ziel) ab und zeigt aggressives Verhalten gegen Bianca. Danach wendet er sich sofort wieder dem Bus zu.

Ressourcen

Einige Hunde verteidigen so offensichtliche Ressourcen wie Futter, Schlafplätze, Spielzeug oder Leckerli. Andere verteidigen Ressourcen, an die Menschen auf den ersten Blick nicht denken: Nähe zu einem Sozialpartner, Aufmerksamkeit vom Sozialpartner, Nähe zu Türen oder Eingänge zu beliebten Räumen.

Links – Der linke Wolf verteidigt die Ressource im Futterbeutel.

Rechts – Moon, der Australian Shepherd, verteidigt einen Knochen.

Je zwei Wölfe (rechts) und Hunde (oben) in einem ritualisierten Kampf. Sie stehen auf den Hinterbeinen und umfassen sich gegenseitig mit den Vorderpfoten im Schulterbereich. Die Aktionen sind laut (Knurren) und dramatisch (komplettes Zähnezeigen) – aber es besteht keine Beschädigungsintention.

Ritualisiertes Drohverhalten und offensiv aggressives Verhalten

Drohverhalten kommuniziert eine Bitte auf Abstand und die Bereitschaft, gegebenenfalls stärker zu reagieren. Es liegt keine Beschädigungsintention im Drohen. Drohverhalten kann zu offensivem Verhalten mit Beschädigungsintention eskalieren, wenn es ignoriert wird, wenn der Empfänger Defizite in seinem Sozialverhalten hat und / oder die Drohung nicht lesen bzw. verstehen kann (Lore Haug, Brief an die Autorin, 2006).

Ritualisiertes Aggressionsverhalten kann gegen offensives Verhalten mit Beschädigungsintention durch das Vorhandensein von Metasignalen abgegrenzt werden. Diese Metasignale entsprechen zum Beispiel den Finten und Täuschungen bei einem Fechtturnier. Hunde stellen sich dabei oft auf die Hinterbeine. Wenn man auf der Hinterhand steht, ist man eher in der defensiven Position, denn man kann von hier aus nicht besonders viel Schaden anrichten. Bei einem »echten« Kampf stehen Hunde eher auf vier Füßen und stoßen direkt oder mit einem kleinen Sprung mit den Zähnen vor.

Während eines ritualisierten Kampfes können Sequenzen aus dem Jagdverhalten oder andere feste Verhaltensmuster gezeigt werden, bei denen einzelne Elemente fehlen. Hunde können sich gegenseitig jagen, dann belauern oder eine angedeutete Flucht zeigen. Ritualisiertes Aggressionsverhalten findet laut statt, mit Knurren, Schreien oder Bellen. Ernstkämpfe sind relativ still, besonders bei Wölfen, aber auch bei vielen Hunden.

Aggression im sozialen Kontext

Hiermit ist Aggressionsverhalten gegen andere Wölfe oder Hunde, aber auch gegen den Menschen gemeint.

Submissiv-aggressives Verhalten

Submissiv-aggressives Verhalten wird auch als »angstbedingte Aggression und Submission« bezeichnet. Wie weiter oben bereits erwähnt, können verschiedene Emotionen und Motivationszustände bei Caniden durchaus

Interessant sind die sehr unterschiedlichen Positionen der drei Wölfe. Der rechte Wolf steht aufrecht, seine Haare sind gesträubt (Piloerektion), die Augen zusammengekniffen; die Maulspalte ist kurz, er zeigt leichtes Zähneblecken und Nasenrückenrunzeln. Der Wolf im Vordergrund hatte sich auf den Rücken gerollt. Anscheinend wurde sein submissives Verhalten aber nicht akzeptiert, denn nun zeigt er von unten nach oben Drohverhalten: vorgeschobener Kopf, offenes Maul mit vollem Zähneblecken bei zurückgelegten Ohren. Seine Pfoten setzt er zur Abwehr ein. Der Wolf im Hintergrund zeigt aktive Submission: submissives Grinsen, Körper kleingemacht, »Herankriechen« an den rechten Wolf, eingezogener Schwanz und angelegte Ohren.

Der liegende Hund zeigt aggressives Verhalten aus der Submission heraus.

Aggressives Verhalten aus der Submission heraus: tief getragener Kopf, eingezogener Schwanz, leichtes Anheben der linken Vorderpfote, zusammengezogener Körper, Zähneblecken und Fixieren mit den Augen.

parallel vorliegen. Sie können zum Beispiel sowohl Submission als auch aggressives Verhalten in ein und derselben Situation zeigen.

Auf die Drohung eines Menschen oder Hundes könnte ein Hund als Erstes mit Submission reagieren. Er könnte zur Situation passende Elemente der aktiven Demut zeigen, indem er Beschwichtigungssignale aussendet oder anderweitig versucht, die Bedrohung zu deeskalieren.

Einige Wölfe oder Hunde zeigen zügig passive Submission, indem sie sich kleinmachen und still verhalten oder sogar auf den Rücken rollen. Mit diesem welpenähnlichen Verhalten zeigen sie ihre verwundbarste Stelle – den Bauch.

Manchmal werden diese Zeichen von Submission vom anderen ignoriert oder nicht akzeptiert und / oder der Aggressor verstärkt eventuell sogar seine Drohung. Dann bleiben dem Bedrohten nur Flucht, Erstarren (komplette Immobilität) oder Angriff. Wenn Flucht unmöglich ist, ist Angriff meist die beste (und letzte) Option, um die eigene Haut zu retten. Der bedrohliche Mensch oder der andere Hund wird gebissen. Diese Form von aggressivem Verhalten wird dann treffend als submissiv-aggressives Verhalten bezeichnet.

Territorial-aggressives Verhalten

Einige Hunde verteidigen das Territorium, in dem sie mit ihren Artgenossen oder Menschen leben. »Territorium« kann das Haus umfassen, den Garten, das Auto, das Lager oder den Quadratmeter, auf dem man sich gerade alleine oder mit seiner Gruppe aufhält. Das territoriale Verständnis eines Hundes kann mit den Vorstellungen eines Menschen, was denn zum Territorium des Hundes gehört, kollidieren.

Auftrainiertes aggressives Verhalten

Hunde können lernen, auf Signal aggressiv zu reagieren. Sie zeigen das aggressive Verhalten in bestimmten Situationen oder auf bestimmte Signale hin, zum Beispiel akustische Kommandos oder Handsignale. Einige Mensch-Hunde-Teams betreiben dies als Sport, für andere ist es eine todernste Beschäftigung als Schutzhund bei der Polizei oder beim Militär. Fehlerhaft oder unvollständig trainierte Hunde können für Dritte gefährlich werden.

Trainiertes aggressives Verhalten: Der Hund beißt voll ein (greift mit dem Maul) und hält den Griff.

Agonistik

Der Begriff Agonistik umfasst im Zusammenhang mit Caniden schwerpunktmäßig aggressives Verhalten, aber auch Flucht, Submission oder Rang zeigendes Verhalten.

Die Universität Wisconsin (Primatenzentrum, Primate Factssheets Glossary) definiert den Begriff folgendermaßen:

Kampf- oder Konkurrenzverhalten zwischen Individuen der gleichen Art. Dazu gehören: Attacke, Drohung, Beschwichtigung, Rückzug und Flucht. Im Rahmen von aggressiven Auseinandersetzungen beinhaltet es sowohl offensive Attacken als auch Verteidigungsverhalten.

Allelomimetisches Verhalten

› Siehe auch: Nebeneinander Laufen und Vokalisation

Wird oft mit et-epimeletischem Verhalten, Erkundungsverhalten und agonistischem Verhalten kombiniert, manchmal wird es als »Spiegelung« bezeichnet.

Wie auf ein Signal hin blicken alle Hunde dieser Gruppe in eine Richtung.

Zwei Wolfswelpen beim Chorheulen. Vielleicht vermissen sie den Rest der Gruppe oder es macht ihnen einfach nur Spaß.

Diese Kojoten spiegeln die Positur des jeweils anderen bis hin zur Ohrstellung fast exakt.

Allelomimetisch bedeutet »gegenseitige Imitation«. Tiere in einer Gruppe zeigen identische Verhaltensweisen und stimulieren sich auch gegenseitig in diese Verhaltensmuster hinein. Bei Welpen kann man allelomimetisches Verhalten zirka ab der fünften Lebenswoche beobachten, wenn die Gruppe ihre Umgebung untersucht und auf neue Stimuli reagiert. Annäherung oder Zurückweichen wird relativ synchron ausgeführt. Dies bereitet auf das spätere Rudelleben vor. Hier müssen die Tiere untereinander Kontakt halten und Aktionen koordinieren. Die Kommunikation läuft schwerpunktmäßig optisch ab, aber auch über Laute und Berührungen (Schott und Fuller, 1965, S. 74).

Allelomimetisches Verhalten ist jedes Verhalten, das parallel und identisch zum Artgenossen ausgeführt wird. Hunde beginnen zu bellen, weil der Nachbarshund bellt. Hunde schließen sich der »Buddelaktivität« eines anderen an – vielleicht um die Schlafhöhle zu vergrößern oder einfach aus Langeweile. Manchmal wirkt es wie zufällig, wenn Hunde identische Verhaltensmuster oder Bewegungen zeigen, aber in den seltensten Fällen ist es Zufall.

Allogrooming

› Siehe auch: Epimeletisches Verhalten und gegenseitiges Beknabbern

Links – Luca, der Deutsche Schäferhund, hatte früher immer eingetrocknete Tränen und Schleim in den Augenwinkeln. Dann übernahm Pan, der Collie-Welpe, die tägliche Routine des Gesichtwaschens (Allogrooming).

Rechts – Diese beiden Wölfe betreiben Allogrooming. Der linke Wolf knabbert, während der rechte einen vorsichtigen Schnauzengriff macht.

Allogrooming wird auch als gegenseitige Körperpflege bezeichnet. Einige Hunde können ihre Artgenossen mit lang anhaltendem Eifer belecken und beknabbern. Hauptsächlich der Kopf des anderen wird intensiv beleckt, der restliche Körper wird eher beknabbert. Hunde betreiben die gegenseitige Körperpflege, als ob es ihr eigener Körper wäre, den sie bearbeiten. Das Beknabbern wird nur mit den Schneidezähnen ausgeführt, die mit vorsichtigem Druck schnell hintereinander kleine Hautfalten fassen. Die Zähne können dabei auch wie ein kleiner Kamm eingesetzt werden. Immerhin erinnert auch der Anblick der Schneidezähne mit ihren kleinen parallelen Riefen an eine Art Kamm (Merriam Webster, Online).

Alpha

› Siehe auch: Dominanz und Dominanz-Hierarchie

Das Alpha-Tier kontrolliert die Ressourcen in einer etablierten und stabilen sozialen Gruppe – Futter, Wasser, Lagerplätze und manchmal auch den Bewegungsradius der subdominanten Tiere. Hunde bilden diesbezüglich eher lose Strukturen, die schwebend sind und regelmäßig wechseln. Es ist schwer, zu einem bestimmten Moment das Alpha-Tier zu bestimmen – wenn überhaupt eines existiert (Sue Alexander in einem Brief an die Autorin, Juli 2007).

In meiner kleinen Gruppe aus drei Rüden erscheint die Hierarchie manchmal variabel. Luca, der Deutsche Schäferhund, kontrolliert die meisten Ressourcen. Er knurrt die anderen an und springt sie an, wenn sie ein Spielzeug oder etwas zu fressen haben, was er besitzen möchte. Er kann auch »Zeichen setzen«, indem er sich zwischen einem Spielzeug und einem anderen Hund positioniert. Der Australian Shepherd Moon hat damals geholfen, Luca großzuziehen. Moon fordert Luca häufig und ausdauernd heraus. Wenn ich einen Konflikt zwischen den beiden unterbrochen habe, kann es sein, dass er zu Luca zurückgeht, um das letzte Wort zu haben. Ohne mein Eingreifen würde er dies allerdings nicht tun. Luca entfernt sich nach meinem Eingreifen einfach, und Pan lässt sich sowieso nicht auf Konflikte ein. Pan verlässt sich eher darauf, dass ein Mensch eingreift und sein Problem löst: Er jammert zum Beispiel herum, wenn er zu mir möchte, aber Luca zwischen ihm und mir (= Ressource) liegt. Wenn Pan einen Kauknochen hat, muss sich Luca nur kurz in seine Richtung bewegen und Pan geht ohne Kauknochen weg. In sieben Jahren kam es zwischen Luca und Moon niemals zu einem »echten Kampf«. Es ist weder Blut geflossen, noch kam es zu Kratzern. Ihre Auseinandersetzungen sind sehr ritualisiert und sehr laut. Luca hat bei einer körperlichen Auseinandersetzung aufgrund seiner Größe bessere Chancen. Moon ist der schnellere und kann sich ein Leckerchen besser wegschnappen; wenn er es allerdings nicht gegessen hat, bis Luca bei ihm ist, nimmt Luca es ihm wieder weg.

Der stehende Wolf zeigt Rang zeigendes Verhalten, während der andere passive Submission zeigt und dabei seinen Bauch exponiert.

Statuspositionen (Rangpositionen) werden nicht durch Konkurrenz um eine einzige Ressource bestimmt. Das Gesamtbild ist entscheidend. Damit der Besitz einer Ressource überhaupt etwas über den Status des Besitzenden sagen kann, müssen zum Beispiel alle in einer Gruppe an dieser Ressource das gleiche Interesse haben. Im Status höhere Tiere können auch Ressourcen an andere abgeben, wenn sie gerade nicht so ein großes Interesse daran haben (Sophia Yin in einem Brief an die Autorin, 31. Dezember 2007).

Alpha-Rolle

› Siehe auch: Defensiv-aggressives Verhalten, Dominanz und Dominanz-Hierarchie

Der submissive Hund oder Wolf rollt sich aufgrund seiner eigenen Einschätzung der Situation auf den Rücken. Menschen, die einen Hund mit Gewalt auf den Rücken oder die Seite legen imitieren kein hündisches oder wölfisches Verhalten; sie riskieren Verteidigungsverhalten ihres Hundes und eventuell einen Biss.

Der Welpe zeigt Demutsverhalten (er wirft sich gerade auf den Rücken) als Reaktion auf die Drohung des Älteren (aufgerichteter Körper und Kopf, leichtes Zähneblecken und Blickfixieren).

Analkontrolle

› Siehe auch: Begrüßungsverhalten

Sich gegenseitig am Anus zu beschnüffeln, ist vielleicht die am häufigsten beobachtete Begrüßung zweier Caniden. Einige Hunde sind dabei höflich und schnuppern nur kurz im Vorbeigehen. Andere pressen ihre Nase regelrecht unter die Schwanzwurzel und sind minutenlang damit beschäftigt.

Unten links – Analkontrolle und frontale Geruchskontrolle.

Unten Mitte – Die Analkontrolle des Weißen ist für den Pudel gerade nicht wichtig.

Unten rechts – Geruchskontrolle aus einem wilden Spiel heraus als Übersprungsverhalten.

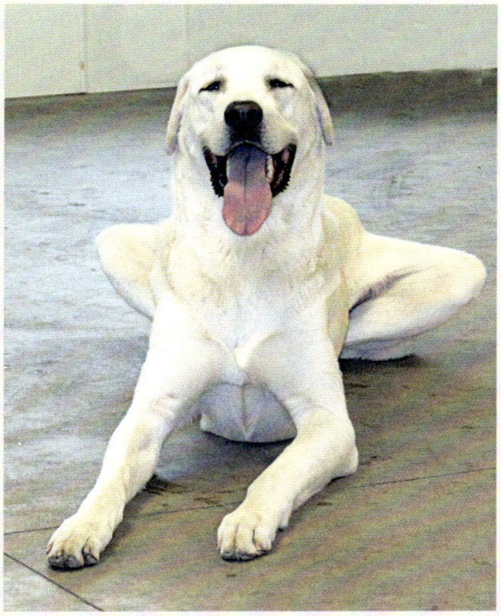

Eine freundliche Begrüßung

Schön zu hören des Wachhunds ehrlich Bellen
Tiefkehliges Willkommen, wenn wir uns nähern
Schön zu wissen, ein Auge wird unsere Ankunft
Wahrnehmen und vor Freude strahlen.

George Gordon, Lord Byron

ABSCHNITT 2

Anatomie des Hundes

Die Weimaraner-Hündin springt wie ein Fohlen über die Wiese und scheint den Lauf zu genießen. Ihre Ohren stehen wie Flugzeugflügel, und sie sieht aus, als ob sie jeden Moment abheben würde.

Anatomie und Verhalten

Egal ob Sie einfach nur mit Hunden leben oder sie für Sport- oder Arbeitseinsätze trainieren – Kenntnisse über die Physiologie und Anatomie von Hunden sind wichtig. Schmerzen oder Krankheiten können auffällige und nachhaltige Verhaltensänderungen verursachen. Plötzliches und für den Hund untypisches Drohverhalten oder Beißen kann ein Hinweis auf schmerzhafte Prozesse sein. Wenn ein sonst arbeitseifriger Hund auf einmal apathisch wirkt, hat er eventuell Fieber.

Hundebesitzer und Hundetrainer, die sich etwas in der Hundeanatomie auskennen, können dem Tierarzt oder der Tierärztin wertvolle und wichtige Hinweise für die Diagnosestellung geben.

Ein Beispiel von meinen eigenen Hunden

Luca hat als junger Hund begeistert am Agility-Training teilgenommen. Solange sein Knochenwachstum noch nicht abgeschlossen war, hat er nur Hindernisse bis höchstens zehn Zentimeter Höhe übersprungen und auch keine schnellen oder wiederholten Drehbewegungen gemacht. Aber er war damals ein richtiger kleiner Star auf dem Platz mit viel Enthusiasmus und Grazie. Über Monate hat er sich erfolgreich und traumwandlerisch sicher über den Parcours bewegt. Dann plötzlich, wie aus heiterem Himmel, wollte er keine Hürden mehr überspringen oder er brach mitten im Training ab, um einer Kaninchenspur über den Platz zu folgen. Er sah völlig gesund aus, und es schien anfangs ein reines Trainings- oder Verhaltensproblem zu sein. Sein Gangwerk schien normal – drei Tage später allerdings wachte er morgens komplett lahm auf.

Die ausführliche Untersuchung durch einen tierärztlichen Orthopäden inklusive Röntgenaufnahmen ergab die Diagnose »Panostitis«. Bei der Panostitis handelt es sich um eine periodisch wiederkehrende Entzündung der langen Röhrenknochen, die besonders bei jungen Hunden großer Rassen auftritt. Rüden scheinen mehr betroffen zu sein als Hündinnen. Eine genetische Veranlagung wird diskutiert, denn besonders beim Deutschen Schäferhund kommt diese Krankheit häufiger vor. Bei Luca wechselten sich kurze und hochschmerzhafte Lahmheitsphasen mit schmerzfreien Phasen ab, die sich über Monate hinziehen konnten.

Luca ist keine Ausnahme darin, dass sich die beginnende Schmerzphase über reine Verhaltensveränderungen äußerte. Erst leicht verspätet wurde das klinische Problem dahinter deutlich. Hundebesitzer, Hundetrainer und Verhaltenstherapeuten sollten deshalb immer auch an gesundheitliche Probleme denken, wenn sich das Wesen und / oder das Verhalten ihres Hundes drastisch-plötzlich oder auch nur subtil ändert. Bevor eine Verhaltenstherapie begonnen oder bevor das Training geändert wird, sollten alle infrage kommenden medizinischen Faktoren getestet werden.

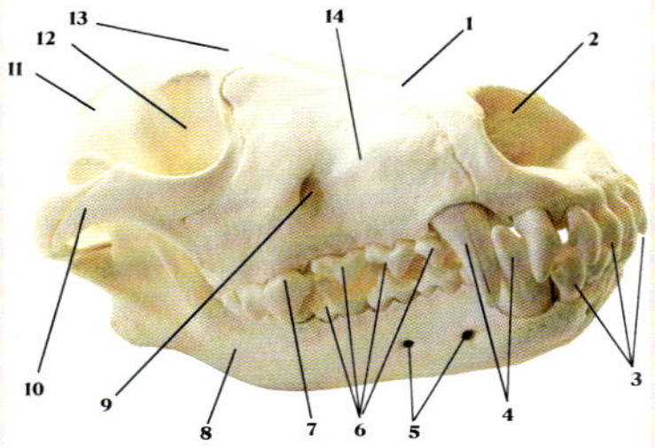

1 Nasenbein
2 Nasenöffnung
3 Schneidezähne
4 Eckzähne (Canini)
5 Öffnungen für Nervenbahnen
6 Prämolaren (Backenzähne)
7 Reißzahn
8 Unterkiefer
9 Öffnung für Nervenbahnen
10 Jochbeinbogen
11 Scheitelbein
12 Augenhöhle
13 Stirnbein
14 Oberkiefer

Die Informationen in diesem Abschnitt sollen einen kurz zusammengefassten Überblick bieten – ein Anatomie-Basiswissen für alle, die mit Hunden leben und arbeiten –, um Verhaltensmuster und Emotionen besser einordnen zu können. Auf gar keinen Fall dürfen diese Informationen eine korrekte medizinische Untersuchung, Diagnose oder Therapie ersetzen. Der Verlag und die Autorin übernehmen keine Verantwortung für mögliche Verletzungen oder Krankheiten bei Ihrem Tier oder Ihnen.

Wicked starrt einen herankommenden Fremden an. Er erscheint unschlüssig, ob er ihn begrüßen oder auf Abstand halten soll.

Das Organsystem

- Zum **Herz-Kreislaufsystem** gehören das Herz und die Blutgefäße. Das Herz pumpt das Blut durch den Körper. Dieser, beziehungsweise jede einzelne Zelle, wird dadurch mit Sauerstoff und Nährstoffen versorgt.
- Zum **Lymphsystem** gehören die Lymphknoten und Lymphgefäße. Das Lymphsystem ist Teil des lebenswichtigen Immunsystems und arbeitet auch mit dem Kreislaufsystem zusammen. Flüssigkeiten, die aus den Blutgefäßen ins Gewebe austreten, werden hierüber gesammelt und zurückgeführt.
- Das **Verdauungssystem** umfasst Maul, Zähne, Speicheldrüsen, Speiseröhre, Magen, Darm, Bauchspeicheldrüse, Leber und Gallenblase. Hier wird die Nahrung verdaut und der unverdauliche Rest ausgeschieden.
- **Haut und Fell** umgeben den Körper und schützen ihn. Das Fell isoliert gegen Kälte und Verlust der Körperwärme. Hunde besitzen in der Haut außer an der Nase und den Fußballen keine Schweißdrüsen. Um Körperwärme abzugeben, hecheln sie. Hecheln ist eine Funktion des Atmungssystems.

Wenn er in stillen kalten Nächten seine Nase gen Himmel hob und ein langes wolfsähnliches Heulen ausstieß, war es, als ob seine Vorfahren, schon lange tot und zu Staub zerfallen, durch ihn und durch die Jahrhunderte hindurch die Nase zu den Sternen hoben und heulten.

Jack London

Für einen Hund besteht die Welt aus Gerüchen.

Anonym

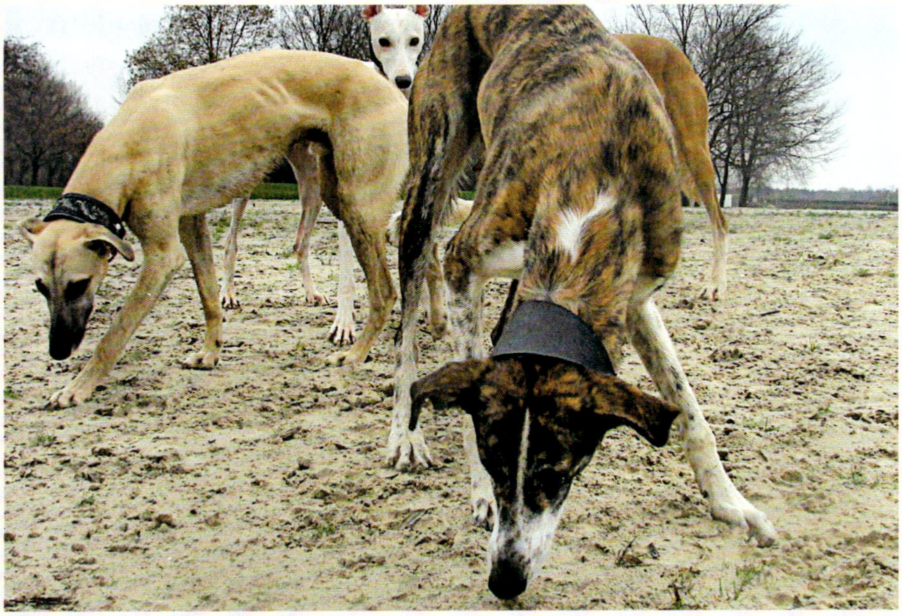

Hunde haben Menschen immer begleitet, die armen wie die reichen. Sie gehören zur Geschichte der Welt dazu, und wenn man sie darin betrachtet, bekommt man einen Eindruck, was wirklich wichtig ist.

Robert Rosenblum

- Zum **Muskel- und Skelettsystem** gehören alle Muskeln, Knochen und Gelenke.
- Das **Atmungssystem** umfasst Maul, Nase, Luftröhre und die Lungenflügel mit Bronchien und Alveolen. Über das Atmungssystem gelangt Sauerstoff ins Blut und werden schädliche Gase (zum Beispiel Kohlendioxid) abgegeben. Hecheln spielt eine wichtige Rolle zur Regulation der Körpertemperatur. Hecheln und das damit verbundene Verdampfen von Feuchtigkeit im Maul kühlt nicht nur herunter, sondern führt auch zum Flüssigkeitsverlust.
- Das **Urogenitalsystem** beinhaltet die Nieren, Harnleiter, Blase und Harnröhre sowie die jeweiligen Geschlechtsorgane beim Rüden und bei der Hündin. Bestimmte Stoffwechselabfallprodukte werden über die Nieren ausgeschieden und verlassen mit dem Urin den Körper. Die Geschlechtsorgane dienen der Fortpflanzung.
- Das **Nervensystem** umfasst Gehirn, Rückenmark und sämtliche Nervenfasern.
- Zum **Endokrinen System** gehören viele Organe und hormonproduzierende Drüsen. Unter anderem Schilddrüse und Nebenschilddrüse, Nebennieren, Eierstöcke, Hoden und Bauchspeicheldrüse. Hormone sind chemische Botenstoffe im Körper. Sie werden mit dem Blut zu bestimmten Organen transportiert, wo sie deren Funktionen beeinflussen oder auslösen. Cortisol spielt zum Beispiel eine wichtige Rolle in der Stressreaktion und wird in den Nebennieren produziert; die Bauchspeicheldrüse produziert das für den Kohlenhydratstoffwechsel wichtige Insulin.
- Die **Sinnesorgane** sind wichtig für den Kontakt mit der Umwelt: Sehen (Augen), Hören (Ohren), Riechen und Schmecken (Nasen- und Maulschleimhaut), Tasten (Haut und Sinushaare) und Schmerzen empfinden (Schmerzrezeptoren).
- Zum **Blutbildenden System** gehört das Knochenmark in den langen Röhrenknochen. Drei Typen von Blutkörperchen werden hier gebildet: Die roten Blutkörperchen transportieren Sauerstoff. Die weißen Blutkörperchen sind wichtig für die Abwehr von Krankheitserregern, und die Blutplättchen sind wichtig für die Blutgerinnung.

Das Gehirn

Das Gehirn erhält von den Sinnesorganen Informationen über die Umwelt, verarbeitet sie und reagiert darauf – zum Beispiel auch mit Lernvorgängen. Obwohl das Gehirn eines durchschnittlichen Hundes weniger als ein halbes Prozent seines Körpergewichtes ausmacht, braucht es für seine Arbeit eine große Menge an Energie. Zwanzig Prozent des Blutes, das pro Herzschlag in den Körper gepumpt wird, gehen in das Gehirn. Das Gehirn ist ein riesiges

Netzwerk aus Nervenzellen, und seine Leistungsfähigkeit ist anteilig durch die Gene vorgegeben. Diese geben den Bauplan für die primäre Verdrahtung vor.

So wie das menschliche Gehirn von Anfang an auf die Verarbeitung von Sprache ausgerichtet ist, ist das Hundegehirn für die Verarbeitung von Gerüchen optimal eingerichtet. Ein großer Prozentsatz der Hirnmasse wird dafür eingesetzt, aber auch für die Verarbeitung der anderen Sinneseindrücke (optisch, akustisch oder taktil) ist genügend Kapazität vorhanden.

Die Verarbeitung der Umwelteindrücke und besonders die Lernvorgänge finden im **Großhirn** statt. Ein spezieller Teil, das **Limbische System**, bildet Emotionen, erzeugt Motivationszustände und setzt alle Teilchen zum eigentlichen Verhaltens-Output zusammen. Das **Kleinhirn** ist dann für die Motorik zuständig. Es kontrolliert und koordiniert die Muskelbewegungen.

Die **Amygdala** ist hauptsächlich für die Bildung, Kontrolle und Steuerung von emotionalen Zuständen verantwortlich. Ängste und die Erinnerung an angstauslösende Situationen werden hier gebildet.

Der **Hippocampus** ist sehr wichtig für die Bildung des Langzeitgedächtnisses. Die einzelnen Bestandteile des limbischen Systems erzeugen in ihrem Zusammenspiel starke Emotionen beziehungsweise starke Reaktionen auf Umweltsignale. Sie sollen Verhaltensreaktionen auslösen, die im Besonderen dem Überleben dienen (Verteidigung, Flucht etc.). Ein großer Teil des Vorderhirns ist den überlebenswichtigen Aufgaben gewidmet, denn Überleben und Fortpflanzung waren in der Evolution von Anfang an die zentralen Themen (Fletcher).

Gehirn eines Hundes in Seitenansicht

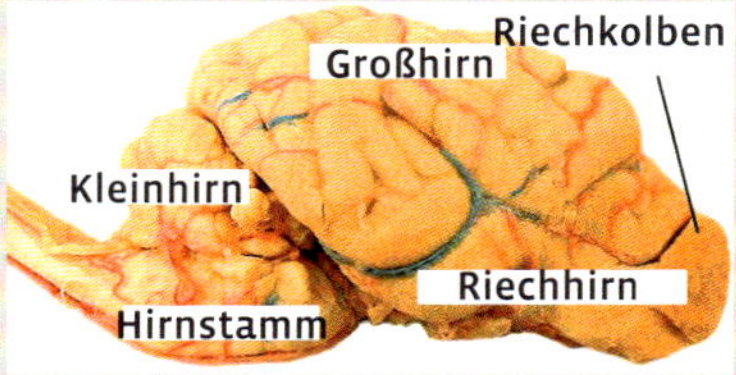

‹ Caudal (Schwanzende) Cranial › (Kopfende)

Der Geruchssinn

Der durchschnittliche Hund hat 200 Millionen Sinneszellen in seiner Nasenschleimhaut; Menschen besitzen nur fünf Millionen.

Außerdem besitzt der Hund das sogenannte Vomeronasale Organ über dem Gaumendach. Dieses reagiert besonders empfindlich auf Pheromone und leitet deren Informationen schnell ins Gehirn. Pheromone sind Duftstoffe, die speziell der Kommunikation innerhalb einer Tierart dienen. Hierzu gehören besonders die geschlechtsspezifischen Gerüche von Hündin oder Rüde. Das Vomeronasale Organ ist bereits gut bei Wiederkäuern untersucht; seine Beutung und spezielle Funktion bei Caniden wird gerade intensiv erforscht.

Das Vomeronasale Organ von Säugetieren ist mit speziellen sensorischen Zellen ausgestattet, die Chemikalien aus der Luft besonders gut aufnehmen können und die jeweilige Information schnell zum Gehirn leiten. Pheromone werden aber nicht ausschließlich mit dem Vomeronasalen Organ aufgenommen. Auch über Zellen der »normalen« Nasenschleimhaut gelangen sie ins Gehirn (Meredith).

Längsschnitt durch die Schnauzenregion

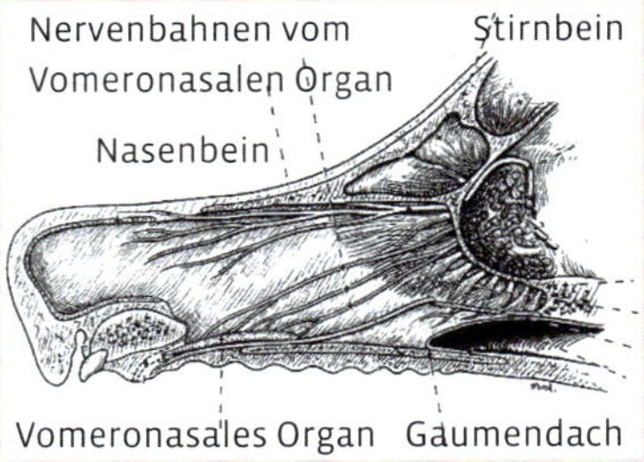

Anatomie des Kopfes mit entspanntem Gesicht

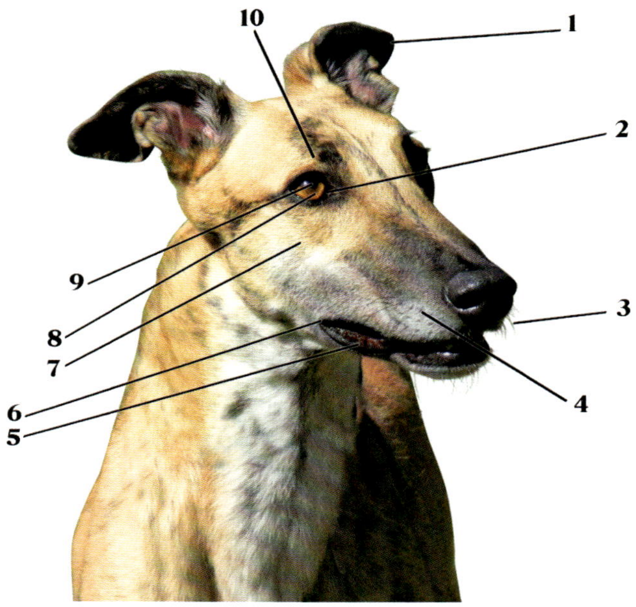

1 Ohrmuschel
2 Nickhaut (3. Augenlid)
3 Vibrissen (Tasthaare)
4 Haarwurzel
5 Entspannte Oberlippe
6 Maulwinkel
7 Wangenknochen
8 Iris
9 Pupille
10 Augenbrauen

Oben – Scout – entspanntes Gesicht

Unten – Scout – angespanntes Gesicht

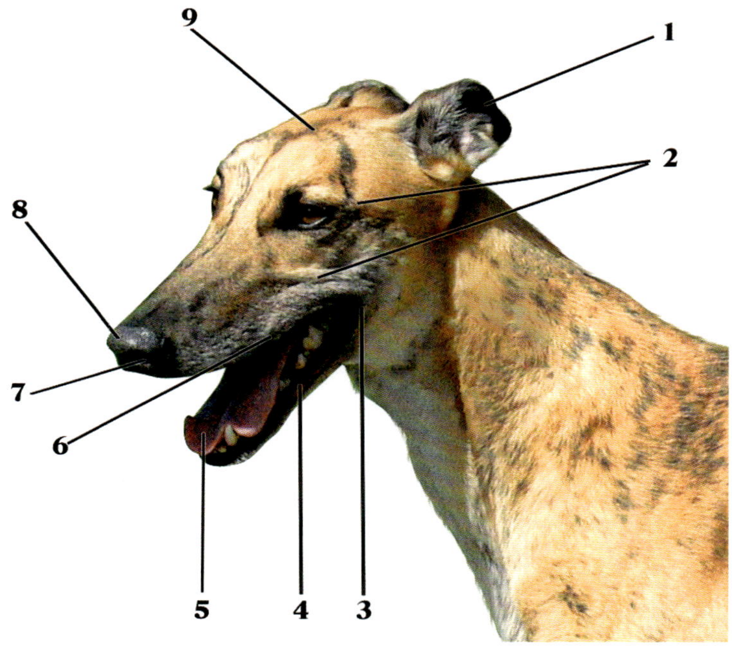

1 Ohrmuschel
2 Angespannte Muskulatur an den Wangen
3 Maulwinkel
4 Angespannte Lefzen im Unterkiefer
5 Zunge
6 Angespannte Lefzen im Oberkiefer
7 Nasenlöcher
8 Nasenspiegel
9 Angespannte Stirnhaut

Äußere Anatomie

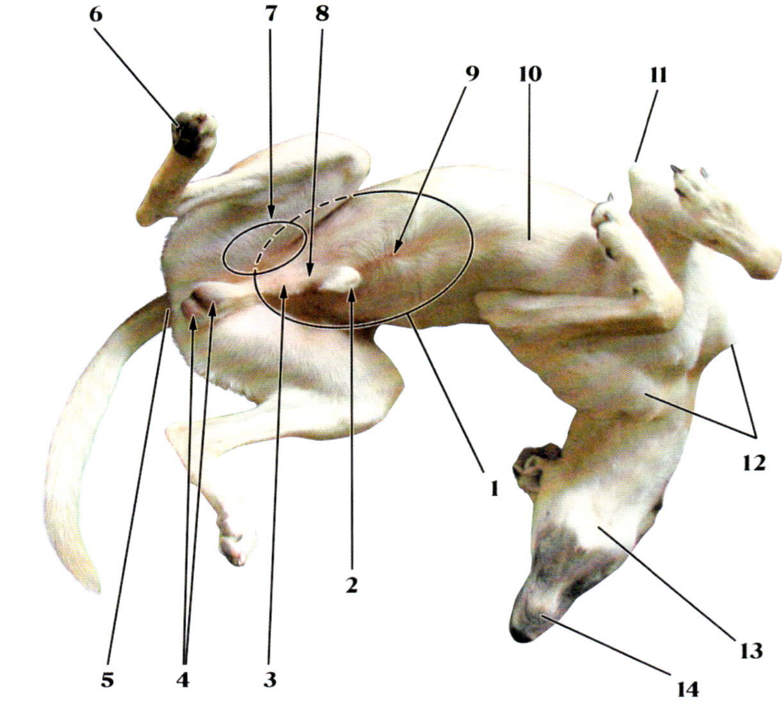

1 Bauch
2 Präputialöffnung
3 Penisknochen mit Drüsen
4 Hoden und Hodensack
5 Perineum (Damm)
6 Pfotenballen
7 Schenkelinnenseite
8 Penis
9 Nabel
10 Brustbein
11 Ellenbogen
12 Schultergelenk
13 Kehle
14 Kinn

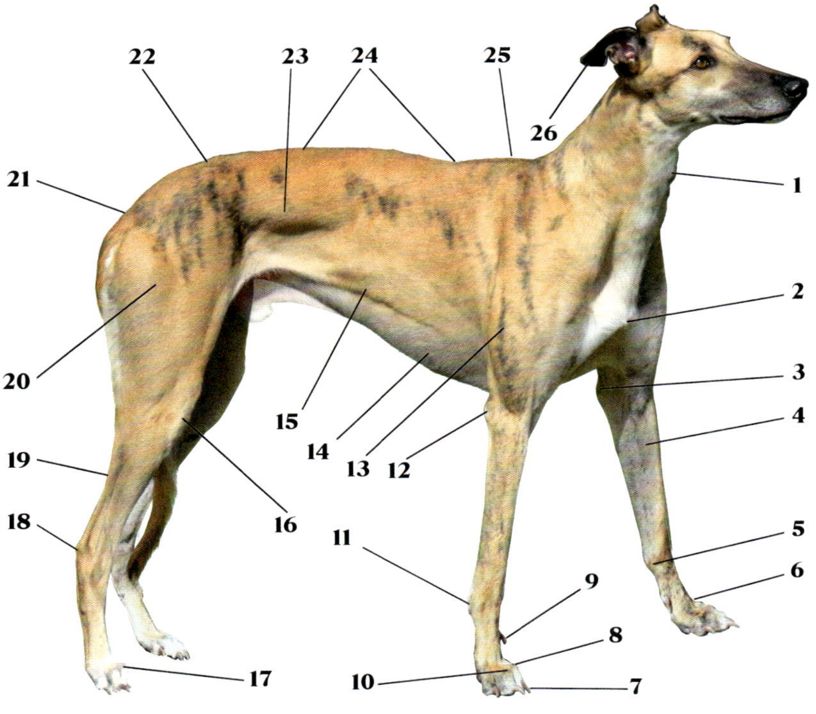

1 Unterhals
2 Brustbein
3 Ellenbogenhöcker
4 Vorderbein (Unterarm)
5 Vorderfußwurzelgelenk
6 Mittelfuß
7 Kralle
8 Zehe
9 Daumenkralle
10 Zehen
11 Carpalballen
12 Ellenbogenhöcker
13 Oberarm
14 Brust
15 Flanke
16 Kniegelenk
17 Zehe
18 Fersenhöcker
19 Unterschenkel
20 Oberschenkel
21 Schwanz
22 Kruppe
23 Lende
24 Rückenlinie
25 Widerrist
26 Ohrmuschel

Skelettsystem

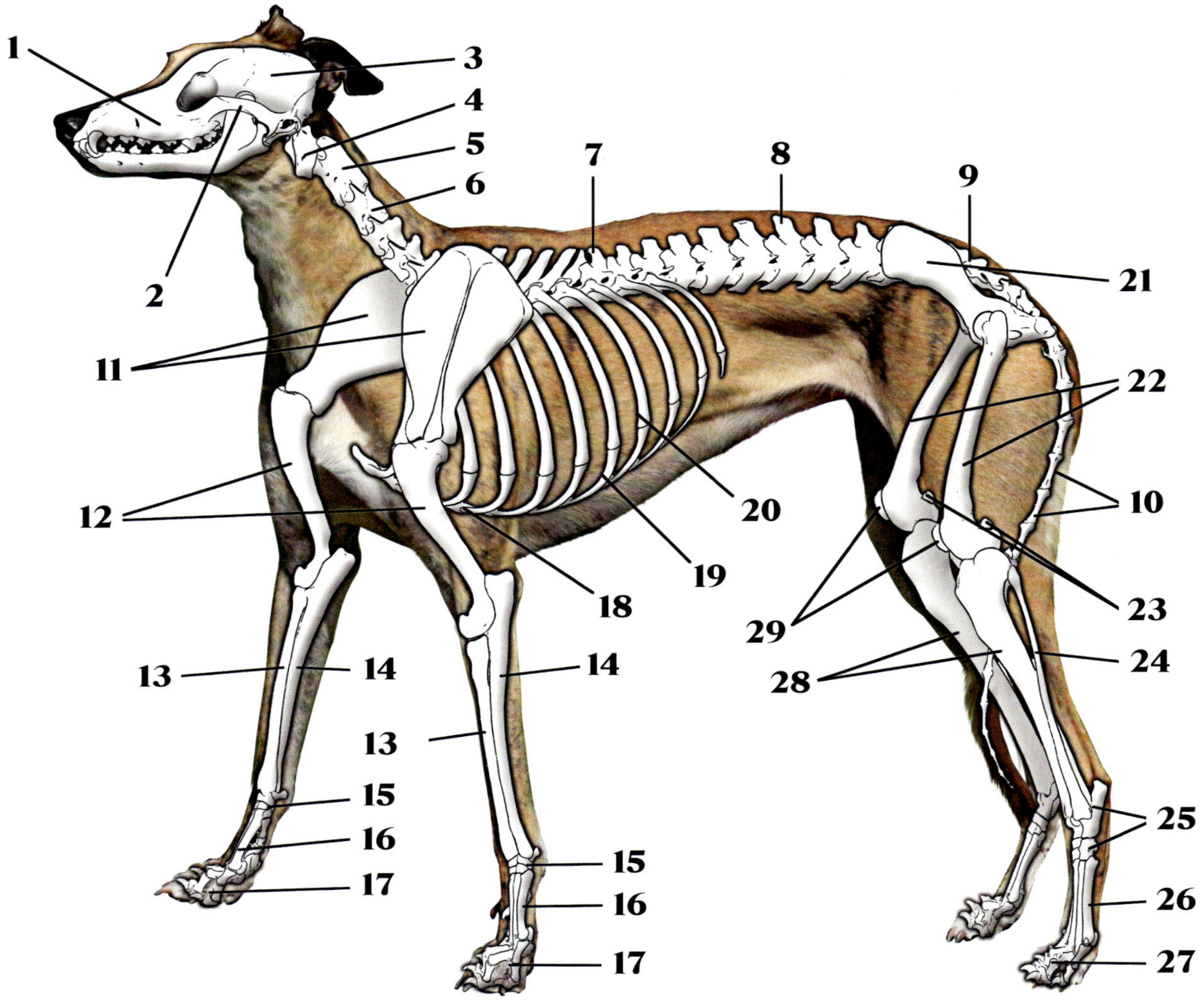

1 Oberkiefer
2 Jochbeinbogen
3 Scheitelbein
4 Atlas (1. Halswirbel)
5 Axis (2. Halswirbel)
6 Halswirbelsäule
7 Brustwirbelsäule
8 Lendenwirbelsäule
9 Kreuzbein
10 Schwanzwirbel
11 Schulterblatt
12 Oberarm
13 Speiche
14 Elle
15 Carpalgelenksknochen
16 Mittelhandknochen
17 Zehenknochen
18 Brustbein
19 Rippenknorpel
20 Rippen
21 Becken
22 Oberschenkel
23 Sesambeine
24 Wadenbein
25 Fersenbein und Tarsalknochen
26 Mittelfußknochen
27 Zehenknochen
28 Schienbein
29 Kniescheibe

Innere Organe

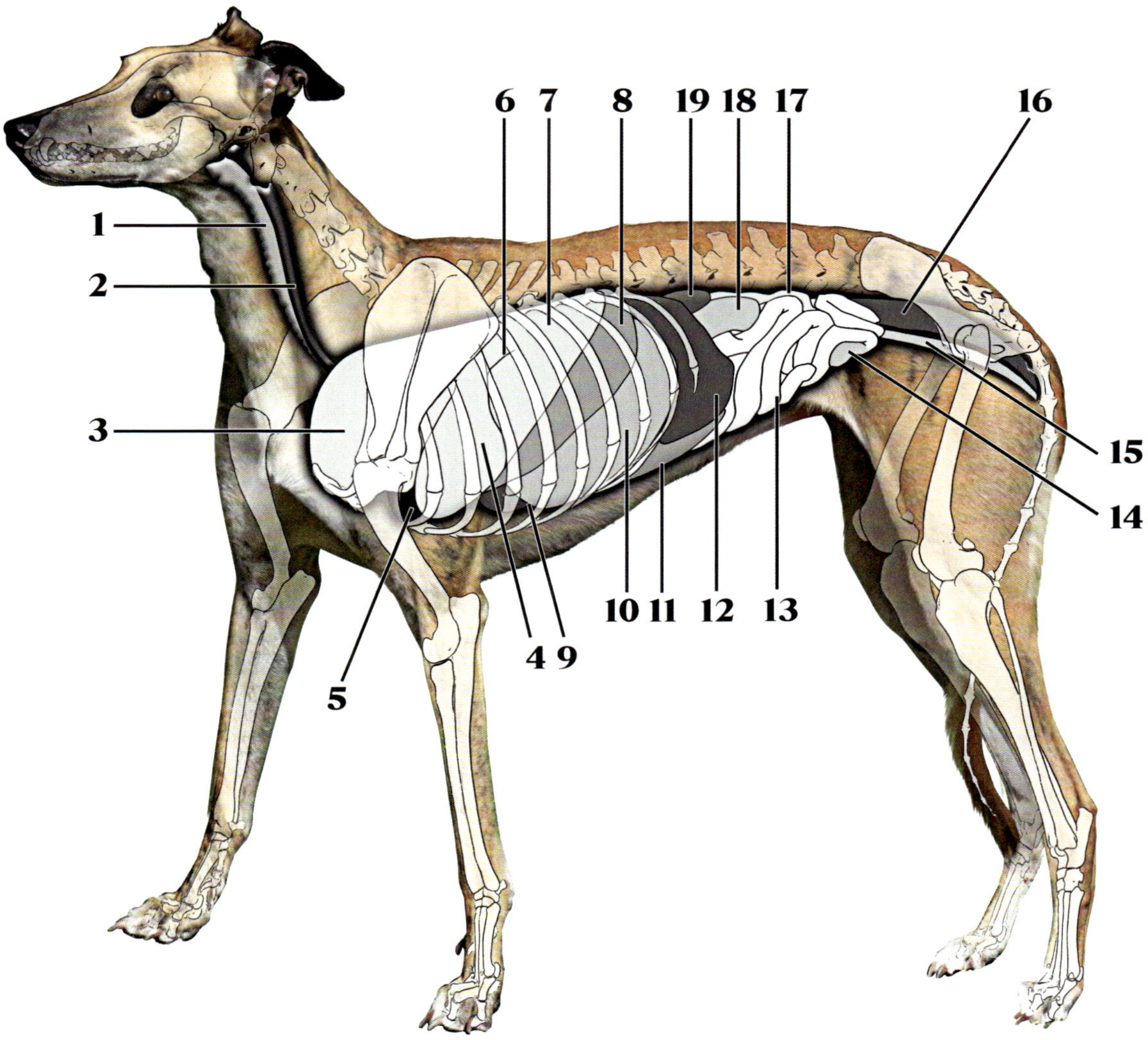

1 Luftröhre
2 Speiseröhre
3 Vorderer Teil des vorderen linken Lungenlappens
4 Hinterer Teil des vorderen linken Lungenlappens
5 Herz
6 Zwerchfellkuppel
7 Hinterer Teil der linken Lunge
8 Zwerchfellansatz
9 Leber
10 Magen
11 Teil vom Netz
12 Milz
13 Dünndarm
14 Blase (teilweise verdeckt)
15 Harnröhre
16 Rektum
17 Linkes Gebärmutterhorn
18 Dickdarm
19 Linke Niere

Ohrstellungen

Dachartige Ohren

Wenn die Ohren zu beiden Seiten des Kopfes fast waagerecht abstehen, ist der Hund meist in einem Konfliktzustand. Verschiedene Emotions- und Motivationszustände konkurrieren, und der Hund kann sich nicht entscheiden. Bei einigen Rassen gehört eine derartige Ohrstellung allerdings auch zum normalen Phänotyp (äußeres Erscheinungsbild).

Links – Dieser Kojote zeigt dachartige Ohren. Normalerweise stehen Kojotenohren grade nach oben. Er leckt sich mit der Zunge über die Nase. Zusammen ergibt sich das Bild von Unsicherheit. Er weiß nicht genau, welche Reaktion jetzt am besten für ihn ist.

Rechts – Wicked, der Lurcher, beguckt etwas sehr intensiv. Vielleicht will ja jemand einen Ball für ihn werfen. Für Wicked ist dies eine aufrecht-wachsame Ohrposition.

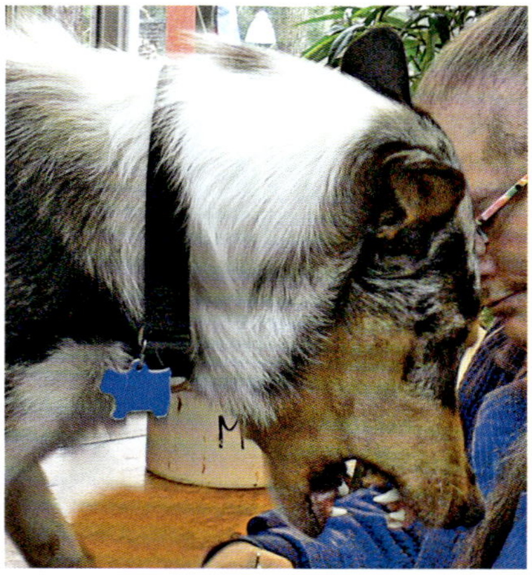

Pan hasst es, wenn seine Krallen geschnitten werden. Sein Zähneblecken ist eine ernste Drohung, aber seine dachartigen Ohren zeigen, dass er sich da nicht so sicher ist.

Wickeds dachartige Ohren von hinten.

Leo starrt einen herankommenden Fremden an. Er erscheint unschlüssig, ob er ihn begrüßen oder auf Abstand halten soll.

Aufgerichtete oder nach vorne gestellte Ohren

Diese Ohrstellung signalisiert Aufmerksamkeit und Selbstvertrauen.

Lucas Selbstsicherheit zeigt sich in seinen hoch aufgerichteten Ohren.

Zurückgelegte Ohren

Zurückgelegte, aber dabei nicht eng angelegte Ohren signalisieren Beschwichtigungsverhalten.

Der braune Hund in der Mitte hat seine Ohren nach hinten gelegt, während er ein leichtes Kopfabwenden als Übersprungsverhalten zeigt. Der schwarz-weiße Hund leckt sich die Schnauze mit leicht erhobenem Kopf und angelegten Ohren als Beschwichtigungssignal.

Halb aufgerichtete Ohren, nach außen gedreht

Der Hund ist wachsam und konzentriert sich auf Geräusche. Hunde können ihre Ohren unabhängig voneinander bewegen und stellen, um so Geräuschquellen besser orten zu können

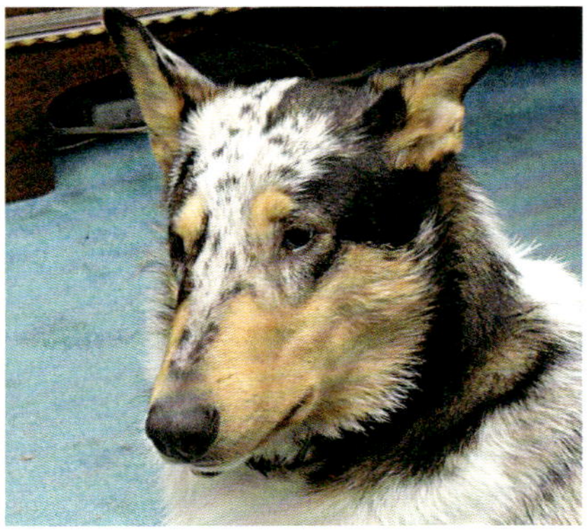

Eng angelegte Ohren

Ängstliche Hunde können ihre Ohren eng seitlich an den Kopf / Nacken legen. Diese Ohrstellung kann auch beibehalten werden, wenn der Hund mit agonistischem Verhalten auf eine mögliche Bedrohung reagiert.

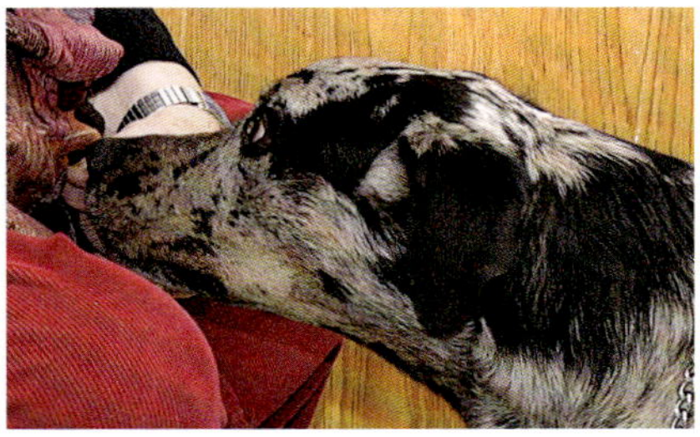

Links – Die nach hinten gelegten Ohren signalisieren Unsicherheit.

Rechts – Die Ohrposition ist relativ neutral, aber immer noch leicht angespannt.

Flatterohren

Das regelrechte »Flatterohr« sieht man nur bei langohrigen Hunden (zum Beispiel beim Labrador Retriever oder Rhodesian Ridgeback). Die Ohrlappen liegen parallel seitlich am Kopf und die Ohrbasis ist Richtung Kopfmitte hochgezogen. Flatterohren zeigen Hunde, wenn sie gestresst oder stark verunsichert sind.

Zum Vergleich mit dem linken Hund mit Flatterohren zeigt Louie (rechts) seine schön entspannten Ohren.

Seehundohren

Die Ohren sind so stark nach hinten und an den Kopf gedrückt, dass sie praktisch unsichtbar werden (Goodman et. al., 2002).

Seehundohren an einem Wolf. Sein Display mischt Beschwichtigung, Submission und Angst.

Wicked legt seine Ohren auf unterschiedliche Arten an

Wicked hat seine Ohren je nach Erregungsgrad unterschiedlich weit zurückgelegt. Im oberen Foto zeigt er Spielverhalten mit offenem Maul, langen Lefzen und langer Maulspalte. Außerdem wendet er den Kopf ab. Auch wenn beide Hunde die Ohren leicht angelegt haben, sind sie entspannt und spielen miteinander.

Die aggressive Interaktion läuft ritualisiert ab, kann aber jederzeit in einen echten Kampf umschlagen. Beide Hunde haben aufgerissene Augen, angespannte Lefzen und lange Maulspalten. Wicked zeigt nur seine vorderen Zähne und seine Ohren sind zurückgelegt.

Oben – Wickeds Ohren sind nach hinten gestellt, aber nicht angelegt.

Links – Wicked hat seine Ohren eng zurückgelegt. Dies ist eine Warnung an den anderen Hund.

Entspannte Ohren

Wicked zeigt einen spielerischen Hoppelsprung. Seine entspannten Ohren flattern, sind aber keine echten Flatterohren.

Wicked konzentriert sich auf verschiedene Geräusche, die aus unterschiedlichen Richtungen kommen. Seine Ohren zeigen die Richtungen der Geräuschquellen an.

Anna ist aufmerksam und halbwegs entspannt. Durch das Vorstellen sieht es aus, als ob eine kleine Längsfalte im Ohr wäre. Ihr leicht geöffnetes Maul und die entspannten Lefzen zeigen, dass sie weder gestresst noch ängstlich ist.

Auch dies ist eine entspannte Ohrposition. Das Ohr ist leicht zurückgestellt, um besser hören zu können.

Augenausdruck

Der Augenausdruck sagt viel über die Stimmung aus und kann sich von einer Sekunde auf die nächste verändern.

Weite Pupillen

Die Pupillengröße verändert sich je nach Lichteinfall und auch je nach Erregungs- oder Stresszustand (Lore I. Haug in einem Brief an die Autorin, 15. August 2007). Sympathikuserregung durch einen Stressor führt zu weiten Pupillen. Das Vegetative Nervensystem, zu dem der Sympathikus gehört, kontrolliert alle unbewussten und lebenserhaltenden Körperreaktionen.

Leos Pupillen sind trotz guter Lichtverhältnisse fast vollständig geweitet. Er ist in einem starken Stresszustand und seine Augen sind aufgerissen.

Harte Augen bzw. Fixieren

› Siehe auch: Anstarren, Fixieren

Die Pupillen sind meist klein und die Augen wirken durch die angespannten Lider ebenfalls kleiner. Das Gegenüber wird fixiert und die Augenbrauenpartie ist zusammengezogen. Der Hund kann parallel andere Drohsignale wie zum Beispiel Nasenrückenrunzeln zeigen.

Der Hund hat harte Augen; seine Lider sind zusammengekniffen. Zwischen den Augen sind Haut und Fell leicht zusammengeschoben. Er zeigt ein deutliches Zähneblecken mit sehr angespannten Lefzen und kurzer Maulspalte.

Weiche Augen

› Siehe auch: Übersprungsverhalten

Die Augen sind leicht geschlossen und der Hund kann dabei blinzeln. Körpersprache und Gesichtsmimik sind meist neutral-entspannt.

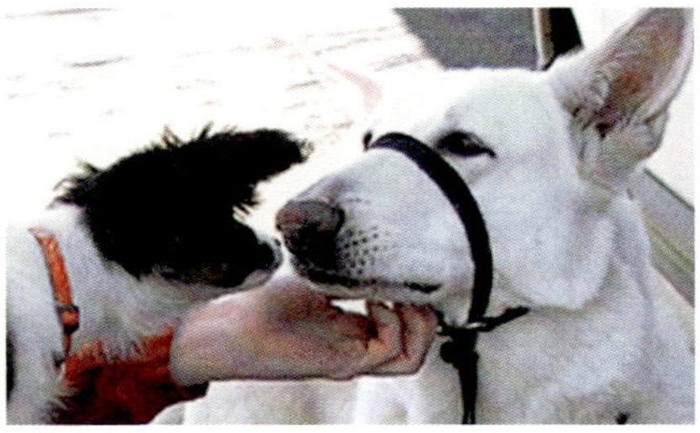

Diese weiße Schäferhündin zeigt weiche Augen. Sie blinzelt leicht und macht ein entspanntes Gesicht. Die Maulspalten sind lang und entspannt und die Ohren stehen neutral.

Aufgerissene Augen

Wenn Hunde gestresst oder verängstigt sind, reißen sie die Augen auf. Aufgerissene Augen zeigen sie oft auch bei deutlich angstbedingtem Drohverhalten. Die Kopfhaut ist angespannt und dadurch sind die Lider zurückgezogen, sodass man oft sogar das Weiße im Auge sehen kann.

Das Weiße kann auch sichtbar werden, wenn der Hund die Augen extrem verdreht, zum Beispiel um etwas am Rande seines Gesichtsfeldes sehen zu können, ohne den Kopf zu drehen. In diesem Fall muss er nicht unbedingt gestresst oder verängstigt sein. Man kann das Augenverdrehen auslösen, wenn man den Hund am Kopf fixiert und zum Beispiel ein Leckerchen sehr weit seitlich hält. Er folgt dem Leckerchen dann so weit, wie es möglich ist, mit den Augen.

Rechts – Der vordere Deutsche Schäferhund sieht sich nach seinem Verfolger um. Seine Augen sind dabei so stark nach hinten gedreht, dass man das Weiße sieht.

Links – Weit aufgerissene Mäuler und aufgerissene Augen.

Lefzen

› Siehe auch: Maulspalte

Lefzen sprechen Bände – über Veränderungen in Anspannung und Stellung können Hunde sehr subtile bis extrem deutliche Informationen über ihren emotionalen Zustand senden.

Beispiele:

- Geschlossenes Maul mit kurzer Maulspalte und angespannten Lefzen (*links*).
- Kurze Maulspalte und angespannte Lefzen; Maul leicht geöffnet und vordere Zähne entblößt (*Mitte*).
- Aufgerissenes Maul mit vollem Zähneblecken (siehe auch Maulaufreißen). Die Maulspalte ist mittellang und wie ein »C« geformt (*rechts*).

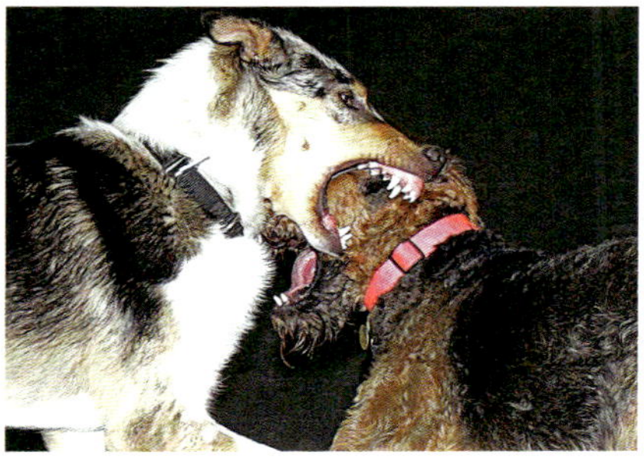

Links – Anspannung

Mitte – Zähneblecken

Rechts – Deutliche Warnung

Die Lefzen in den beiden Fotos unten sehen ähnlich aus. Der linke Hund hechelt und speichelt vor Stress, während der andere entspannt seine Zunge vorstreckt. Man muss immer den Gesamteindruck betrachten, um die zugrunde liegenden Emotionen zu erkennen.

- Angespannte Lefzen mit langer Maulspalte; Maul geöffnet (*links*).
- Entspannte Lefzen; Maulspalte ist länglich durch das Öffnen des Fangs (*rechts*).

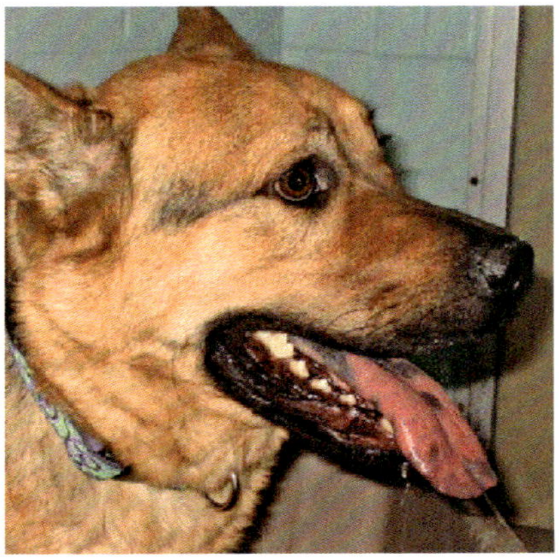

Stresszustand mit leichter Anspannung, Hecheln und Speicheln

Der Hund betrachtet entspannt seine Umwelt.

Schwanzpositionen

Folgende Schwanzstellungen lassen sich beobachten:

› Waagerecht getragener Schwanz in der Verlängerung der Rückenlinie

Diese Schwanzstellung deutet auf einen entspannten Hund hin.

› Schwanz aufgerichtet

Der gleiche Hund wie auf dem oberen Foto: Der aufgerichtete Schwanz signalisiert Erregung aufgrund des Spiels.

› Schwanz hoch über dem Rücken getragen

Der aufgerichtete Schwanz zusammen mit den zurückgelegten Ohren und dem etwas steifen Gang signalisiert Anspannung.

Schwanz über dem Rücken geringelt

Dies ist die normale entspannte Haltung eines Huskys. Bei Erregung würde er den Schwanz noch höher tragen und stärker über den Rücken ringeln.

Schwanz niedrig / tief getragen

Dies ist der gleiche Husky wie auf dem oberen Foto. Die Schwanzstellung ist in einem starken Kontrast zur normalen entspannten Stellung. Um Emotionen und Motivationszustände von Hunden richtig einordnen zu können, sollte man wissen, wie Hunde einzelner Rassen im normalen entspannten Zustand aussehen.

Leicht hängender Schwanz in Normalstellung bei einem Golden Retriever.

Eingerollte Schwanzspitze

Die Ohren sind aufgerichtet: Dieser Hund ist aufgeregt und wachsam.

› Schwanz eingezogen

Ausdruck von Angst und mittlerem bis starkem Stress. Die Dobermannhündin klemmt ihren Schwanzrest ein. In Deutschland ist das Kupieren von Schwänzen seit 1998 und das Kupieren von Ohren seit 1987 verboten.

› Schwanz unter den Bauch gezogen

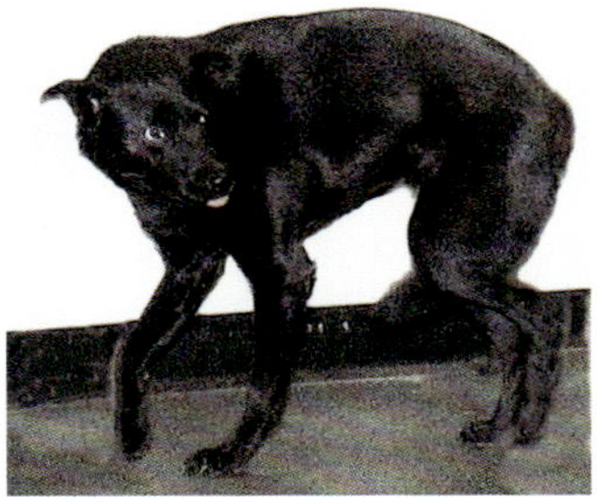

Das gesamte Display dieses Hundes zeigt seine Angst: eingezogener Schwanz, erhobene Pfote, Zungenschlecken, aufgerissene Augen und zurückgelegte Ohren. Nur Sekunden später ist die Hündin mit einem Schnappen gegen die anderen Hunde vorgesprungen, die ihre Signale nicht gesehen haben oder nicht sehen wollten.

› Schwanz zur Seite gestellt (siehe auch Fortpflanzungsverhalten)

Der Rüde umwirbt die läufige Fähe. Ihr seitlich gestellter Schwanz signalisiert die Bereitschaft für den Deckakt.

› Schwanz steil aufgerichtet

Die Hündin ist erregt und zeigt ihren Motivationszustand über das Spielgesicht und die entspannten Ohren. Der aufgerichtete Schwanz allein betrachtet könnte auch für emotionale Zustände stehen, die zu aggressivem Verhalten führen könnten.

Schwanzpositionen bei verschiedenen Rassen

Border Collie

Die Schwanzstellung ändert sich je nach Aktivität und emotionalem Zustand. Unterschiedliche Rassen tragen den Schwanz in entspanntem Zustand unterschiedlich. Einzelne Individuen können dabei natürlich von der Norm der Rasse abweichen. Border Collies tragen ihren Schwanz im Spiel oft über dem Rücken, aber bei der Arbeit wird er tiefer getragen. Bei der Arbeit dient der Schwanz zum Balancieren, besonders bei schnellen Richtungswechseln.

› Normal getragener Schwanz in der Verlängerung der Rückenlinie und mit leicht eingerollter Spitze

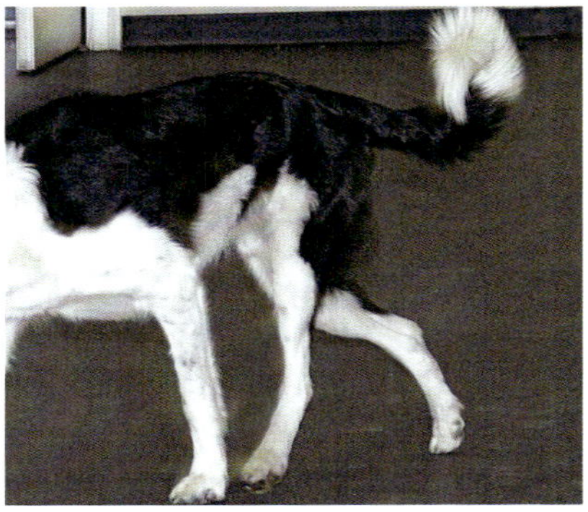

Zur Unterscheidung der Schwanzstellungen in dem oberen Bild und dem darunterliegenden müssen der Kontext und die weiteren Verhaltensmuster berücksichtigt werden. Sam hat einen Ball im Maul und fixiert seinen menschlichen Spielpartner.

› Schwanz über der Rückenlinie – Spielverhalten

- Dieser Border Collie trägt seinen Schwanz hoch und fast auf den Rücken gelegt. Er ist wegen der permanenten sexuellen Belästigung des Collies verärgert und erregt.

Pyrenäen-Berghund-Kangal-Mix

Die Schwanzstellung ändert sich je nach Aktivität und emotionalem Zustand.

- Konzentriert und etwas spielerisch – der Schwanz wird leicht über der Rückenlinie getragen und ist geringelt.

- Entspannter Schwanz; er wackelt leicht hin und her, wie eine »Fahne im Wind«.

› Tief getragener Schwanz. Dass der Hund gestresst ist, erkennt man auch am Gähnen und dem aufgewölbten Rücken.

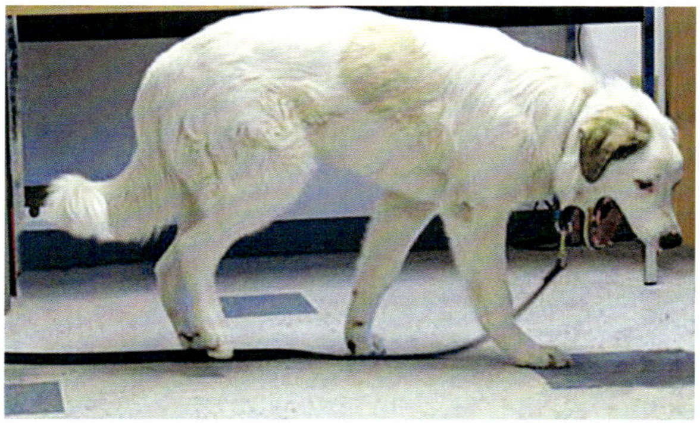

› Tief getragener Schwanz – und schweißnasse Ballen durch extremen Stress. Diese Schwanzstellung ist für Louie ein typisches Zeichen von starkem Stress. Wenn man zum Vergleich den Golden Retriever auf Seite 63 betrachtet, wird deutlich, wie wichtig Wissen über das normale Erscheinungsbild der Rasse und der jeweiligen Individuen ist, bevor man Schlüsse über emotionale Zustände zieht. Die Betrachtung eines einzelnen Körperteils reicht selten aus.

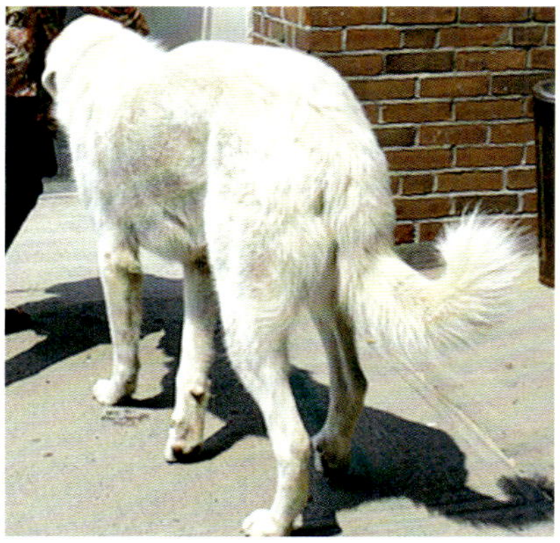

› Der Schwanz ist leicht über die Rückenlinie gebogen (siehe auch Imponierhaltung). Dazu zeigt Louie steif durchgedrückte Beine und einen hochgereckten Hals. Er ist angespannt und irritiert vom Maulstoß des Collies.

ABSCHNITT 3

Angst bis Ausscheidungsverhalten

Die Hunde im Vordergrund sind im Fixieren erstarrt. Beide haben die Augen weit geöffnet und leicht zurückgelegte Ohren. Beide sind erregt und zeigen Stressdisplay. Die Hunde im Hintergrund sind etwas entspannter. Sie wenden den Kopf (Übersprungsverhalten) und Wicked, der Lurcher, hebt eine Pfote leicht an.

Angst

› Siehe auch: Motivation

Die Emotion Angst ist einer der Hauptmotivatoren für Verhaltensmuster wie Submission, Flucht oder Kampf. Wenn der unsichere / ängstliche Wolf oder Hund einer objektiven oder subjektiven Gefahr nicht entkommen kann, ist eine aggressive Reaktion sehr wahrscheinlich.

Die folgenden fünf Verhaltensbereiche zeigen Angst und Stress an, beziehungsweise sind Reaktionen aus Angst und Stress. Aufgrund der englischen Vokabeln nennt man sie die fünf »F«. Viele Autoren sprechen nur von vier »F« und sortieren »Faint« entweder zur Gruppe »Freeze« oder zur Gruppe »Flee«.

- Erstarren (Freeze)
- Herumalbern und soziale Interaktion (Fidget, fooling around)
- Flüchten (Flee)
- Kampf (Fight)
- Aufgabe (Faint)

Angstdisplay

› Siehe auch: Kriechen, Stressanzeichen, Submission

Caniden zeigen Angst durch eine spezifische Körpersprache und Mimik an. Jeder noch so kleine Angstzustand wird erkennbar durch korrespondierende Bewegungen der Ohren und Maulwinkel. So als ob die unsichtbaren Mächte der Flucht den Körper nach hinten ziehen (Konrad Lorenz, 1953, S. 56).

Der linke Fuchs reagiert mit Angst auf das Imponieren des rechten: gekrümmter Rücken, zurückgelegte Ohren, eingeklemmter Schwanz.

Submission und Angst beim rechten Wolf: zurückgelegte Ohren, Lippenlecken, aufgekrümmter Rücken und eingeklemmter Schwanz.

Anstarren / Fixieren

Hunde setzen frontales Anstarren gezielt und differenziert ein. Das Anstarren gilt unter Caniden als Herausforderung bis Bedrohung und kann zu einem Ernstkampf führen. Bestimmte Metasignale können die verschiedenen Intentionen hinter dem Anstarren verdeutlichen und dem anderen signalisieren, dass es sich zum Beispiel um Spiel handelt oder um höchst ritualisiertes Aggressionsverhalten.

Oben links – Zwei entspannte Hunde in Spielstimmung haben direkten Augenkontakt. Wer macht den ersten Sprung oder den nächsten Schritt, um einen ritualisierten und spielerischen Kampf zu starten? Keiner der Hunde zeigt Erstarren. Sie haben lange und entspannte Maulwinkel, leicht geöffnete Mäuler und entspannte Ohren.

Oben rechts – Zwei Rüden starren sich über den Rücken einer läufigen Fähe hinweg an.

Unten links – Fixieren als Herausforderung: Der linke Wolf zeigt leicht zusammengekniffene Augen und zusammengeschobene Augenbrauen. Keiner hat bis jetzt ernsthaft gedroht – aber jede Sekunde kann es passieren, dass sich einer abwendet oder Drohverhalten zeigt.

Unten rechts – Anstarren zwischen Bison und lauerndem Wolf

Anthropomorphismus

Anthropomorphismus bedeutet »Vermenschlichung«. Menschliche Charaktereigenschaften, Qualitäten, Stimmungen oder Ansichten werden auf Tiere wie Hund oder Katze, aber auch auf unbelebte Dinge wie Maschinen oder Spielsachen übertragen. Problematisch wird es dann, wenn Hunden menschliche Motive wie absichtsvolle Täuschung, Boshaftigkeit oder Dominanzstreben unterstellt werden und die Hunde dann für diese »bösen Gedanken« bestraft werden. Menschen rutschen schnell in die Vermenschlichung hinein, denn Haustiere – und hier besonders Hunde – werden oft zu echten Familienmitgliedern. Menschen gehen enge emotionale Bindungen zu ihnen ein, teilweise vergleichbar mit der Bindung von Eltern zu ihren Kindern.

Einige Wissenschaftler sagen, dass Antropomorphismus zur Diskussion über Emotionen bei Tieren gehört. Wichtig sei dabei nur, es nicht zu übertreiben und nicht den richtigen Blickwinkel zu verlieren, um den Tieren

Viele Menschen behandeln ihre Hunde wie Kinder im »Fellmantel«. Das Wissen, wie Hunde sich verhalten und wie sie lernen, darf vor lauter Anthropomorphismen nicht verloren gehen. Foto rechts: Morphing von Douglas Lufkin

gerecht zu werden. Es ist allgemein akzeptiert, dass sich Tiere und Menschen in vielen Bereichen sehr ähnlich sind; dazu gehören auch die Emotionen. Insofern machen wir Tiere nicht zu Menschen, sondern wir entdecken Gemeinsamkeiten und verwenden unsere Sprache, um diese zu beschreiben. Im Grunde gehört ein gewisser Anthropomorphismus dazu, um Emotionen bei Tieren zu untersuchen und zu verstehen (Bekoff, 2007, S. 50).

Appetenzverhalten

Als Appetenzverhalten bezeichnet man Verhaltensweisen, die darauf ausgerichtet sind, Befriedigung zu erreichen. Das Tier ist auf der Suche, um ein bestimmtes Bedürfnis zu befriedigen. Teilweise kann diese Suche auch ziellos und unkoordiniert stattfinden.

Ein appetitiver Zustand ist ein Zustand der inneren Unruhe, der solange anhält, bis das Objekt der Begierde erreicht wird oder der angestrebte Zustand eingetreten ist. Wird das Objekt der Begierde erreicht, wird konsumiert und die Appetenz erlischt; Befriedigung tritt ein (Craig, 1917, S. 685).

Artgenosse

Als Artgenosse wird ein Mitglied der gleichen Art bezeichnet.

Attacke / Angriff

› Siehe auch: Beißhemmung, Jagdverhalten

Wenn Drohverhalten und andere Warnungen überhört wurden, kann ein Angriff erfolgen. Die meisten Attacken laufen als ritualisierte Angriffe ab. Nur selten eskalieren sie und führen zu Verletzungen bei den Kontrahenten. Wenn allerdings keiner der Kontrahenten nachgeben will und es um eine wirklich wichtige Sache geht, sind auch Verletzungen möglich. Caniden haben die körperlichen Möglichkeiten, innerhalb von Sekunden ernsthafte Verletzungen zu setzen. Wölfe versuchen oft, den anderen im Kehlbereich oder Nacken zu beißen. Sie töten ihre Beute meist, indem sie ihnen die Luftröhre zusammendrücken oder fatale Verletzungen an der Wirbelsäule verursachen. Hunde orientieren sich auch Richtung Kehle oder versuchen, in die Beine oder den Bauch des Gegners zu beißen. Wenn bei derart ernsten Interaktionen keine Wunden entstehen, liegt es meist daran, dass einer oder beide Konfliktpartner über eine extrem gute Beißhemmung verfügen.

Aufeinander sitzen und stehen

Links – Der obere Wolf hat sich auf den unteren gesetzt – eine Provokation für den unteren.

Rechts – Der linke Wolf steht auf dem rechten. Dieser schiebt ihn von unten mit den Pfoten weg.

»Ein Wolf setzt sich auf einen anderen, nachdem er ihn am Boden festgenagelt hat. Manchmal setzt sich ein Wolf auch auf einen schlafenden Wolf« (Goodman et al., 2002, S. 31).

Sich auf einen anderen zu setzen oder stellen, oder einfach nur einen Fuß auf den anderen zu stellen, ist eine Provokation. Bei einer ritualisierten aggressiven Auseinandersetzung kann dies zur Eskalation auf die nächsthöhere Stufe des Konfliktes führen.

Aufgerichtete Stellung

› Siehe auch: Imponierstehen

Sich aufrichten und damit größer machen – dieses Verhalten zeigen Hunde sowohl gegenüber Artgenossen als auch gegenüber Menschen.

Eine höhere Position zu haben als ein Gegner kann einen taktischen Vorteil im Kampf, aber zum Beispiel auch im Jagdspiel bedeuten. Es kann auch ein erster Schritt in Richtung Imponierverhalten sein, um die eigenen Vorrechte deutlich zu machen.

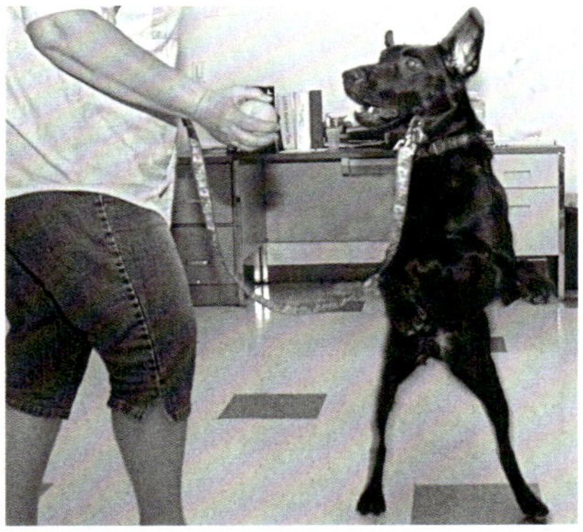

Oben – Dieser Hund versucht sich etwas größer zu machen, indem er sich auf die Hinterbeine stellt. Auf den ersten Blick könnte der Grund dafür sein Interesse am Ball sein. In Wahrheit war es aber eine Herausforderung – an die Person gerichtet, die den Ball hält. Bei früheren Interaktionsangeboten von ihr hatte er kein Interesse gezeigt, aber jetzt wollte er den Ball. In seinem Bellen und seiner körperlichen Aktion liegt schon eine kleine Drohung.

Links oben – Der Wolf auf dem Baumstamm hat ein Leckerchen zu seinen Füßen und warnt andere, sich ihm zu nähern.

Links unten – Dieser Wolf hat sich auf den höchstmöglichen Platz zurückgezogen, um seine Beute für sich zu behalten.

Ausprägung

Mit Ausprägung ist die Intensität, Häufigkeit und Dauer eines bestimmten Verhaltensmusters gemeint.

Hunde und Wölfe haben viele Verhaltensmuster gemein. Wölfe zeigen diese zumeist in einer stärkeren Ausprägung als Hunde. Wolfsverhalten wirkt dadurch manchmal wie eine übertriebene Version von Hundeverhalten.

Links – Angst und Verteidigung: kurzes Zungenschlecken, aufgerissene Augen und abgespreizte Sinushaare. Der Nasenrücken ist leicht gerunzelt in Vorbereitung des Zähnebleckens.

Rechts – Drohender Wolf: Zähneblecken mit herausgestreckter Zunge

Ausscheidungsverhalten

› Siehe auch: Et-epimeletisches Verhalten, Erkundungsverhalten, Übermarkieren

Zum Ausscheidungsverhalten gehören der Urin- und der Kotabsatz.

Rüden urinieren entweder auf vier gestreckten Beinen oder sie heben ein Hinterbein zur Seite. Sie setzen ihren Urin oft dort ab, wo andere vor ihnen schon markiert haben.

Hündinnen hocken sich üblicherweise beim Urinabsatz hin. Hin und wieder urinieren sie auch auf drei Beinen wie ein Rüde, um den Urin höher zu setzen und die Markierung eines anderen Hundes zu »überschreiben«. Sie können den Urin auch gezielt an senkrechten Gegenständen (Laternenmast etc.) absetzen, um eine besondere Nachricht zu hinterlassen.

Es gibt Hündinnen, die sich auf vier Beinen hinhocken und dann eine Pfote vom Boden heben. Zwischen dieser Variante und dem Urinieren wie ein Rüde kann jede Höhe vorkommen. Hin und wieder machen Hündinnen beim Urinabsatz sogar Handstand.

Vor dem Kotabsatz erkunden Rüde und Hündin zunächst den Ort (schnüffeln) und hocken sich dann hin. Ein nachfolgendes Scharren am Boden mit den Hinterpfoten oder allen vier Pfoten kommt häufiger bei Rüden vor, wird aber auch bei Hündinnen beobachtet.

Oben links – Ein sechs Wochen alter Welpe setzt Urin ab.

Oben rechts – Ein zehn Wochen alter Welpe setzt Urin ab.

Unten links – Ein erwachsener Wolf uriniert mit leicht nach hinten gestrecktem Bein.

Unten Mitte – Der Rüde links versucht seine Marke so hoch wie möglich zu setzen, um über die »Visitenkarten« der anderen zu kommen.

Unten rechts – Der Wolfsrüde dirigiert seinen Urinstrahl gegen den Wassertrog und hat dazu sein Bein so weit wie möglich hochgezogen.

Oben – Die Fähe zeigt eine akrobatische Leistung und setzt Urin auf drei Beinen ab.

Unten links – Kailani uriniert im Handstand. Sehr häufig sieht man diese Position bei nervösen Hunden, die schnell erregt sind. Man geht davon aus, dass der Handstand beim Urinabsatz nicht unbedingt ein bewusstes Verhalten ist, sondern aus Erregung und Hektik gezeigt wird. Kailani war zu diesem Zeitpunkt läufig. Aufgrund der hormonellen Veränderungen war sie generell schnell erregt und dazu noch im Mittelpunkt des Interesses der Rüden.

Rechts Mitte – Der weibliche Fuchs hat sich auf vier Pfoten zum Urinieren gehockt.

Rechts unten – Ein Junghund beim Kotabsatz.

Gott setzte sich für einen Moment hin, nachdem er den Hund erschaffen hatte und beobachtete ihn … Er wusste, dass es gut war, dass nichts fehlte und dass er es nicht hätte besser machen können.

Rainer Maria Rilke

Wir lauschten nach Stimmen in der Wildnis und wir fanden den Jubel der Wölfe.

Durwood L. Allen

Jeder, der das Leben irgendeines Tieres als wertlos erachtet, läuft Gefahr, auch Menschenleben als wertlos anzusehen.

Albert Schweitzer

ABSCHNITT 4

Bedarfsdeckung bis Buddeln

Die Wölfin links zeigt gegenüber dem rechten Wolf Beschwichtigungsverhalten. Sie leckt seine Schnauze und blinzelt mit den Augen.

Bedarfsdeckung

› Siehe auch: Instinkt

Im Konzept der Bedarfsdeckung und Schadensvermeidung nach Tschanz (1985) wird davon ausgegangen, dass Lebewesen zu Selbstaufbau, Selbsterhaltung und Fortpflanzung fähig sind. Voraussetzung hierfür ist das Vorhandensein spezifischer Stimuli, an denen ein Lebewesen Bedarf hat. Durch Bedarfsdeckung erfüllt das Lebewesen die Voraussetzungen für Selbstaufbau und Selbsterhaltung. Außerdem muss die Fähigkeit vorhanden sein, schädigenden Einwirkungen erfolgreich zu begegnen. Bedarfsdeckung und Schadensvermeidung sind Grundfunktionen, die dem Individuum ermöglichen, sich erfolgreich mit der Umwelt und sich selbst auseinanderzusetzten (Bammert et al., 1993).

Begrüßungsverhalten

› Siehe auch: Freundliche Annäherung, Hüftschieber, Kopfdrücken, Gruppenbegrüßung

Caniden haben ein unendliches Repertoire an Verhaltensmustern und Verhaltenselementen zur Begrüßung.

Sich an der Nase zu berühren und zu beschnüffeln oder das gegenseitige Beschnuppern von Genitalien oder Anus gehören zu den häufigsten. Dabei machen Caniden keinen Unterschied, ob sie Mitglieder der eigenen Art oder Individuen anderer Arten begrüßen.

Begrüßungen an der Leine unterscheiden sich von solchen, bei denen sich die Hunde frei bewegen können. Einige Hunde sind an der Leine schneller und stärker erregt und können leicht aggressiv reagieren. Es handelt sich dann meist um Aggression aus Frustration heraus.

Diese beiden Hunde haben bereits einige Male miteinander gespielt und waren dabei relativ angespannt und vorsichtig. Der unkastrierte Collie-Rüde zeigt häufiger sexuell motiviertes Verhalten, das Louie nicht schätzt. Die Spannung zwischen ihnen hat zwar nie die Grenze zu aggressivem Verhalten überschritten, aber beide beäugen sich misstrauisch und zeigen Distanz vergrößerndes Verhalten.

Links – Der Welpe sieht sich zum ersten Mal im Spiegel und begrüßt sein Spiegelbild.

Rechts – Eine artübergreifende Begrüßung: Dies ist Pans erste Begegnung mit einem Pferd. Er zeigt einen freundlichen Schnauzenstoß, so wie er es auch bei einem anderen Hund machen würde.

Berühren und Beschnüffeln an der Nase zur Begrüßung.

Peek, der Servicehund, und Charlie, die Main-Coon-Katze, kennen sich gut.

Kojotenwelpen begrüßen sich mit einer Schnauzenzärtlichkeit.

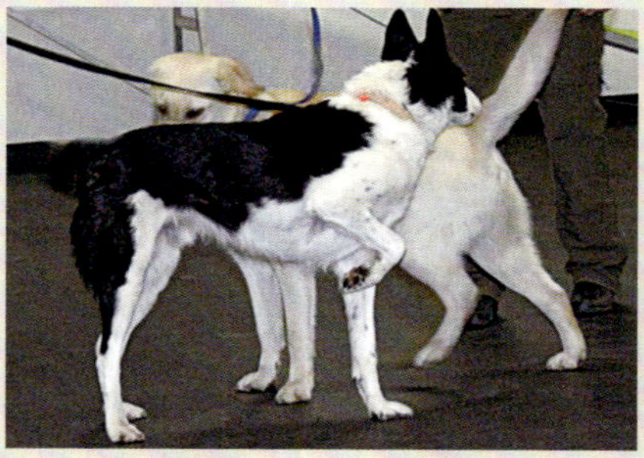

Begrüßung an der Leine. Hunde umkreisen sich oft beim Begrüßen und das wird hier durch die Leinen verhindert. Der Border Collie ist angespannt und hat eine Pfote erhoben. Es besteht das Risiko einer aggressiven Reaktion. Begrüßungen an der Leine sollten nur kurz sein. Lieber kann man sie nach einer kurzen Trennungsphase erneut wiederholen, als dass man die Hunde zu lange zusammenlässt und riskiert, dass sich Anspannung und Erregung aufbauen.

Erwachsene Wölfe zeigen Schnauzenzärtlichkeit während einer freundschaftlichen Begrüßung.

Drei Hunde kennen sich sehr gut – die Hündin in der Mitte ist neu. Sie wird vorne und hinten inspiziert. Analkontrolle, Inguinalkontrolle und Schnuppern an der Nase passieren gleichzeitig. Die Hunde sind dabei relativ entspannt.

Beinausdrehen

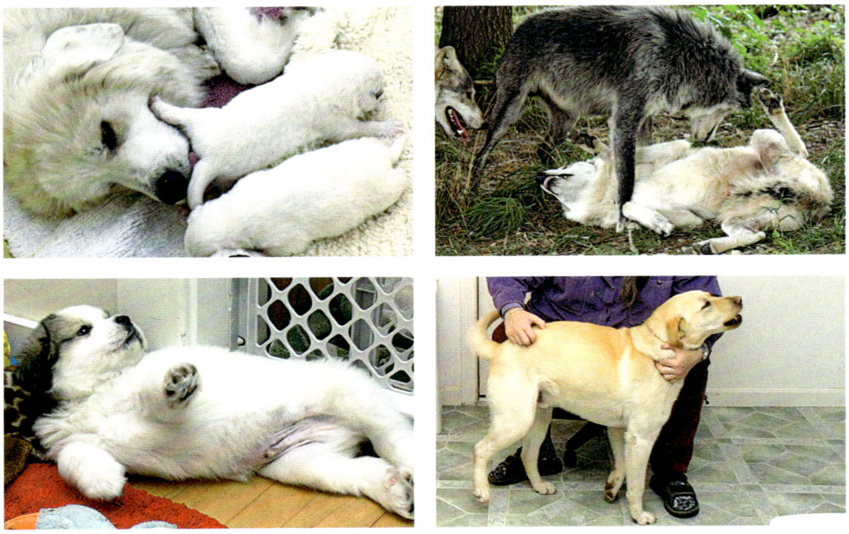

Links oben – Der Welpe dreht sein Bein zur Seite weg, um der Mutter das Lecken am Bauch und an den Genitalien zu erleichtern.

Links unten – Beim älteren Welpen ist das Beinausdrehen zu einer submissiven Geste geworden.

Rechts oben – Passive Submission beim liegenden Wolf: Der dominante Partner in dieser Situation beschnuppert das Fell.

Rechts unten – Der Labrador zeigt aktive Submission: Beinausdrehen rechts hinten und Pfoten heben vorne links. Das heftige Wedeln ist Zeichen für seine Erregung. Grundsätzlich liebt er es, am hinteren Rücken gekratzt zu werden und drängt sich heran.

Das Beinausdrehen wird manchmal auch »Beinausstellen« genannt. Es ist ein sehr deutliches Zeichen von Submission. Erwachsene Hunde können im Stehen, Sitzen oder Liegen ein Hinterbein deutlich zu Seite ausdrehen, sodass die verletzliche Leistengegend exponiert ist.

Welpen können in den ersten zwei Lebenswochen noch nicht selbstständig Urin oder Kot absetzen. Die Mutter stimuliert Kot- und Urinabsatz durch ihr Lecken an Bauch, Rücken und in der Leiste. Das Beinausdrehen ist anfangs eine Reaktion auf die leckende Zunge. Später, wenn sich die Welpen selbstständig lösen können, ändert sich der Informationsgehalt dieses Verhaltens und es wird zu einem submissiven Signal. Jetzt wird das Verhalten auch auf Distanz durch denjenigen ausgelöst, gegen den es gezeigt wird.

Beißhemmung

› Siehe auch: Erworbene Beißhemmung, Metasignale, Ritualisiertes Drohverhalten und Offensiv aggressives Verhalten

Hunde können ihre Zähne in bestimmten Situationen sehr kontrolliert einsetzen. In ritualisierten Kämpfen zeigen sie die gleichen Verhaltensmuster, zum Beispiel Maulaufreißen oder Beißen, wie in ernsten Kämpfen. Und trotzdem wird bei diesen Kämpfen niemand verletzt, nicht einmal Kratzer werden beim Gegner verursacht.

Die Beißhemmung wird nicht nur zwischen Hunden gezeigt, sondern auch in Hund-Mensch-Interaktionen. Ian Dunbar (2007) hat eine Skalierung beschrieben, um anhand der verursachten Verletzungen zu bestimmen, wie ernsthaft die Auseinandersetzung tatsächlich war:

- **Grad 1**: Bellen, Vorspringen, kein Kontakt zwischen Zähnen und Haut.
- **Grad 2**: Berührung der Zähne, aber keine Verletzungen.
- **Grad 3**: Ein einzelner Biss und ein bis vier Löcher in der Haut. Jedes Loch ist höchstens halb so tief, wie die Eckzähne lang sind.
- **Grad 4**: Ein einzelner, aber tiefer Biss. Die Löcher haben die eineinhalbfache Tiefe eines Eckzahns, die Haut kann gerissen sein und starke Blutergüsse sind vorhanden. Die Hunde können kurz festgehalten und geschüttelt haben.
- **Grad 5**: Mehrfaches Zubeißen und / oder mehrfache Attacke.
- **Grad 6**: Größere Gewebeteile sind herausgebissen. Invalidität oder Tod kann die Folge sein.

Diese drei Fotos von Wölfen und Hunden zeigen jeweils Situationen, in denen äußerst gehemmt gebissen wird.

Wenn Hunde als Gruppe attackieren, können einzelne Individuen unterschiedliche Wunden setzen. Um zu bestimmen, welcher Hund für welche Verletzungen verantwortlich ist, sind genaueste Untersuchungen nötig. Bei Todesfällen muss exakt bestimmt werden, welcher Biss beziehungsweise welche Wunde zum Tode geführt hat. Neben genauen Größenvergleichen von Wunden und Kiefern helfen hierbei auch DNA-Proben der Hunde, die mit Proben aus den ungereinigten Wunden verglichen werden (Crosby, 2004, S. 2).

Beschwichtigungsverhalten

› Siehe auch: Lästige Submission

Links – Der Wolf im Vordergrund zeigt deutliches Beschwichtigungsverhalten inklusive Pfotenheben, Sich-auf-den-Rücken-Rollen und Lecken der eigenen Nase. Für unsere Augen zeigt der stehende Wolf keine auffälligen Drohsignale, aber es können aus der Perspektive des liegenden Wolfes trotzdem welche vorhanden sein.

Rechts – Der Cocker-Border-Collie-Mischling zeigt ein beschwichtigendes Nasenlecken, während der braune Hund den Kopf abwendet. Vielleicht ist ihm der kleinere Hund lästig. Die Interaktion ist nicht aggressiv getönt, aber es scheint auch keiner der Hunde wirklich enge Freundschaft schließen zu wollen. Das Verhalten des kleineren ähnelt eher dem respektvollen und ritualisierten Knicks vor einer Königin (Sophia Yin, schriftlich an die Autorin, 31. 12. 2007).

Über Beschwichtigungsverhalten versuchen Caniden, aggressives Verhalten eines anderen im Keim zu verhindern. Schlechte Stimmung soll gar nicht erst entstehen. Im englischsprachigen Raum wird deutlich zwischen Beschwichtigung und Submission / Demut unterschieden: Submissives Verhalten wird immer als eine Reaktion auf eine direkte Bedrohung gezeigt. Im deutschen Sprachgebrauch war dieser Unterschied bislang nicht so üblich – er ist aber sinnvoll, wenn es darum geht, Situationen zwischen Caniden sehr eindeutig zu beschreiben.

Elemente des Beschwichtigungsverhaltens findet man oft bei freundlichen Begrüßungen. Je unsicherer sich einer der Hunde über die Situation ist und / oder je unsicherer der Hund von seinem Charakter her ist, desto intensiver kann er sie einsetzen.

»Die Grenzen zwischen Beschwichtigungsverhalten, Angstverhalten, freundlichem oder submissivem Verhalten sind klein und oft nur graduell« (Abrantes, 1997, S. 184).

Elemente des Beschwichtigungsverhaltens sind zum Beispiel:

- Pfotenheben
- Schnauzenstoß
- Abgewendeter Kopf
- Sich klein machen
- Submissives Grinsen
- Kriechende Annäherung
- Zurückgelegte Ohren
- Wackeln mit Schwanz und Hinterteil

Beschwichtigungssignale sind ein Zeichen für momentane Unsicherheit und sollen das Gegenüber freundlich stimmen. Ein potenzieller Gegner soll »entwaffnet« werden, eventuell um sich danach selber erfolgreich zurückziehen zu können. Beschwichtigungssignale werden oft als »Signale zur Distanzverringerung« angesehen, korrekterweise gehören sie aber in die Gruppe der agonistischen Verhaltenselemente. Im Gegensatz zu aggressivem Verhalten, das immer unfreundlich ist, lassen diese Elemente Hintertüren offen. Sie können sowohl zur Distanzvergrößerung als auch zur Distanzverringerung eingesetzt werden. Hunde setzen Beschwichtigungssignale zum Beispiel ein, um beim anderen eine freundliche Begrüßung / Annäherung auszulösen. Zu anderen Zeiten setzen sie sie ein, damit der andere weggeht, wenn Flucht in einem Konflikt unmöglich ist. Die gemeinsame Komponente ist die Unsicherheit und das Interesse, Schaden zu vermeiden. Wenn keine Unsicherheit in Bezug auf den anderen und seine Absichten vorhanden ist, werden Beschwichtigungssignale unnötig (O'Heare, 2007).

Buddeln

› Siehe auch: Futter vergraben

Buddeln gehört zum Normalverhalten von Hunden, und sie tun es aus den verschiedensten Gründen. Buddeln kann äußerst lästig sein, und für einige Menschen kann es so ein starkes Problem darstellen, dass sie darüber nachdenken, ihre Hunde abzugeben.

Einige Hunde fangen sich auf diese Art ihr Mittagessen, und Hunde bestimmter Rassen verrichten »ihre Arbeit unter Tage«: Dackel und kleinere Terrier wurden selektiv für die Baujagd gezüchtet. Je nach Notwendigkeit können sich Wölfe und Hunde einen kühlen Schlafplatz oder eine schützende Höhle graben. Darüber gehört Buddeln anteilig auch mit in die Gruppe des Fortpflanzungsverhaltens, denn Hündinnen graben Höhlen für sich und die Welpen.

Buddeln kann einfach der Entspannung und dem Stressabbau dienen – auch dem Abbau von Stress durch Langeweile. Es kann ein allelomimetisches Verhalten sein, in das ein Hund verfällt, wenn er andere Hunde buddeln sieht, oder der Boden riecht einfach nur gut und muss deshalb dringend untersucht werden. Futter oder Spielsachen werden vergraben und so für schlechte Zeiten aufbewahrt. Schließlich können Hunde auch versuchen, sich unter einem Hindernis hindurchzugraben.

Oben – Diese Hündin inspiziert einen spannenden Geruch. Er könnte vom Bewohner der Höhle kommen oder vielleicht wurde hier Futter vergraben. Egal aus welchem Grund – sie steckt den Kopf tief in den Sand.

Unten links – Buddeln als Erholung oder Spaßaktion

Unten rechts – Diese Hunde buddeln im Partnerlook. Es könnte sich um allelomimetisches Verhalten handeln, denn der eine fing nur Sekunden nach dem anderen an.

ABSCHNITT 5

Calming Signals bis Drohverhalten

Der rechte Kojote legt Pfote und Kopf über den anderen. Es ist keine freundliche Umarmung. Der untere Kojote zeigt einen Ansatz zum Nasenlecken und hat leicht abgeflachte Ohren. Ein gewisser emotionaler Konflikt und Stress scheinen vorhanden zu sein.

Calming Signals

› Siehe auch: Übersprungsverhalten, Distanz vergrößerndes Verhalten, Stressbedingtes Verhalten

Der Begriff »Calming Signals« wurde erstmalig von Turid Rugaas im Jahr 1997 geprägt und hat auch in Deutschland schnell Verwendung gefunden.

In der Ethologie wurden die zugrunde liegenden Konzepte schon länger diskutiert und dabei Begriffe wie Übersprungsverhalten oder Distanz vergrößerndes Verhalten verwendet. Parallel wurde das Ausdrucksverhalten (Körpersprache und Mimik) unter Stress katalogisiert und kategorisiert.

Nach Rugaas setzen Hunde spezielle Ausdruckselemente ein, um ihre friedlichen Absichten gegenüber anderen Hunden oder Menschen deutlich zu machen. Hunde setzen Calming Signals ein, wenn sie gestresst sind, oder wenn sie Stressoren / Bedrohungen in ihrer Umgebung wahrnehmen.

Die Signale dienen einerseits dazu, den eigenen Gemütszustand zu beruhigen und sollen andererseits bei anwesenden Hunden oder Menschen Entspannung bewirken.

Calming Signals sollen beschwichtigend wirken und Bedrohungen deeskalieren, indem sie die Information von Friedlichkeit und Freundlichkeit vermitteln. Nach Rugaas werden Calming Signals eher breit und indifferent verwendet und nicht direkt an ein einzelnes Individuum adressiert.

Dimorphismus

In der Biologie spricht man von Dimorphismus, wenn innerhalb der gleichen Art deutliche Unterschiede im Erscheinungsbild, im sogenannten Phänotyp auftreten. Am bekanntesten ist der Geschlechtsdimorphismus, bei dem sich männliche und weibliche Tiere in diversen Parametern unterscheiden: Größe (Knochendicke und -länge), Schädelgröße, Farbe und Form / Volumen von Fell oder Federn, Vokalisation. Geschlechtsdimorphismus findet man häufig bei vielen Vogelarten und zum Beispiel bei Hirschen; bei Hunden kommt er fast nicht vor (Sophia Yin, Brief an die Autorin, 31. 12. 2007).

Das Pfotenheben zusammen mit dem intensiven Starren des Fuchses ist ein Distanz vergrößerndes Verhalten.

Distanz

Man unterscheidet verschiedene Distanzbereiche, die für Tiere wichtig sind.

Kritische Distanz

Wenn die Fluchtdistanz unterschritten wird und Flucht objektiv oder subjektiv unmöglich ist, wird von kritischer Distanz gesprochen. Die Tiere reagieren dann mit offensivem Verhalten und dies kann explosiv gezeigt werden (Klinghammer, 1992, S. 6).

Fluchtdistanz

Fluchtdistanz nennt man die Entfernung, auf die ein Lebewesen ein anderes herankommen lässt, bevor es flieht. Wenn die Fluchtdistanz null ist, kann man das Tier anfassen (Sophia Yin, schriftlich an die Autorin, 31. 12. 2007).

Flucht ist extremes und schnelles Meideverhalten und eine essenzielle Komponente für das Überleben eines wilden Tieres. Es gibt hierbei zwei Größen:

1. Wie nahe man an das Tier herankann, bevor es wegläuft und
2. wie weit es läuft (Coppinger, 2001, S. 64).

Die Fluchtdistanz ist eine wichtige Größe, wenn sich Menschen oder andere Tiere einem ängstlichen Caniden nähern. Wer nicht fliehen kann, sitzt in der Falle; er kann nach hinten nicht weg und sucht sein Heil in der Flucht nach vorne: Er reagiert aggressiv. Die Leine, ein Zwingergitter oder ein Zaun können solche Situationen bei Hunden provozieren. Es muss nicht immer ein Mensch oder ein anderer Hund sein, der akut Angst auslöst. Auch unbekannte Objekte (zum Beispiel flatternde Wäsche an der Leine) können einen Fluchtimpuls auslösen. Wenn der Hund dann nicht wegkann, weil er angeleint ist, kann er aggressiv reagieren.

Individualdistanz

Mit Individualdistanz ist der Abstand gemeint, den ein Lebewesen innerhalb einer Gruppe zu einzelnen anderen Gruppenmitgliedern einhält. Man kann auch von »sozialer Wohlfühldistanz« sprechen. Menschen haben auch eine Individualdistanz, oft »persönlicher Bereich« genannt. Auch wenn die wenigsten Menschen ihre Individualdistanz genau nach Zentimetern oder Metern bemessen können, können sie doch genau den Moment benennen, wenn die Distanz unterschritten wurde.

Wenn die Individualdistanz unerwünscht unterschritten wurde, versuchen Menschen oder Hunde, sie durch Abwenden (zum Beispiel im Fahrstuhl) oder Weggehen wieder herzustellen.

Distanz verringerndes Verhalten

Verhaltensweisen, die Freundlichkeit und Friedfertigkeit vermitteln, gelten als Distanz verringerndes Verhalten. Andere Tiere, Caniden oder Menschen werden damit sozusagen eingeladen, sich weiter anzunähern.

Zum Distanz verringerndem Verhalten gehören die folgenden Elemente:

- Nach vorne gestellte Ohren und lange Maulwinkel
- Hüftschieber
- Maulstoß
- Pfotenheben
- Vorderkörpertiefstellung und Spielgesicht
- Entspanntes kreisförmiges Wedeln
- Submissives Grinsen

Nach vorne gestellte Ohren und lange Maulwinkel

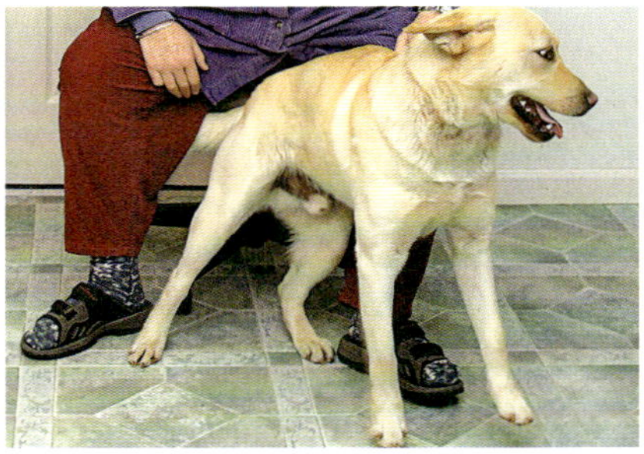
Hüftschieber

Maulstoß

Das Pfotenheben hat in dieser Situation beschwichtigende Funktion.

Vorderkörpertiefstellung und Spielgesicht

Submissives Grinsen

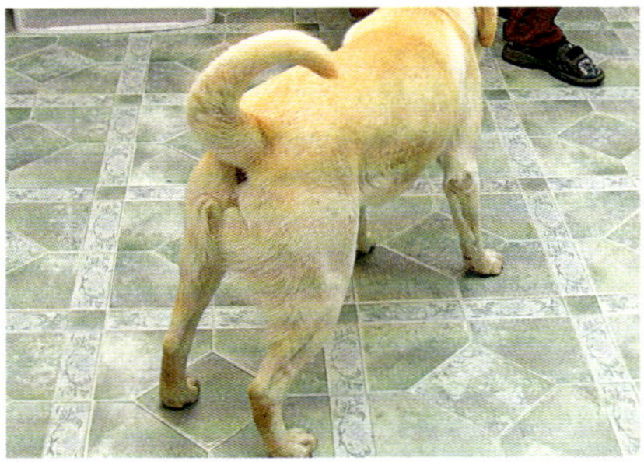
Entspanntes kreisförmiges Wedeln. Eventuell wackelt auch das ganze Hinterteil.

Distanz vergrößerndes Verhalten

› Siehe auch: Abbruchsignale

Über Distanz vergrößerndes Verhalten wird anderen vermittelt, dass sie Grenzen überschritten haben oder sie überschreiten könnten, oder dass die Interaktion schon zu lange anhält. Ein Individuum fühlt sich in der Nähe des anderen nicht mehr wohl und bittet um Beendigung der Interaktion oder zumindest um etwas mehr Raum um sich.

Distanz vergrößernde Signale sind unter Anderem: Vorspringen mit Bellen, Fixieren und Zähneblecken.

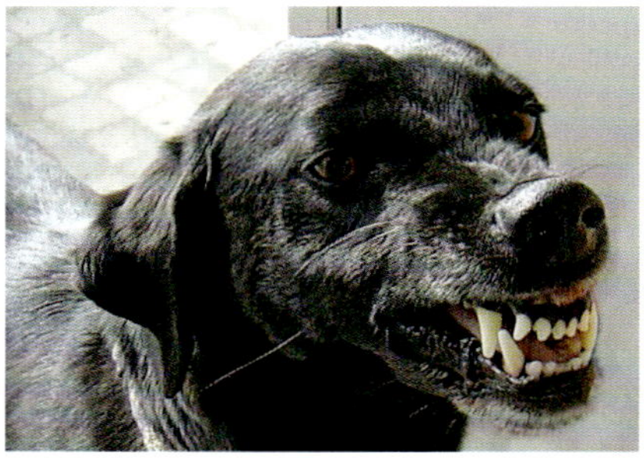

Zähneblecken

Angelegte oder eng nach hinten gelegte Ohren

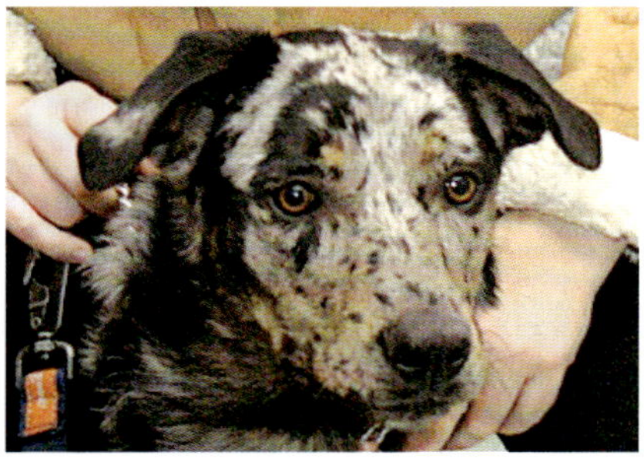

Fixieren mit den Augen; Bellen und Vorspringen folgten kurz darauf.

Fast kriechende Bewegung mit abgesenktem Kopf und eingezogenem Schwanz

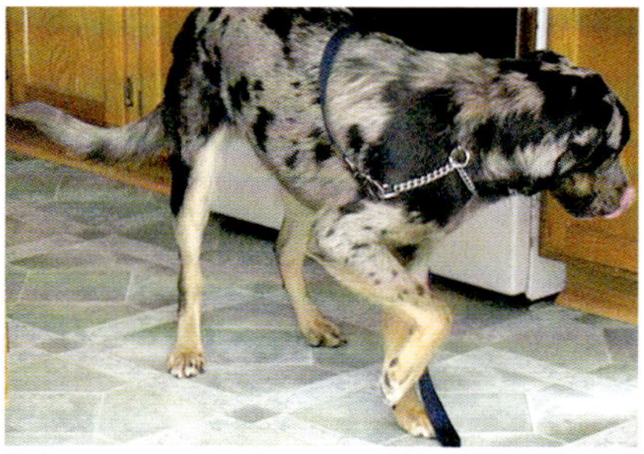

Kopfabwenden

Louie macht sich mit steifen Beinen größer. Cary zeigt einen Ansatz zum Kopfauflegen.

Das tiefe Bellen, bei der Annäherung fast stereotyp wiederholt, bedeutet hier »Geh weg, geh weg!«

Pan hat sich zwischen die beiden Hunde gestellt, als deren Spiel zu rabiat wurde.

Wicked zeigt gleich mehrere Distanz vergrößernde Signale: Vorspringen mit Bellen, Fixieren und Zähneblecken. Den angesprochenen Hund scheint das wenig zu interessieren. Er steht still mit nach vorne gestellten Ohren. Vielleicht hat er die leichte Ambivalenz in Wickeds Körpersprache korrekt gedeutet. Wicked zeigt einen leicht gebogenen Körper und eine sehr lange Maulspalte. Diese Metasignale sagen, dass seiner Drohung nicht direkt ein Angriff folgen wird. Trotzdem sollte sich der Pudel-Mix lieber nicht weiter annähern.

Deutlicher kann man eine Pfote nicht heben. Zusammen mit den angespannten Lefzen und dem Fixieren ist es eine deutliche Botschaft: »Bleib weg!«

Distress

› Siehe auch: Stress

Distress ist ein Begriff aus der älteren Stressforschung und wird heute in der Wissenschaft nicht mehr als Kategorie benutzt. Früher teilte man die Stressbelastung in positive (Eustress) und negative Kategorien (Distress) ein. Heute spricht man allgemein von Stressbelastung und bewertet dazu (wenn erkennbar) den emotionalen Zustand (positiv gestimmt oder negativ gestimmt).

Domestikation

› Siehe auch: Neotenie, Heterochronie, Pädomorphismus

Price (1984) definiert Domestikation als einen Prozess, bei dem eine Population von Tieren an das Zusammenleben mit Menschen und an das Leben in Gefangenschaft adaptiert. Grundlage sind Veränderungen im Genom, die über Generationen ablaufen und umgebungsbedingte Anpassungsvorgänge, die in jeder Generation neu stattfinden.

Von archäologischen Funden wissen wir, dass Wölfe und Menschen spätestens seit der Steinzeit eng zusammenlebten. Ob dies schwerpunktmäßig von den Menschen ausging, weil sie im Wolf einen Jagdhelfer fanden, oder ob Wölfe den ersten Schritt machten, weil sie in der Nähe menschlicher Siedlungen einfacher an Futter kommen konnten, ist unbekannt. Die Wahrheit liegt vermutlich irgendwie dazwischen. Beide, Menschen und Wölfe, haben definitiv von der Verbindung profitiert. Die Domestikation des Wolfes (Canis lupus) führte zur Entstehung des Haushundes (Canis familiaris) mit all seinen Phänotypen, wie wir sie heute kennen. Wolf und Haushund sind äußerst enge Verwandte (0,2 % Unterschied in den mitochondrialen DNA-Sequenzen (mtDNA) (Wayne, www.idir.net/~wolf2dog/wayne2.htm).

Die Domestikation hat viele verschiedene Rassen hervorgebracht, die sich unter anderem in ihrer Größe und Form oder in Felllänge, Fellfarbe oder Felltyp unterscheiden. Im Vergleich zum Wolf hat es neben den Phänotypen noch andere Unterschiede gegeben:

› Fähen sind monöstrisch. Sie werden nur einmal im Jahr läufig, während Hündinnen der meisten Rassen zweimal jährlich läufig werden (bi-östrisch).
› Wolfsrüden produzieren nur während der Läufigkeit der Fähen lebensfähige Spermien. Männliche Hunde können theoretisch das ganze Jahr über erfolgreich decken.
› Weibliche und männliche Wölfe werden erst mit knapp zwei Jahren fortpflanzungsfähig. Bei Hunden ist die Pubertät in der Regel mit ca. neun Monaten abgeschlossen, und ab dann könnten sie auch Nachkommen produzieren.
› Wölfe zeigen eine stärkere / bessere Beißhemmung als Hunde und setzen zur Konfliktlösung stärker auf ritualisierte Kämpfe. Kämpfe zwischen Hunden können dagegen schneller eskalieren. Wölfe vermeiden, soweit es irgendwie geht, verletzt zu werden. Hunde scheinen sich bei der Konfliktlösung stärker auf menschliche Intervention zu verlassen und sie haben Menschen, die ihre Wunden versorgen (Goodwin et al., 1996, S. 302).

Wölfe sind sehr sensibel gegenüber Signalen von anderen Wölfen. Der Schwerpunkt ihrer Konfliktlösung liegt in der nicht-offensiven Kommunikation. Die niedrige Verletzungsrate und die Seltenheit von Ernstkämpfen spiegelt dies wider.

»Wölfe, wie andere wilde Tiere, kämpfen durchaus miteinander und manchmal kann es sein, dass ein Wolf seine soziale Gruppe verlassen muss. Ein Grund, warum Hunde öfter und massiver als Wölfe kämpfen, liegt sicher darin, dass sie nicht so einfach ihre Gruppe verlassen können« (Sophia Yin, schriftlich an die Autorin, 31. 12. 2007).

Die Domestikation hat auch zu Änderungen im Sozialverhalten bei Hunden geführt. Wölfe leben in Rudelverbänden, die quasi Familienverbände sind. Verwilderte Hunde leben zwar auch in Gruppen, dies sind aber lose Gruppierungen, die sich im Zeitverlauf durchaus auflösen oder in der Zusammensetzung ändern können. Nach Yin (2007, S. 416) haben Hunde aus diesem Grund ein angeborenes sozialexpansives Verhalten.

Domestikation als Prozess, der über Generationen abläuft, muss gegen Zähmung abgegrenzt werden. »Zähmung« bezieht sich auf ein individuelles Tier und bedeutet, dass dessen Fluchtdistanz gegenüber Menschen auf null sinkt.

Dominanz

› Siehe auch: Ritualisierte Aggression, Submission, Soziale Hierarchien

Der Begriff Dominanz bezeichnet ein Statusverhältnis zwischen zwei Individuen: Einer ist dominant und der andere subdominant. Der dominante Partner kontrolliert Ressourcen beziehungsweise hat primäre Zugangsrechte. Ressourcen sind zum Beispiel Futter, Schlafplätze oder

Wenn ein Wolf über dem anderen steht, kann es ein momentanes Statusverhältnis ausdrücken, muss aber nicht. In diesem Fall steht der dominante Partner mit aufgerichtetem Schwanz, vorgestellten Ohren und aufgerichtetem Nackenfell – setzt aber weiter keine körperliche Gewalt ein. Der Liegende »protestiert« mit vorgestreckten Pfoten und zeigt ansonsten submissives Display.

der Fortpflanzungspartner. Der dominante Partner kann aber auch gezielt Ressourcen oder Privilegien nicht für sich beanspruchen oder sie anderen überlassen, ohne dass das etwas an seinem Status ändert.

»Dominanz« bezeichnet die Qualität einer Beziehung. Man kann den Begriff »dominant« nicht auf ein einzelnes Individuum anwenden. Es ist immer auf das Verhältnis zu einem anderen bezogen, und ein Hund kann in einer Beziehung das dominante und in einer anderen Beziehung das subdominante Individuum sein (Horwitz, 1. 11. 2006, Radiosendung).

Links – Der linke Wolf steht im Status über dem rechten. Das Verhältnis ist bereits geklärt und der rechte reagiert mit submissivem Display darauf, dass der linke ihn wegscheucht. Ein körperlicher Kontakt oder Gewalt des Ranghöheren ist dafür nicht nötig.

Rechts – Auch hier ist das Statusverhältnis klar. Der linke (dominante) Wolf zeigt dezentes Drohen bei leicht aufgerichtetem Körper und stark aufgerichtetem Nacken- und Rückenfell. Der rechte (subdominante) Wolf droht aus submissivem Display heraus. Der Konflikt wird über ritualisiertes Drohen entschieden, es kommt zu keiner körperlichen Auseinandersetzung.

Guter Grundgehorsam wie »Kommen auf Ruf«, »freundlich-ruhiges Verhalten« oder »manierlich an der Leine gehen« hat nichts mit Status beziehungsweise der »Dominanz des Besitzers« zu tun. Aggression und Dominanztheorie sind ungeeignet und gefährlich, um unerwünschtes Verhalten beim Hund zu unterbinden oder zu beseitigen (Yin, 2007, S. 415).

Wenn in der Ethologie Begriffe wie Dominanz oder Status benutzt werden, beziehen sie sich immer auf Individuen, die in stabilen, länger bestehenden sozialen Verhältnissen leben. Der eine gewinnt regelmäßig in Konflikten, während der andere bewusst und gewollt submissiv reagiert. In Wolfsgruppen wird über derartige Konflikte auch die physische Fitness und Selbstsicherheit getestet.

Ernstkämpfe können sich überall unter folgenden Bedingungen entwickeln:

- Wenn ein Wolf oder Hund die Warnungen eines anderen nicht berücksichtigt und respektiert.
- Wenn ein Wolf oder Hund sich nicht erfolgreich aus einem Konflikt zurückziehen kann.
- Oder bei Hunden: wenn Menschen sich einmischen.

Ernste Kämpfe können aber auch entstehen, wenn Besitzer nicht rechtzeitig unterbrechen und sozial inkompetente oder hochgradig erregte Hunde aufeinandertreffen und in einen aggressiven Konflikt hineinrutschen.

Caniden, die mit anderen Caniden aufwuchsen, erkennen Angehörige der eigenen Art ihr ganzes Leben hindurch. Welpen lernen, wie sich Angehörige der eigenen Art verhalten, wie sie riechen und aussehen. Menschen sehen anders aus, riechen anders und verhalten sich anders. Sie können die Ohren nicht anlegen und haben eine andere Gesichtsmimik. Menschen

Links – Ruedi hat gegenüber allen anderen Rudelmitgliedern jeweils die subdominante Position. Hier zeigt er submissives Verhalten gegenüber Wotan und hat sich auf die Seite gelegt. Wotan hat die Beine steif durchgedrückt, sein Nackenfell ist aufgerichtet. Beide Wölfe wenden den Kopf leicht ab und Ruedi drückt seine Pfoten gegen Wotan, als ob er ihn auf Abstand halten will.

Rechts – Wotan zeigt leichtes Imponiergehabe gegenüber Renki, der einen niedrigeren Status einnimmt. Wotan hat aufgerichtetes Nacken- und Rückenfell, was Auskunft über seinen Stresszustand gibt. Renki zeigt eine dramatische submissive Pose. Sein Schwanz ist unter den Bauch gezogen, er hebt eine Pfote, der Rücken ist rund und er kriecht förmlich weg. Kailani betrachtet das Ganze aus dem Hintergrund.

können nicht so fein und differenziert kommunizieren wie Hunde. Konflikte zwischen Menschen und Hunden können deshalb schneller eskalieren. Freundlich-bestimmte Handlungen des Menschen helfen, ein enges und vertrauensvolles Verhältnis zwischen Hund und Mensch zu etablieren.

»Führungspersönlichkeit ist die Fähigkeit, andere zu Aktivitäten / Handlungen zu animieren, die sie von sich heraus nicht gezeigt hätten« (Yin, 2007, S. 415).

Der Mensch zeigt dem Hund freundlich-bestimmt, welches Verhalten erwünscht und welches unerwünscht ist, indem er gezielt Ressourcen verwaltet.

Der Mensch wird zur Führungspersönlichkeit, indem er klare Spielregeln und Grenzen für den Hund aufstellt. Die Regeln werden dadurch vermittelt, dass erwünschtes Verhalten immer sofort belohnt wird, während unerwünschtes Verhalten verhindert wird. Wenn doch einmal unerwünschtes Verhalten auftritt, wird dafür Sorge getragen, dass es nicht aus Versehen belohnt wird. Die Besitzer müssen erwünschtes Verhalten so regelmäßig belohnen, dass es für den Hund zur Gewohnheit wird. Wenn Besitzer diese Kriterien einhalten können, werden sie in den Augen ihrer Hunde verlässlich, vorhersehbar und vertrauenswürdig (Yin, 2007, S. 417).

Drohverhalten

»Alles, was Schäden, Schmerzen oder Verletzungen in Aussicht stellt und darüber die Chance des Individuums auf Überleben mindert, gilt als Drohung« (Abrantes, 2005, S. 32).

Drohverhalten ist arttypisch. Hunde und Wölfe drohen relativ ähnlich, Kojoten und Füchse haben hingegen ein anderes Drohverhalten als Hunde. Drohverhalten stellt eine Warnung dar. Wenn das Individuum nicht weiter herausgefordert wird, folgt dem Drohverhalten keine Attacke. Submissives Verhalten wird eingesetzt, um Drohungen oder Attacken zu beschwichtigen und ist ein Zeichen, dass der Drohende den Konflikt »gewonnen hat« (Klinghammer, 1992, S. 5).

Zum Drohverhalten gehören unter anderem:

- Zähneblecken
- Sich größer machen / steifer Gang
- Nackenfell aufrichten (eigentlich eher ein Zeichen für generelle Erregung)
- Sehr langsame Bewegungen
- Ohren aufgerichtet / nach vorne gestellt
- Ohren zurückgelegt (defensives Drohen)
- Eingezogener Schwanz (defensives Drohen)
- Knurren
- Leicht geöffnetes Maul mit lang gezogener Maulspalte (defensives Drohen)

Der Aussie zeigt leichtes Nasenrückenrunzeln und Knurren. Er ist bereit nach dem Collie zu schnappen und dieser zieht sich zurück.

Oben – Der rechte Wolf droht aus einer selbstsicheren Pose heraus. Er könnte ein ambivalentes Pföteln zeigen, aber mit größerer Wahrscheinlichkeit macht er gerade einen Schritt nach vorne. Der linke Wolf hat sich im Ansatz zur passiven Demut auf den Rücken gerollt, parallel wehrt er den anderen mit den steif vorgeschobenen Pfoten ab.

Unten – Der hintere Wolf lehnt sich gegen den vorderen Wolf vor, den er mit Zähneblecken bedroht. Dieser hat seinen Körper zusammengeschoben und eine Vorderpfote leicht angehoben. Kopf und Schwanz sind abgesenkt. Das aufgerichtete Fell bei beiden Wölfen wurde vom Wind verursacht.

ABSCHNITT 6

Epimeletisches Verhalten bis »Eye«

Epimeletisches Verhalten

› Siehe auch: Allogrooming, Fellknabbern, Mütterliches Verhalten, Schlittenfahren

Zum epimeletischen Verhalten gehören Verhaltenselemente der Körperpflege und andere Verhaltensweisen, die dem eigenen Wohlbefinden und dem Wohlbefinden anderer dienen.

Zum Beispiel:

- Körperpflege: Lecken, Fellknabbern, Lecken der Genitalien
- Mütterliches Verhalten: Lecken der Welpen, Sich-zum Saugen-Hinlegen, Futtererbrechen
- Vergraben von Futter
- Lagerplätze gestalten: Graben einer Höhle, mehrmaliges Um-sich-selbst-Drehen vor dem Hinlegen

Allogrooming – gegenseitige Körperpflege

Leckstimulation, um Urin- und Kotabsatz anzuregen

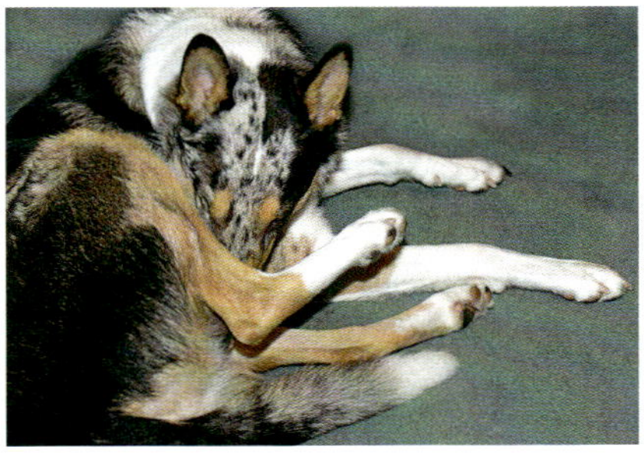

Eigene Körperpflege: Lecken der Genitalien

Eigene Körperpflege: Lecken der Pfote

Gesichtsreinigung mit den Pfoten und mithilfe von Schnee und Speichel

Wicked leckt eine kleine Wunde am Fuß sauber als Beispiel für epimeletisches Verhalten. Alle Hunde säubern ihre eigenen Wunden und einige würden auch die Wunden von anderen Hunden oder Menschen säubern, wenn man sie ließe.

Körperpflege: Der Kopf wird im Schnee gerieben.

Gesichtsreinigung mit den Pfoten und mithilfe von Speichel

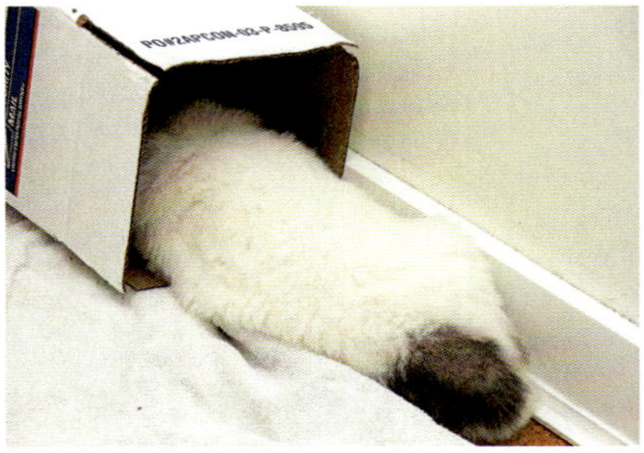

Der Welpe hat sich diese Pappbox als sicheren Schlafplatz ausgesucht.

Pan liebt es, in einem offenen Zimmerkennel zu schlafen.

Ein hohler Baumstamm spendet Kühle und Schatten an einem heißen Tag.

Epiphänomen

Der Begriff Epiphänomen bedeutet »Begleiterscheinung«. Zum Beispiel ist aufgerichtetes Nackenfell ein Zeichen für Erregung oder Stress – genauso wie Hecheln, zurückgelegte Ohren, Lecken der Nase und Lefzen oder Pfotenheben. Wenn diese Signale parallel auftreten, bezeichnet man sie als Epiphänomene.

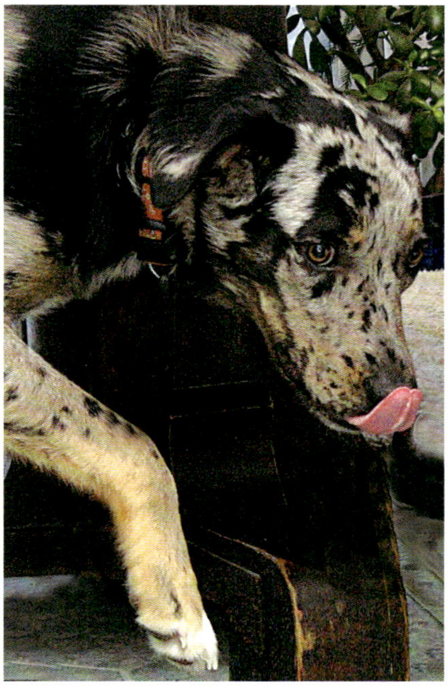

Das deutliche Pfotenheben ist das primäre und auffälligste Signal. Zusammen mit den Epiphänomenen »Über-die-Nase-Lecken, geweitete Pupillen, angespannte Gesichtszüge und niedriger und leicht abgewandter Kopf« entsteht der Gesamteindruck von Angst.

Dieser Hund zeigt Angst und, aus dem Konflikt zwischen der Motivation zur Flucht und zur Annäherung, parallel aggressives Verhalten. Am auffälligsten ist das Zähneblecken. Das Pfotenheben, der erhobene Schwanz, die Körperhaltung und die widersprüchliche Ohrstellung sind die Signale, aus denen der Konflikt deutlich wird.

Dieser Hund schüttelt sich gerade. Ob er es tut, weil er nass ist, oder ob er damit Stress abbauen will (Schütteln als Übersprungsverhalten), ist aus diesem einen Bild nicht ersichtlich. Das Zähneblecken und die fixierenden Augen können tatsächlich nur eine Momentaufnahme aus dem Schütteln sein und müssen nicht echtes Drohverhalten darstellen.

Erbkoordination / Angeborene Verhaltensmuster

»Angeborene Verhaltensmuster« sind regelmäßig bei Individuen einer Population beobachtbare Muster, die nicht durch Lernvorgänge beeinflussbar sind. Züchterische Selektion von Verhaltenskomponenten (zum Beispiel Hüteverhalten bei bestimmten Rassen) führt zu quantitativen, aber keinen qualitativen Änderungen bei einzelnen Rassen. Die grundlegenden Verhaltensmuster (zum Beispiel Hüteverhalten = Jagdverhalten) werden nicht geändert – nur die Wahrscheinlichkeit ihres Auftretens und wie leicht sie sich auslösen lassen (Nach Coren, 2004, S. 131).

Jagdverhalten ist das prominenteste Beispiel für Erbkoordination bei Caniden. Sie variieren diese Verhaltenselemente, zum Beispiel indem sie Beute auf verschiedene Art und Weise töten können. Einige Hunde schütteln ihre Beute beispielsweise tot, nachdem sie sie gepackt haben; selbst sehr junge Welpen bestimmter Rassen üben schon das Totschütteln.

»Die Verhaltensmuster sind zwischen den Rassen unterschiedlich ausgeprägt. Einige Elemente sind extrem übersteigert wie zum Beispiel das ›Eye‹ beim Border Collie. Bei anderen Rassen ist das gleiche Element kaum zu beobachten« (Coppinger, 2001, S. 208–211).

Trainer von Vorstehhunden wissen, dass sie mit dem eigentlichen Training erst beginnen können, wenn der Hund das Vorstehen von allein anbietet. Das Verhaltensmuster an sich ist genauso angeboren wie das »Eye« des Border Collies. Auch beim Border-Collie-Welpen kann erst mit dem Training begonnen werden, wenn er das »Eye« von allein zeigt. Der Trainer zeigt dem Border Collie, wann und wo er das »Eye« einsetzen soll. Das Zeigen als solches kann er ihm aber ebenso wenig beibringen wie dem Vorstehhund das Vorstehen (Coppinger, 2001, S. 19).

Nach Coren gehört Aggression zu den erbkoordinierten Verhaltensweisen:

Es ist einfacher, Verhaltensweisen züchterisch zu verändern, wenn sie sehr komplex sind. Viele Programme für die fundamentalen Bewegungen und Verhaltensmuster sind sehr eng genetisch fixiert, kaum zu verändern und so von Rasse zu Rasse gleich. Aggressive Verhaltensmuster sind komplex und darüber hinaus zwischen verschiedenen Rassen unterschiedlich. Bauhunde wie Dackel oder Jack Russel Terrier unterscheiden sich in ihren aggressiven Verhaltensmustern zum Beispiel vom Deutschen Schäferhund. Aber unabhängig von diesen Feinheiten kämpfen alle Hunde letztlich gleich. Ihre grundsätzliche Methode der Attacke, das Beißen an sich und die Verteidigungselemente sind gleich – egal welche Rasse man betrachtet.

Andere erbkoordinierte Verhaltensmuster findet man laut Coren beim mütterlichen Verhalten oder bei der Körperpflege:

Das Brutpflegeverhalten der Hündin ist in weiten Teilen erbkoordiniert. Selbst eine erstgebärende Hündin weiß, was sie zu tun hat. Bestimmte Verhaltensmuster sind fest fixiert. Man kann zum Beispiel mit sehr großer Sicherheit vorhersagen, dass die Nabelschnur mit einem Reißzahn durchgebissen werden wird. Danach wird der Welpe trockengeleckt, und wenn nötig, wird die Nabelschnur noch einmal gekürzt.

Das Lecken der Welpen ist ein angeborenes Verhaltensmuster mit wichtigen Funktionen. Verschiedene Muskelreflexe werden angeregt, unter anderem auch die, die für die Atmung wichtig sind. Auch das Ausscheideverhalten der Welpen wird angeregt. Wenn jede Hündin diese Dinge erst lernen müsste, anstatt sich auf genetisch programmierte Muster zu verlassen, würde die Art wohl bald aussterben. Coren fährt dann folgendermaßen fort:

Es ist faszinierend, wie stabil sich bestimmte Muster über mehr als 14 000 Jahre Domestikation gehalten haben. Obwohl der Mensch große Anstrengungen unternommen hat, um das Genom des Wolfes zu verändern, sind Veränderungen bei diesen urtypischen Mustern kaum wahrnehmbar. Wir haben züchterisch kaum Einfluss auf die generellen Verhaltensmuster genommen, nur darauf, wie oft sie gezeigt werden (Coren, 2004, S. 131–132).

Laut Coppinger sind die Änderungen im genetisch fixierten Jagdverhalten und die Entwicklung vom Wolf zum Hund dort am augenfälligsten, wo man das Hüte- und das Herdenschutzverhalten der Hunde gegen das Hetzen und Reißen einer Beute durch den Wolf stellt.

Wölfe und andere wilde Caniden	Orientierung	Eye	Belauern	Hetzen	Packen	Tötungsbiss
Hütehunde (z. B. Border Collie)	Orientierung	Eye	**Belauern**	**Hetzen**	(Packen)	(Tötungsbiss)
Herdenschutzhunde (z. B. Pyrenäen Berghund)	(Orientierung)	(Eye)	(Belauern)	(Hetzen)	(Packen)	(Tötungsbiss)

Fettdruck: züchterisch verstärkt; in Klammern: unerwünscht
(Tabelle nach Coppinger, 2001, S. 199)

Erkundungsverhalten

Zum Erkundungsverhalten gehört jedes Verhalten, mit dem sich ein Canide Informationen über seine Umwelt verschafft (Sue Alexander, schriftlich an die Autorin, 08/2007).

Zum Erkundungsverhalten gehören zum Beispiel:

- Schnüffeln am Boden
- Schnüffeln in der Luft
- Schnüffeln an Körperteilen von Artgenossen, Menschen oder gut bekannten Tieren anderer Arten
- Schnüffeln am Kot oder Urin anderer
- Benagen oder Belecken von Objekten

Beide Hunde beschnüffeln intensiv den Boden. Es kann sich um echtes Erkundungsverhalten handeln oder um Übersprungsverhalten, zum Beispiel um ein hektisches Spiel »herunterzufahren«, bevor echtes Aggressionsverhalten gezeigt würde.

Der Boxer checkt die »Pinkel-Allee«, um zu erkunden, welche Hunde heute schon da waren.

Erkunden der neuen Umgebung mit intensivem Schnuppern gehört zu den angeborenen Verhaltensweisen.

Der Terrier holt sich seine Informationen aus der Luft.

Erregung

› Siehe auch: Limbisches System, Gesträubte Sinushaare, Penisausschachtung

Beide Wölfe zeigen ihre Erregung über eine Reihe von Verhaltenselementen: aufgerichtete Nackenhaare, Zähneblecken, über den Rücken gelegte Pfote (linker Wolf), erhobene Pfote (rechter Wolf).

Wenn starke Emotionen ausgelöst wurden (zum Beispiel Wut, Angst oder Freude), ist der Organismus in einem Zustand der Erregung. Eine körperliche oder psychische Erregung kann sowohl negativ als auch positiv gefärbt sein. Bei gesteigerter Erregung kommt es zum Anlaufen der körperlichen Stressreaktion, und diese ist um so intensiver, je negativer die Empfindung ist. Aufstellen der Nackenhaare, schnellere und flachere Atmung, gesträubte Sinus- oder Barthaare, Ausschachten des Penis, Bellen, Heulen, Fiepen oder andere Formen der Vokalisation sind typische Zeichen für hohe Erregung beziehungsweise Zeichen eines Stresszustands. Die Tiere zeigen häufig Aktivität, weil das limbische System das Fight-Flight-System in Gang setzt. In hohen Stresslagen reagieren viele Hunde schlecht auf Kommandos. Das Abfordern von auftrainiertem Verhalten funktioniert dann nicht oder nicht gut.

»Erregung ist der generelle Grad an Bereitschaft, auf die Umwelt zu reagieren. Ein gewisser Erregungslevel ist nötig, um sich erfolgreich mit der Umwelt auseinanderzusetzen« (Dee Ganly in einem Brief an die Autorin, 26. 07. 2007).

Erregungszustände und andere physiologische Vorgänge im Körper werden durch verschiedene Mechanismen geregelt, ähnlich wie ein Temperaturfühler die Raumtemperatur in einem Haus regelt. Der Fühler sorgt dafür, dass die Heizung nicht permanent läuft, sondern nur, wenn es nötig ist. Wenn die Temperatur absackt, registriert er es und startet die Heizung erneut. Bei Säugetieren sorgt das vegetative Nervensystem mit seinen sympathischen und parasympathischen Anteilen dafür, dass Körperfunktionen und Gehirn im optimalen Level arbeiten. Wenn die Feedback-Mechanismen nicht korrekt funktionieren, zum Beispiel weil sich das Gehirn nicht normal entwickeln konnte, kann das System entgleisen (McConnell, 2005, S. 81).

Oben – Zwei erregte Hunde: Beide tragen ihren Schwanz hoch aufgerichtet mit deutlich exponiertem Anus. Sie haben die Beine durchgedrückt und stehen wie auf Zehenspitzen. Während die Köpfe nahe aneinander sind und sie sich mit den Augen fixeren, zeigen die Körper voneinander weg. Der Labrador hat das Nackenfell leicht aufgerichtet und beide haben die Ohren dachziegelartig hochgezogen.

Erstarren

Beim Erstarren ist jede aktive Muskelbewegung eingestellt, sodass jede Bewegung einfriert. Atmung und andere unbewusste, automatische Verhaltensweisen werden weiterhin gezeigt. Erstarren kann so schnell und kurz gezeigt werden, dass es nur ein geübter Betrachter wahrnimmt, der weiß, worauf er achten muss. Das Verhaltenselement Erstarren findet sich oft in Spielsequenzen und beim ritualisierten Kämpfen. Oft kennzeichnet es den Moment, in dem sich der Hund zwischen Kampf, Flucht oder Spiel entscheidet.

Wenn Hunde bei Jagdspielen die Rollen wechseln, der Jäger zur Beute wird und umgekehrt, kann ein kurzes Erstarren auftreten.

Sowohl in Hund-Mensch- als auch in Hund-Hund-Situationen kann einem Biss ein kurzes Erstarren vorangehen. In diesem Fall schließt der Hund kurz sein Maul und steht für einen Sekundenbruchteil still; meist kommt es sogar zu einer kurzen Atempause.

Erstarren findet man auch beim Jagdverhalten und hier bei der Kommunikation zwischen Jäger und Beute. Ein Wolf erstarrt, während er ein

Reh oder anderes Beutetier wahrnimmt – auch das Beutetier kann kurz erstarren, wenn es den Wolf wahrnimmt (manchmal nach einem kurzen Warnsignal). Häufig spiegelt das Reh den erstarrten Wolf wider. Wenn der Wolf sich entspannt, wird sich auch das Reh entspannen und zum Beispiel weiterfressen. Wenn das Reh erregt bleibt und eventuell auch sein Warnsignal weiter zeigt, bleibt auch der Wolf angespannt. Die Situation löst sich dann oft Sekundenbruchteile später, weil das Reh flieht. Wenn die Beute in dieser ersten Phase kein Erstarren und keine Warnsignale zeigt, darf sich der Wolf eine gute Chance ausrechnen. Meist bleibt er dann am Ball, schleicht sich weiter an, versucht die Beute zu packen oder startet das Hetzen. Beute und Jäger haben in der Evolution gewisse Kommunikationsformen entwickelt, um bei Flucht oder Jagd keine Energie mit sinn- oder nutzlosen Verhaltensweisen zu vergeuden (Sue Alexander, schriftlich an die Autorin, 15. 8. 2007).

Hier geht es um Entscheidungen: Flucht, Kampf oder Spiel. Die Metasignale sind sehr subtil. Der linke Hund hebt die Pfote, und der vordere Hund wendet leicht den Kopf.

Die Entscheidung ist gefallen: Spiel!

Beide Hunde zeigen Erstarren.

Während der rechte Hund erstarrt, zeigt Wicked eine Vorderkörpertiefstellung als Metasignal. Im nächsten Moment hat sich die Rollenverteilung im Spiel geändert: Der Herausforderer wird zum Verfolgten.

Erstarren löst sich in Spiel.

Zwei Wölfe sind erstarrt, während der Bison seinen Schwanz steil anhebt (Warnsignal).

Erworbene Beißhemmung (EBH)

› Siehe auch: Beißhemmung, Metasignale, Ritualisiertes Aggressionsverhalten

Wicked hat einen festen Griff am Hals des anderen Hundes. Er umfasst die Hautfalte dabei sehr gehemmt und wird den anderen nicht verwunden.

Der Begriff erwobene Beißhemmung wird von einigen Hundetrainern und Verhaltenstherapeuten benutzt, wenn sie eine Aussage zum Risikopotenzial eines Hundes machen wollen. Ungefähr zu wissen, wie stark Menschen oder andere Hunde bei einem Biss verletzt werden könnten, hilft dabei, geeignete Trainingsprogramme zur Rehabilitation zu entwickeln (Donaldson, 2004, S. 21).

Et-epimeletisches Verhalten

› Siehe auch: Schnauzenstoß, Pföteln, Erbrechen

Als et-epimeletisches Verhalten bezeichnet man alle Verhaltensweisen, mit denen Hunde bei Artgenossen oder Menschen Verhaltensweisen auslösen, die ihrem eigenen Wohlbefinden dienen. Beispiele sind:

- Schnauzenstoß der Welpen, um das Hervorwürgen von Futter bei der Mutter auszulösen
- Jammern oder Fiepen bei Kälte
- Lecken der Hand eines Menschen

Links und Mitte – Beide Bilder zeigen Mund- bzw. Maullecken als normales Begrüßungsverhalten eines Welpen gegenüber dem Menschen oder anderen Hunden.

Wolfswelpen bearbeiten einen Onkel, damit er ihnen Futter hervorbricht.

Ethogramm

Ein Ethogramm ist eine Liste aller beobachteten Verhaltenselemente aus dem Repertoire einer bestimmten Spezies. Ethologen setzen es für ihre Forschungen ein, wenn sie zum Beispiel Tiere in bestimmten Situationen beobachten. Verhaltensanalysen nach Ethogramm geben wertvolle Hinweise, wie Tiere ihren Lebensraum nutzen und welche Verhaltenselemente welche Funktion haben (Sue Alexander, schriftlich an die Autorin, 14. 8. 2007).

Ethologie

Die Ethologie (Verhaltensforschung) ist ein Teilgebiet der Zoologie. E. O. Wilson, ehemaliger Professor in Harvard und Vater der Soziobiologie sagt hierzu: »Ethologie ist das systematische Studieren von Tierverhalten unter natürlichen Bedingungen« (2004).

Ethologen und Behavioristen studieren beide das Verhalten von Tieren. Behavioristen studieren ihre Forschungsobjekte unter künstlichen »Laborbedingungen«, Ethologen gehen hinaus in die Natur (»ins Feld«) oder gestalten die Lebensräume der untersuchten Tiere zumindest so naturnah wie möglich.

Evolutionäre Kontinuität

Wenn wir nur genau genug hinschauen, finden wir die Wurzeln unserer Intelligenz und unserer Emotionen auch bei anderen Tierarten. Dies heißt nicht, dass Menschen und andere Tiere identisch sind, sondern dass sie gemeinsamen Abstammungslinien entspringen. Das ist die Bedeutung von evolutionärer Kontinuität: physische und funktionale Weiterentwicklung aus gemeinsamen Wurzeln. Die Ähnlichkeiten und Unterschiede zwischen Tieren sind eher Nuancen von Grau, als ein scharfer Schwarz-Weiß-Kontrast (Bekoff, 2007, S. 33).

Externe Stimuli

Alle Signale, die das Lebewesen von außen wahrnimmt, werden als externe Stimuli bezeichnet. Interne Stimuli oder Signale wären zum Beispiel Hungergefühl oder der Druck auf der Blase.

Externe Stimuli können konkrete Verhaltensweisen als Antwort oder erst einmal Neugier und Exploration auslösen. Eventuell interessieren sie das Tier auch gar nicht (Sue Alexander, schriftlich an die Autorin, 14. 8. 2007).

Dr. Erich Klinghammer hat einige spezifische Typen von externen Stimuli benannt, die speziell bei der Verhaltensentwicklung wichtig sind. Einige dieser Stimuli werden auch spezifische Auslöser genannt, weil sie zu einer ganz bestimmten Zeit ein ganz bestimmtes Verhalten auslösen:

- Soziale Stimuli, die von einem Mitglied der eigenen Tierart kommen.
- Intraspezifische Auslöser: Sie wirken tatsächlich nur innerhalb der eigenen Art, während die sozialen Auslöser theoretisch auch zwischen verschiedenen Arten wirken können.
- Interspezifische Auslöser werden tierartübergreifend verstanden. Hierzu gehören zum Beispiel Warnrufe (Klinghammer, 1992, S. 2).

»Eye«

› Siehe auch: Jagdverhalten

Etwas intensiv mit den Augen zu fixieren ist ein Teil des Jagdverhaltens. Ein anderer Ausdruck wäre, »etwas mit den Augen verfolgen«. Bei Border Collies ist dieses Verhalten durch die züchterische Selektion überbetont.

Der Wolf belauert seine Beute und zeigt »Eye«.

Wir haben Wölfe nicht verdammt für das, was sie sind, sondern für das, von dem wir fälschlicherweise aber gewollt dachten, was sie sind: der Inbegriff eines grausamen rücksichtslosen Killers. Dabei ist dieser Mythos in Wirklichkeit nur eine Reflexion unserer selbst.

Farely Mowat

Nur ein Berg hat lang genug gelebt, um das Heulen der Wölfe wirklich zu verstehen.

Aldo Leopold

Wir Menschen fürchten das wilde Tier im Wolf, weil wir das wilde Tier in uns selber nicht verstehen.

Gerald Hausman

ABSCHNITT 7

Fellknabbern bis Futter vergraben

Ein Wolfswelpe beknabbert seine Pfote.

Fellknabbern

› Siehe auch: Allogroming

Mit den Schneidezähnen werden Haut und Fell beknabbert. Mit kleinen, schnellen und kurzen Beißbewegungen bei kaum geöffnetem Maul werden Haut und Fell kurz angezupft und wieder losgelassen. Alle Caniden beknabbern sich selbst und viele beknabbern auch ihre Sozialpartner. Hunde können auch Menschen beknabbern.

Oben – Der rechte Wolf beknabbert das Gesicht seines Rudelkumpanen.

Links – Luca knabbert an Pans Brust.

Festnageln

Wenn ein Hund den anderen auf den Boden drückt und dort fixiert, nennt man das »Festnageln«. Meist wird schlicht das Körpergewicht eingesetzt und einer legt sich auf den anderen. Manchmal wird auch mit offenem Maul auf Kehle oder Schnauze des anderen gedrückt und dieser so zu Boden gezwungen. Hunde zeigen »Festnageln« im Spiel, bei ritualisierten aggressiven Auseinandersetzungen oder auch bei Ernstkämpfen. Abgesehen von den Ernstkämpfen werden die Zähne beim Festnageln sehr gehemmt eingesetzt.

Links – Dies ist eine ritualisierte aggressive Interaktion. Der obere Wolf nagelt den unteren fest; der untere zeigt einen Ansatz zur passiven Submission. Der rechte Wolf ist im Status jeweils über den beiden und beobachtet die Interaktion intensiv.

Oben rechts – Ein Wolfswelpe und eine Deutsche Dogge beim spielerischen Ringen. Der kleine Wolf hat den anderen Welpen festgenagelt.

Unten rechts – Der Pitbull hat den Airedale Terrier in einem intensiven Spiel festgenagelt. Das Festnageln ist etwas unvollständig. Der Pitbull setzt gezielt nur seinen Körper ein und arbeitet nicht mit dem Maul. Das Foto zeigt, dass gut sozialisierte Pitbull Terrier ohne Weiteres mit anderen Hunden spielen können. Diese drei Hunde hatten häufiger Gelegenheit zum Spiel und kennen das jeweilige Spielverhalten der anderen. Menschen beobachten das Spiel und beenden es freundlich, sollten die Erregungslevel zu sehr ansteigen.

Finten und Täuschungen

In ritualisierten Kämpfen setzen Hunde und Wölfe auch Finten und Täuschungen ein, um den Gegner auszutricksen. Es ist vergleichbar mit einem Box- oder Fechtkampf. Der Gegner wird durch die Finte abgelenkt, sodass man den eigenen Angriff erfolgreich platzieren kann. Finten sind Metasignale, die helfen, den Kampf auf der ritualisierten Ebene zu halten. In einem Ernstkampf würde keine Energie in Finten und das Antäuschen von Angriffen gesteckt werden. Im Ernstkampf wird vorgestoßen mit dem Ziel, jemanden zu verletzen.

Auch hier ein Scheinangriff: Der liegende Wolf schlägt mit der Pfote gegen die Nase des anderen.

Der Husky täuscht einen Angriff an, um einen echten Angriff des Wheaton Terriers zu vermeiden.

Freundliche Annäherung

› Siehe auch: Begrüßungsverhalten, Kopfstoß, Hüftschieber, Zusammenkommen

Die freundliche Annäherung ist immer ein aktives Auf-den-anderen-Zugehen. Wenn Hunde Aufmerksamkeit oder freundliche Zuwendung eines Menschen wollen, zeigen sie meist freundliches Annäherungsverhalten. Typische Ausdruckselemente in diesem Fall sind die folgenden: Ohren aufgestellt oder in neutraler Position, Augen entspannt, Maul und Lefzen entspannt, Schwanz in neutraler Position oder spielerisch hoch über dem Rücken getragen; manche Hunde versuchen sogar, dem Menschen auf den Schoß zu klettern.

Freundliches Annäherungsverhalten wird auch bei der Begrüßung von anderen Hunden oder Individuen anderer Arten gezeigt (zum Beispiel gegenüber Katzen oder Pferden).

»Freundliches Annäherungsverhalten oder entspannte, freundliche Körpersprache ist ein guter Indikator dafür, ob bei Interaktionen zwischen

Über das Platzieren ihrer Vorderpfoten im Schoß der abgebildeten Frau zeigt die Collie-Hündin freundlich den Wunsch nach Zusammengehörigkeit. Ihre Ohren sind neutral und leicht nach außen gedreht. Das Kinn ist leicht heruntergenommen und der Kopf etwas abgewendet. Auch der Blick ist abgewendet.

Die drei Wölfe kamen herangeschossen, um eine bekannte Person zu begrüßen. Ihre Ohren stehen in neutraler Position oder leicht nach hinten gelegt. Die Augen sind freundlich-weich und die Lefzen entspannt. Der Wolf links außen hat sich mit den Pfoten auf das Knie der Frau gestellt.

Hunden aggressives Verhalten zu erwarten ist oder nicht. Das Fehlen von jeglichen Verhaltensmustern der freundlichen Annäherung in Hundebegegnungen ist auffällig und oft ein Hinweis darauf, dass Probleme zu erwarten sind.« (Donaldson, 2004, S. 76)

Frontaler Kortex

› Siehe auch: Limbisches System

Die Strukturen des Frontalkortex sind für Lernvorgänge wichtig. Wenn der Frontalkortex aktiv ist, ist der Erregungslevel meist relativ niedrig. Das Gehirn kann gut lernen und Impulse für den Fight-Flight-Mechanismus werden kaum gegeben.

Funktionskreise

Einzelne Verhaltenselemente und Verhaltensmuster kann man je nach Zweck zu sogenannten Funktionskreisen zusammenfassen. Dabei kommt es durchaus zu Überschneidungen. Zum »Spiel« gehören zum Beispiel auch das Hetzen oder Packen aus dem Funktionskreis Jagdverhalten – allerdings ohne echtes Beißen und Verletzen (Klinghammer, 1992, S. 4).

Der Pyrenäen-Berghund-Welpe zeigt einen Schnauzenstoß bei Pan.

Funktionswechsel

»Ein Verhalten durchläuft einen Funktionswechsel, wenn es bei gleicher Ausprägung auf einmal in einem anderen Kontext gezeigt wird und beim Kommunikationspartner andere Reaktionen auslöst als vorher. Der Schnauzenstoß ist ein gutes Beispiel: Ursprünglich soll er bei älteren Tieren das Hervorwürgen von Futter auslösen, später wird es zu einem Element der aktiven Demut und soll helfen, Konflikte zu deeskalieren« (Abrantes, 1997, S. 208).

Futter vergraben

› Siehe auch: Buddeln

Einige Hunde vergraben Futter, Knochen oder Spielsachen, um sie dann irgendwann später wieder hervorzuholen.Wölfe legen sich auf diese Art nach dem Erlegen eines großen Beutetieres einen Vorrat an. Vergrabenes Futter ist sicherer vor »Dieben und Mitessern« wie zum Beispiel Vögeln oder kleineren Beutegreifern wie Marder oder Fuchs.

Vögel bedienen sich an einem Kadaver. Aufgrund des anhaltend schlechten Wetters machen sie den Wölfen ihre Beute streitig.

ABSCHNITT 8

Fortpflanzungsverhalten

Elemente und Muster des Fortpflanzungsverhaltens

Zum Fortpflanzungsverhalten gehören alle Verhaltenselemente und Verhaltensmuster, die etwas mit Fortpflanzung tun haben. Unter anderem sind dies Balzverhalten, Deckakt, Nest bauen, Geburt der Welpen und das unterstützende Verhalten von Rudelmitgliedern oder Menschen (bei Hunden).

Schon fünf Wochen alte Welpen zeigen im Spiel Elemente aus dem Fortpflanzungsverhalten wie zum Beispiel Aufreiten mit Beckenstoß. Das Verhalten kann Probleme verursachen, wenn ältere Welpen oder Junghunde das Aufreiten an Objekten oder Kindern zeigen oder es bei älteren Hunden versuchen, die dann aggressiv reagieren können.

Caniden beiderlei Geschlechts zeigen Aufreiten mit oder ohne Beckenstoß, wenn sie aufgeregt oder gestresst sind. Unter Erregung kann dieses Verhalten auch im Spiel gezeigt werden. Aufreiten kommt auch als Rang anmaßendes Verhalten vor, wenn ein Individuum ein anderes in einer spezifischen Situation kontrollieren will. Aufreiten und Beckenstoß gehören zum Deckakt.

Balzverhalten

Zum Balzverhalten gehören das gegenseitige Verfolgen, Nebeneinanderlaufen, Sich-Aneinander-Reiben, den Kopf unter das Kinn des anderen drücken, und andere spielerische Verhaltensweisen.

Beide Fotos zeigen Balzverhalten bei Wölfen.
Oben – Den Kopf unter die Kehle drücken

Kopfdrücken

Wegbeißen

Die Fähe erteilt ihrem Verehrer eine Abfuhr. Sie springt mit weit geöffnetem Maul gegen ihn vor. Er weicht nach hinten und zur Seite aus.

Konkurrenzverhalten gegen andere Rüden

Der mittlere Wolf schiebt den anderen Rüden heftig zur Seite, als dieser die Fähe besteigen will.

Verjagen des Konkurrenten

Das Verhalten des linken Rüden ist ernst gemeint. Er geht kompromisslos und ohne Umschweife nach vorne. Der rechte Wolf flieht mit dramatisch eingezogenem Schwanz.

Den Schwanz zur Seite nehmen

Die Fähe hält den Schwanz zur Seite als Zeichen der Deckbereitschaft.

Lecken der Genitalien

Der Rüde leckt die äußeren Genitalien der Fähe, um ihre Deckbereitschaft zu prüfen.

Umklammern

Der Rüde umklammert die Fähe als Vorspiel zum Aufreiten.

Seitliches Aufreiten

› Siehe auch: T-Stellung

Caniden besteigen einander von der Seite als sexuell motiviertes Verhalten, auch ohne dass der Deckakt im Laufe der Interaktion folgt. Sie zeigen es im Sozialspiel, und es geschieht aus denselben Motivationen heraus wie das Aufreiten von hinten oder die Beckenstöße.

Links – Die beiden heranwachsenden Rüden sind durch das Spiel sehr erregt.

Rechts – Die Fähe zeigt im Lauf des Balzverhaltens seitliches Aufreiten beim Rüden. Er wird sie später decken.

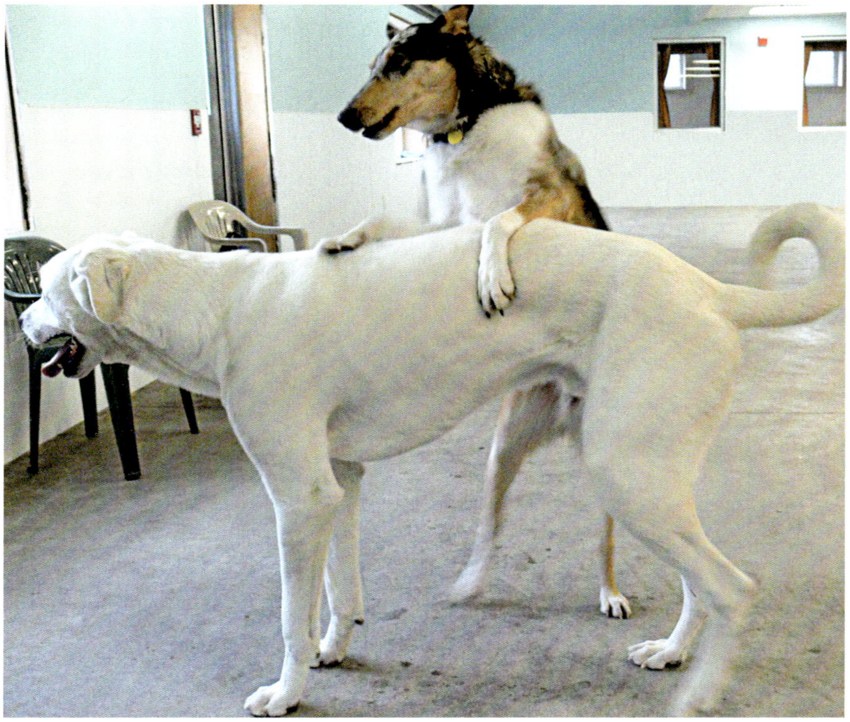

Aufreiten – Beckenstoß – Penetration

Hängen

Der Penis schwillt während des Balzens durch intensive Blutzufuhr an und erigiert. Nach der Penetration schwellen auch die Schwellkörper an der Penisbasis stark an und bewirken, dass der Penis nicht mehr aus der Vagina der Hündin herausgezogen werden kann – die Tiere hängen aneinander. Während des Hängens beendet der Rüde die Umklammerung und steht seitlich neben ihr, oder – was öfter zu beobachten ist – er dreht sich von ihr weg und die Tiere stehen dann Hinterteil an Hinterteil. Sowie das Hängen eingetreten ist, kommt es zügig zur Ejakulation und innerhalb von einer Minute bis eineinhalb Minuten haben die Spermien ihr Ziel erreicht. Das Hängen kann danach allerdings bis zu einer Stunde andauern.

Es gibt keine eindeutige ethologisch fundierte Begründung für das Hängen, aber eine Reihe von Theorien dazu. Pat Goodman (Ethologin, Wolf-Park-Verhaltensseminar, 2007) meint, dass dadurch die Paarbindung gefördert werden könnte, sodass sich der Rüde hinterher intensiver an der Aufzucht der Welpen beteiligt.

Forsythe, Dawkins und andere Evolutionsbiologen vermuten, dass das lange Hängen verhindert, dass sich die Fähe mit anderen Wolfsrüden paaren könnte. Der Rüde hat so die größtmögliche Chance, dass er wirklich der einzige Vater der Welpen ist. Nach dem Deckakt ist der Rüde müde und hätte wenig Chance, einen Konkurrenten um die Vaterschaft abzuwehren. Während des Hängens können Rüde und Fähe einfacher lästige Konkurrenten abwehren, denn sie sind in ihren Positionen relativ flexibel. Sie könnten sogar Schnauzenzärtlichkeiten austauschen, wenn der Rüde mehr seitlich neben der Fähe steht.

Oben – Der linke Rüde hat sein Hinterbein über den Rücken der Fähe geschwungen und steht nun mit vier Pfoten auf dem Boden, obwohl er noch fest an ihr hängt. Beide könnten sich jetzt angucken oder einen Konkurrenten abwehren.

Säubern nach dem Deckakt

Nach dem Deckakt säubern beide Partner ihre Genitalen. Danach kann die Kopulation wiederholt werden. Mehrfaches Decken erhöht die Chance, dass viele Eizellen befruchtet werden.

Nähe halten

Ein enges Suchen und Halten der Nähe zum anderen findet man nur während der Decksaison und nur zwischen verpaarten Tieren.

Pat Goodman (Wolf-Park-Seminare, 2007) vergleicht es mit dem Verbundensein durch ein Bungeeseil, das nur eine begrenzte Distanz zwischen den Tieren zulässt.

Oben rechts und unten links– Der Rüde steht über der Fähe als Ausdruck der Bindung und um seine Rechte auf weiteres Decken zu demonstrieren.

Unten rechts – Diese Wölfe graben gerade eine Höhle für ein Nest.

ABSCHNITT 9

Gähnen bis Gruppenbegrüßung

Gähnen

Caniden gähnen aus verschiedenen Gründen. Es kann ein Anzeichen von Stress oder Unsicherheit sein. Gähnen kann dem Abbau von Anspannung dienen oder einfach nur aus Müdigkeit gezeigt werden.

Stressgähnen

Dieser Welpe ist sehr gestresst, denn er hat gerade seine Wurfgeschwister verlassen.

Der rechte Kojotenwelpe zeigt Gähnen und Pfotenheben als Übersprungsverhalten. Beide Welpen haben die Augen abgewandt. Dies kann ein Zeichen für Unsicherheit sein.

Müde Welpen gähnen.

Genitalkontrolle

Intensives und oft gegenseitiges Beschnuppern in der Leistengegend (Bereich am Bauch und zwischen den Hinterschenkeln) und an den Genitalien: Es gehört zum typischen Begrüßungsverhalten zwischen Hunden.

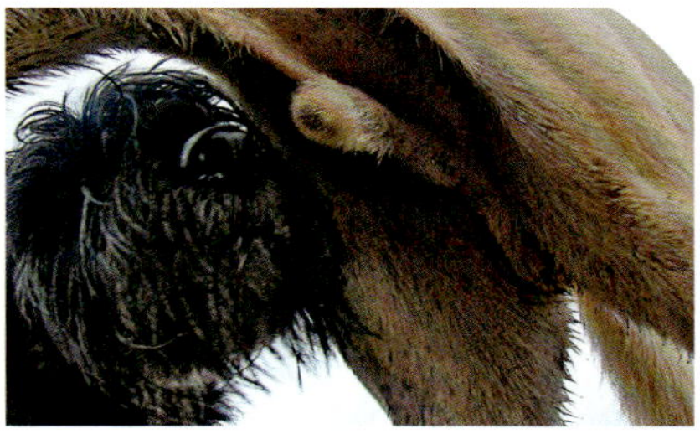

Oben – Gegenseitiges Beschnuppern

Links – Genitalkontrolle aus Hundeperspektive.

Rechts – Genitalkontrolle gehört zum Begrüßungs- und zum Erkundungsverhalten. Man gibt und bekommt Informationen.

Gesichtsmarkierungen

› Siehe auch: Zähneblecken, Pädomorphose

Markierungen wie Augenbrauen oder unterschiedliche Farbflecken helfen, Gesichtsmimik besser zu erkennen und korrekt zu interpretieren. Hunde mit komplett schwarzen Gesichtern sind für Menschen und andere Hunde deutlich schwerer zu »lesen«. Hunde sind tatsächlich entspannter, wenn sie auf jemanden mit Farbmarkierungen im Gesicht treffen, als wenn sie auf ein schwarzes Gesicht stoßen, in dem die Augen kaum zu erkennen sind. Auch Menschen reagieren gegenüber einem Hund mit vollständig schwarzem Gesicht oftmals ängstlicher.

Oben links – Die hellen Augenbrauenflecken über den inneren Augenwinkeln machen die Mimik auffälliger und aussagekräftiger.

Oben rechts – Auffällige Gesichtsmarkierungen bei diesen Collies helfen bei der Kommunikation und vereinfachen das gegenseitige Verstehen.

Unten links – Auffällige Gesichtsmarkierungen sind wichtig für differenzierte Gesichtsausdrücke: Flecken unterschiedlicher Farbe, deutliche »Augenbrauen«, »Lidstrich«.

Unten rechts – Die Wolfswelpen haben auffällige helle Kreise um die Augen und an den Augenlidern zusätzlich einen »Kajalstrich«. Dadurch gehen die Augen nicht in den anderen Ausdruckselementen (zum Beispiel dem Zähneblecken) unter.

Grenzen ablaufen

› Siehe auch: Wesen

Der Begriff »Grenzen ablaufen« ist sicherlich kein wissenschaftlich untersuchter Begriff aus der Verhaltensforschung. Trotzdem beschreibt er sehr gut, was man bei vielen Hunden beobachten kann, die zum ersten Mal auf ein fremdes Gelände kommen. Sie untersuchen es, um sich damit vertraut zu machen, und um mögliche Bedrohungen früh zu entdecken. Besonders die Grenzen des Geländes werden intensiv abgelaufen und erkundet. Sehr auffällig sind diese Verhaltensmuster bei Hunden aus dem Herdengebrauchsbereich. Hier kann man es bereits bei sehr jungen Welpen beobachten. Gerade wenn man Hunde im Hinblick auf ihr Wesen testet, ist es wichtig, mit den spezifischen Verhaltensmustern einzelner Rassen vertraut zu sein. Man könnte sonst leicht dieses Grenzenablaufen für soziales Desinteresse, Distanziertheit oder mangelnde Fähigkeiten bei der Kommunikation halten.

Diese beiden Pyrenäen-Berghund-Welpen inspizieren einen unbekannten Raum. Erst nachdem sie dies zu ihrer Zufriedenheit abgeschlossen hatten, konnten sie sich auf Kontakt mit den anwesenden Menschen einlassen.

Gruppenbegrüßung

› Siehe auch: Freundliche Annäherung, Begrüßungsverhalten, Submissives Verhalten

Wenn drei oder mehr Caniden enthusiastisch einen weiteren Caniden (oder einen Menschen) begrüßen, nennt man das Gruppenbegrüßung. Die Begrüßung kann sehr heftig sein. Die Tiere sind erregt und wedeln meist stark. Sie lecken den zu Begrüßenden, zeigen Beschwichtigungsverhalten und / oder alle möglichen Elemente aus der aktiven Demut. »Hin und wieder kann es zu kurzen aggressiven Interaktionen kommen, wenn Wölfe mit einer konfliktreichen Vorgeschichte zusammentreffen, oder wenn der Begrüßte keine Lust mehr hat, im Mittelpunkt der Aufmerksamkeit zu stehen« (Klinghammer, 2001, S. 25).

Menschen, die mit mehreren Hunden zusammenleben, kennen die Gruppenbegrüßung zur Genüge. Die Hunde rennen auf den heimkommenden Menschen zu und wollen seine Aufmerksamkeit. Sie springen am Menschen hoch, fiepen, zeigen Schnauzenstöße, Hüftschieber und bringen eventuell Objekte, um sie dem Menschen vor die Füße zu legen.

Links – Gruppenbegrüßung unter Wölfen

Rechts – Gruppenbegrüßung eines bekannten Menschen

ABSCHNITT 10

Habituation bis Instinkt

Der linke Wolf hatte einen Hüftrempler versucht, der stark genug gewesen wäre, um den anderen umzuhauen. Der rechte Wolf hat die Aktion erwartet und ist ausgewichen. Er zeigt defensives Drohen: Zähneblecken, Fixieren, Ohren angelegt, eingezogener Schwanz, runder Rücken und leicht eingeknickte Beine.

Habituation

› Siehe auch: Lerntheorie

Eine Gewöhnung kann nur dort stattfinden, wo das »Überhören« von Signalen keine negativen Konsequenzen hat.

Habituation bedeutet »Gewöhnung«. Das Individuum wird häufig mit einem bestimmten Signal konfrontiert, bis es nicht mehr darauf reagiert. Wenn sie es nicht kennen, kann das Starten des Kühlschrankmotors Hunde anfangs erschrecken. Nach einiger Zeit werden sie nicht mehr darauf achten. Das Geräusch wird bedeutungslos, da es weder etwas Positives noch etwas Negatives bedeutet. Es kündigt auch nichts Wichtiges oder Spannendes an (Sue Alexander, schriftlich an die Autorin, 08/2007).

Ein Beispiel
Meine Türklingel ertönt häufig am Tage, wenn Klienten in unser Büro im Erdgeschoss wollen. Meine drei Hunde reagieren nicht auf das Geräusch, denn es bedeutet nichts Wichtiges. Die Klienten betreten einen Gebäudeteil, in den die Hunde nicht hineinkommen und so erwarten sie auch nicht, dass sie Besucher begrüßen könnten. Mit dieser Situation sind sie aufgewachsen beziehungsweise sind in sie hineingewachsen. Wenn plötzlich ein neuer Hund im Haus wäre, für den das Klingeln aus früheren Erfahrungen mit etwas Aufregendem verknüpft wäre, würde er sicher bellen. Die Tatsache, dass drei andere Hunde völlig ruhig bleiben, könnte helfen, auch den neuen Hund an das Klingeln zu habituieren. Die Wahrscheinlichkeit wäre allerdings größer, dass meine Hunde ebenfalls das Bellen anfangen würden. Erregung ist ansteckend, und das Bellen wird zu einem allelomimetischen Verhalten.

Hakenschlagen

Einige Hunde können bei Erregung oder Stress hektische Bewegungen zeigen: Sie rennen sehr schnell kurze Strecken hin und her und schlagen regelrechte Haken bei den Richtungswechseln. Das Ganze sieht sehr lustig aus, dient den meisten Hunden aber tatsächlich zum Stressabbau. Viele Menschen interpretieren das Hakenschlagen leider als bewussten Ungehorsam.

Junge Hunde zeigen es manchmal auf Agility-Turnieren, wenn sie den Parcours individuell abarbeiten und nicht auf die Anweisungen des Menschen achten. Welpen zeigen Hakenschlagen als Bestandteil ihrer normalen Bewegungen.

Hemmung und Rollenwechsel

Caniden können ihr Verhalten je nach Situation unterschiedlich intensiv zeigen. Sie können sich ihrem Gegenüber anpassen, um zum Beispiel eine bestimmte Interaktion nicht eskalieren zu lassen. Hemmmechanismen sind besonders wichtig, wenn sehr große mit sehr kleinen Hunden spielen oder wenn erwachsene Hunde mit Welpen oder kranken Individuen spielen. Der ausgewachsene oder große Hund wird schwächere Positionen einnehmen oder Spielelemente zeigen, die den anderen nicht überfordern und ihn so im Spiel halten. Nach Marc Bekoff relativieren Hemmmechanismen asymmetrische Ausgangsbedingungen und schaffen so überhaupt erst die Voraussetzung für das Spiel. Bekoff sagt weiter:

Hemmung bedeutet, dass ein Individuum Verhaltensweisen zeigt, die es selbst benachteiligen. Zum Beispiel, wenn ein Kojote einen anderen im Spiel nicht so fest beißt, wie er eigentlich könnte.

... es kommt zu Rollenwechseln im Spiel, bei denen ein eigentlich dominantes Individuum gegenüber dem subdominanten plötzlich Demutsverhalten zeigt. In einem echten Konflikt würde sich der Ranghöhere nicht vor dem anderen auf den Rücken rollen, im Spiel kann er es tun. Manchmal finden Hemmung und Rollenwechsel parallel statt. Neben dem »Sich-auf-den-Rücken-Rollen« könnte der Ranghöhere aus dem obigen Beispiel dann auch sehr gehemmt beißen. Von der funktionalen Ebene betrachtet kann man sagen, dass Hemmungen und Rollenwechsel eine ähnliche Funktion wie Metasignale für Spiel haben. Auf alle Fälle sollen sie deutlich machen, dass weiterhin Interesse am Spiel besteht (Bekoff, 2001, S. 83–84).

Links – Moon, der Aussie, hält das Spielzeug nur leicht mit den Vorderzähnen fest, während Luca, der Welpe, voll hineinbeißt. Über die gehobene Vorderpfote zeigt Moon ebenfalls seine friedliche Stimmung.

Mitte – Als erwachsener Hund zeigt Luca ein ähnlich gehemmtes Verhalten im Spiel mit Pan, damals drei Monate alt.

Rechts – Auf diesem Bild hatte Wargas, obwohl noch Junghund, schon 86 cm Schulterhöhe und wog 54 kg. Während eines wilden Spiels mit Pan (62 cm, 31 kg) legte er sich hin, um ihn nicht zu überfordern.

Sich selbst zurückzunehmen ist ein integraler Bestandteil von Spiel. Es ist eine evolutionär stabile Strategie, um sicherzustellen, dass auch junge und unerfahrene Rudelmitglieder lernen und überleben können. Das Prinzip wird innerhalb eines Rudels von den älteren an die jüngeren Mitglieder weitergegeben, es wird sozusagen tradiert (Sue Alexander, schriftlich an die Autorin, 09/2007).

Hervorwürgen / Erbrechen

› Siehe auch: Et-epimeletisches Verhalten

Wilde Caniden tragen geschlagene Beute im Magen zum Nachwuchs zurück. Ein Wolf kann bis zu 20% seines Körpergewichts in sich hineinfressen. Das »Tragen« im Magen ist einfacher über weite Strecken als das Tragen der Beute im Maul. Wenn die Welpen mit ihren Schnauzen gegen das Maul oder die Kehle des älteren Tieres stoßen, würgt es die Futterbrocken aus dem Magen hervor und die Welpen können fressen (Goodman, Wolf-Park-Verhaltensseminar, 2007).

Die Welpen umringen den älteren Wolf, stoßen mit Nase und Pfote an seine Schnauze und betteln so um Futter.

Heterochronie

› Siehe auch: Domestikation, Neotenie, Pädomorphismus

Der Begriff »Heterochronie« bezeichnet eine evolutionsbedingte Änderung im zeitlichen Verlauf der Individualentwicklung für ein bestimmtes Element oder Ereignis (Goodwin et al., 1996, S. 297).

Bei diesen Ereignissen oder Elementen kann es sich um das körperliche Wachstum handeln, den Eintritt der Geschlechtsreife oder bestimmte Verhaltenskomponenten.

Die Tragezeit (Zeit vom Deckakt bis zur Geburt) ist bei Hunden und Wölfen gleich (60–64 Tage). Wolfs- und Hundewelpen (mit Ausnahme des Barsois) sehen sich auch nach der Geburt noch relativ ähnlich: Sie haben große Köpfe mit kurzen Schnauzen (Kindchenschema), sind blind und taub und können sich nur kriechend fortbewegen. In der weiteren körperlichen Entwicklung gibt es dann Unterschiede zwischen Hunden und Wölfen. Zum Beispiel werden Wölfe deutlich später geschlechtsreif und psychisch erwachsen als Hunde. Bei Hunden findet man außerdem große Unterschiede bei der Entwicklung einzelner Rassen. Hunde kleiner Rassen entwickeln sich insgesamt schneller als Hunde großer Rassen.

Kann man seine Größe verändern, ohne seine Form zu verändern (isometrisches Wachstum)? Der typische Welpen-Phänotyp ist optimal darauf ausgelegt, einfach an die Zitzen zu kommen. Wenn Welpen älter werden, müssen sie sich in der Gestalt verändern (allometrisches Wachstum), um auch dann noch erfolgreich Nahrung zu finden. Die allometrischen und isometrischen Wachstumsunterschiede zwischen Kojoten und Wölfen finden sich auch zwischen den verschiedenen Hunderassen ...

Die großen Unterschiede bei Schädelgröße und Schädelform zwischen einzelnen Rassen ergeben sich durch kleine Unterschiede bei der Entwicklungsgeschwindigkeit oder dem Beginn und Ende des Schädelwachstums.

Es gibt Grenzen, wie weit man hier züchterisch noch Veränderungen provozieren sollte. Die extrem lange Nase des Barsoi, die Ramsnase von Bullterriern und die extrem kurze Nase von Möpsen stellen sicher Grenzen dar. Weder die Rassen noch ihre individuellen Mitglieder überleben weitere Extreme (Coppinger, 2001, S. 300–302).

Hetzen

› Siehe auch: Jagdverhalten, Wälzen

Oben – Auch ein Bisonkalb kann mit Tritten schwer verletzen – ein guter Grund, es nicht von hinten anzuspringen.

Unten – Greyhounds verfolgen im vollen Galopp ein Kaninchen.

Hunde und Wölfe sind Hetzjäger. Ihre Anatomie ist dafür ausgerichtet. Große Beutetiere werden sprichwörtlich zu Tode gehetzt, bis sie zusammenbrechen. Ist die Beute erschöpft, wird sie angegriffen und getötet. Hunde oder Wölfe verbeißen sich nicht in den Hinterbeinen ihrer Opfer. Das Risiko, selbst durch einen Tritt verletzt zu werden, wäre viel zu hoch. Wölfe oder Hunde lauern ihrer Beute auch nicht getarnt auf oder schleichen sich an. Sie verfolgen und umkreisen die Herde und versuchen so, schwache oder kranke Tiere zu identifizieren, die später leichte Beute sind. Laut Pat Goodmann (Wolf-Park-Seminar, 2007) ist es ein Mythos, dass sich Wölfe im Kot ihrer Opfer wälzen, um den eigenen Geruch zu überlagern. Sie brauchen ihren Geruch nicht zu übertünchen, denn sie lauern niemandem heimlich auf.

Elche sind die größten Tiere, die von Wölfen gejagt werden. Wölfe versuchen, nahe heranzukommen, um dann mit ihnen Schritt zu halten, bis sie erschöpft sind. Wölfe und Elche haben eine Sprintgeschwindigkeit von 56 km/h. Sie sind ebenbürtige Gegner und daran liegt es auch, dass Wölfe nur junge, alte oder verletzte Tiere erlegen (Mech, 1979).

Hochwerfen

Einige wilde Caniden schütteln und werfen ihre Beute zum Töten in die Luft. Manchmal wird die Beute auch nach dem Töten mehrmals in die Luft geworfen – als eine Art solitäres Jagdspiel. Im Sozialspiel kann das Hochwerfen ritualisiert als umgerichtetes Verhalten gezeigt werden.

Auch wenn es wie ein selbstmörderischer Sprung aussieht – der Wolf hat die Wühlmaus in die Luft geworfen, nachdem er sie getötet hatte. Es wird ein kleiner Snack für ihn.

Hüftrempler

Der Hüftrempler kann gleichermaßen im Spiel oder im echten Kampf gezeigt werden. Die Hunde drehen sich dabei schnell über die Vorhand und rammen ihr Hinterteil in den anderen hinein. Ein Hüftrempler kann so massiv ausgeführt werden, dass er den Angerempelten schlichtweg umwerfen kann.

Links – Welpen im heftigen Spiel: Beide Welpen zeigen Hüftrempler und beide zeigen parallel Metasignale, um deutlich zu machen, dass es sich nur um Spiel handelt. Der linke Welpe hebt eine Pfote, der rechte blinzelt und wendet den Kopf leicht aus der direkten Kommunikation weg.

Rechts – Der Wolf in der Mitte zeigt einen Hüftrempler gegen den linken Wolf und bringt damit auch den rechten Wolf aus der Balance.

Hüftschieber

› Siehe auch: Freundliche Annäherung, Begrüßungsverhalten

Der Labrador zeigt einen Hüftschieber gegen mich. Abwechselnd drückt er oder lehnt sich an mein Bein.

Der Hüftschieber ist eine freundliche Begrüßung. Hunde drehen dabei anderen Hunden oder Menschen ihr Hinterteil zu und schieben oder drücken es gegen den Körper des anderen. Manchmal kann dieses Verhalten sehr enthusiastisch wirken.

Hündinnenkampf

› Siehe auch: Geschlechtsabhängiges Aggressionsverhalten

Gerade Hündinnen, die im gleichen Haushalt leben, können sich erbitterte Kämpfe liefern.

Hüteverhalten

› Siehe auch: Jagdverhalten

Die meisten Verhaltenselemente aus dem Hüteverhalten sind genetisch relativ fest fixiert. Über Generationen selektiver Zucht wurden Elemente aus dem Jagdverhalten (Orientieren, Lauern, Eye, Verfolgen) in ihrer Ausprägung gefördert und andere (Packen, Beißen) reduziert.

Einige Hütehunde arbeiten mehr auf Distanz zu den Tieren. Border Collies zum Beispiel umkreisen die Herde, fixieren zwar einzelne Tiere, aber haben den Fokus auf der Gruppe als Ganzes, die sie treiben.

Andere Rassen sind speziell gezüchtet worden, um einzelne Tiere in die Beine zu kneifen und sie so voranzutreiben. Zu diesen sogenannten »Heelers« gehören zum Beispiel Corgies. Beim Treiben bleiben sie eng an der Herde. Wieder andere Hütehunderassen mischen das reine Hüten mit Verhaltensmustern des »Heelers«. Sie ändern ihr Verhalten abhängig von menschlichen Kommandos, aber auch passend zur jeweiligen Tierart, die sie treiben sollen oder passend zum Gelände.

Links – Ein Border Collie bei der Arbeit: Über Bewegung, Körperposition und »Eye« werden die Schafe in die gewünschte Richtung bewegt.

Rechts – Hier arbeiten Schäfer und Border Collie zusammen an einer großen Herde. Der Border Collie kann auf seiner Seite in beide Richtungen agieren, um jeden Ausbruchsversuch aus der Herde zu vereiteln.

Im-Bogen-Gehen

› Siehe auch: Meideverhalten, Übersprungsverhalten

Hunde nähern sich einander manchmal mit einem in der Längsrichtung gebogenen Körper, bei dem der Kopf vom jeweils anderen wegzeigt. Es sieht aus wie eine Annäherung mit Meideverhalten und soll jede bedrohliche Qualität aus der Annäherung nehmen. Insofern kann man es in die Gruppe des Übersprungsverhaltens einordnen.

Imponierstehen

› Siehe auch: Aufgerichtete Stellung

Wenn Caniden imponieren, richten sie sich mit durchgedrückten Beinen zu voller Höhe auf. Der Hals ist hochgereckt und die Ohren sind aufgerichtet; der Schwanz wird hoch getragen. Der Imponierende kann seinen Interaktionspartner mit den Augen fixieren. Einige Caniden können sich beim Imponieren fast auf die Zehenspitzen stellen bei dem Versuch, möglichst viel »Größe« zu zeigen. Das Verhalten wird während des Umwerbens einer Fähe oder Hündin gezeigt. Es kann aber auch eine Vorstufe zu einem Konflikt sein und in Drohverhalten übergehen. Der Effekt wird manchmal noch erhöht, weil der Hund das Nackenfell aufgerichtet hat.

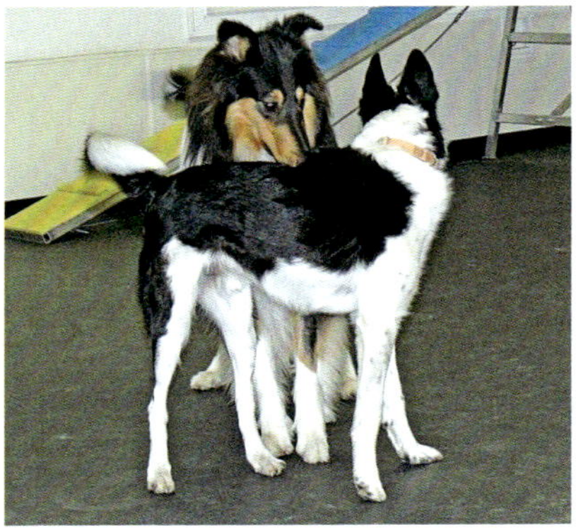

Links – Louie zeigt Imponierstehen. Bei diesem Konflikt ging es um das Statusverhältnis zwischen den beiden Hunden.

Rechts oben – Der Collie zeigt Imponierstehen im Rahmen sexuellen Interesses.

Rechts unten – Der Border Collie steht fast auf den Zehenspitzen. Er ist vom aufdringlichen Verhalten des Collies irritiert und wird ihn gleich ernsthaft verwarnen.

Instinkt / Angeborenes Verhalten

Heute vermeiden Verhaltensbiologen weitgehend die geläufige Bezeichnung »Instinkt« und ersetzen sie zum Beispiel durch den Begriff »angeborenes Verhalten« oder »eng genetisch fixiertes Verhalten«.

Eng genetisch fixiertes Verhalten wird in den meisten Fällen vom ersten Moment an »perfekt« gezeigt – ohne dass vorher besonders dafür trainiert wurde. Oft sind spezifische Auslösesignale, wie zum Beispiel bestimmte Umgebungen, Geräusche oder Gerüche nötig, um das Verhalten abzurufen. Die folgenden Elemente gehören zu den angeborenen Verhaltensweisen bei Welpen:

- Orientierung in Richtung einer Wärmequelle
- Orientierung Richtung Milchgeruch
- Saugen oder Milchtritt

Oben – Zwei Border Collies arbeiten zusammen. Neben gutem Training ist eine hohe Eigenkontrolle bei den Hunden nötig. Hohe Erregungslagen bei einem Hund können sonst leicht auf den anderen abfärben und die Arbeit behindern.

Zu den angeborenen Verhaltensweisen rechnet man im weitesten Sinne auch rassetypische Verhaltensweisen wie zum Beispiel das »Eye« beim Border Collie oder das ausgeprägte Vorstehen bei einigen Jagdhunderassen. Lernvorgänge spielen bei der Verfeinerung solcher Verhaltenselemente eine Rolle. Ohne spezielles Training wird ein Border Collie eventuell kein guter Hütehund sein – das »Eye« wird er trotzdem schon als Welpe zeigen.

Das Verfolgen und Treiben der Tiere ist in den Grundlagen angeboren. Es wurde durch Zuchtselektion aus einem Bestandteil des Jagdverhaltens entwickelt: dem Hetzen der Beute.

Beau trank eine ordentliche Menge Leitungswasser, bevor wir das Haus verließen. Er trank anders als sonst, das sagten mir seine eifrigen und hektischen Schlürfgeräusche. Das »lebendige« Wasser aus Bächen und Seen, mit seinen archaischen Erinnerungen, hatte ihm beigebracht, wann er sich vorsehen sollte.

Loren Eiseley

ABSCHNITT 11

Jagdverhalten

Coursing – Der Greyhound fängt seine Beute.

Verhaltensmuster des Jagens

Jagdverhalten dient dem Nahrungserwerb. Zum Jagdverhalten gehören alle Verhaltensmuster, die dem Aufspüren und Erlegen der Beute dienen. Caniden können diese Verhaltensmuster unterschiedlich kombinieren und müssen sie in einer Jagdsequenz auch nicht vollständig zeigen. Zu den Verhaltensmustern des Jagdverhaltens gehören unter anderem die folgenden Verhaltenselemente:

› Optische und / oder geruchliche Orientierung
› Erstarren
› Lauern (»Eye«) und ruhiges Verfolgen
› Mäuslsprung oder Hetzen
› Packen
› Töten
› Schütteln, in die Luft schmeißen oder Niederringen
› Zerreißen
› Fressen oder Vergraben

Die meisten Haushunde müssen sich ihr Futter nicht erjagen. Selektive Zucht hat bei vielen Rassen dazu geführt, dass sich das Jagdverhalten verändert hat und die Hunde dadurch bestimmte Verhaltensmuster erfolgreich in den Dienst der Menschen stellen konnten. Einige Elemente werden übersteigert gezeigt, während andere fast aus dem Repertoire verschwunden sind.

Wilde Caniden sind sehr flexibel und passen sich ihrer Beute an. Hetzen wäre zum Beispiel ein unnötiges Verhaltenselement, wenn man eine Maus oder Ratte fangen will. Hier ist es sinnvoller, nach dem ruhigen Ansitzen und Lauern plötzlich einen Mäuslsprung zu machen und die Beute mit den Pfoten und der Schnauze zu erwischen.

Beim Mäusefang würde eine komplette Jagdsequenz folgendermaßen aussehen:
Orientierung – Lauern – Mäuslsprung – Totbeißen – Zerreißen – Fressen.

Eine andere Möglichkeit, ein Beutetier zu töten, ist, es totzuschütteln. Hier könnte eine Sequenz dann so aussehen:
Orientierung – Lauern – Hetzen – Packen – Totschütteln – Zerreißen – Fressen.

Bei einigen Arten sind die einzelnen Verhaltenselemente in ihrer Reihenfolge sehr fest. Das erste Verhaltenselement aktiviert den Beginn des darauffolgenden und so weiter. Das bedeutet zum Beispiel, dass das Packen nicht erfolgen kann, wenn vorher nicht auch gehetzt wurde. Das Hetzen kann erst nach dem Lauern erfolgen und so weiter.

Derart strenge Abfolgen findet man zum Beispiel bei Katzen. Bei Hunden oder Wölfen sind die Verhaltenselemente der Jagd locker kombinierbar. Caniden können eine Jagdsequenz mit jedem Verhaltenselement starten, das sie gerade für sinnvoll halten. Das ist der Grund, warum sie auch Aas fressen (Coppinger, 2001, S. 206–208).

Hunde wurden über Jahrhunderte selektiv gezüchtet, um auf eine bestimmte Art und Weise für den Menschen zu arbeiten. Indem einige Elemente aus der kompletten Jagdsequenz entfernt wurden, wandelten sich Hunde vom Räuber zum Treiber oder Beschützer der Herden.

Beim Border Collie sind die Verhaltenselemente »Lauern« (»Eye«) und »Hetzen« überentwickelt, während die Elemente »Packen«, »Töten« und »Fressen« fast verschwunden sind. Border Collies beißen oder zwicken renitente Schafe (manchmal auf Signal hin), wenn sie der Herde nicht folgen wollen. Wenn ein Border Collie von einem Schaf angegriffen wird, kann er zur Verteidigung beißen; oder er beißt bei der Arbeit aus Frustration oder massiver Erregung. Insgesamt sieht man aber selten, dass ein Border Collie bis aufs Blut beißt oder ein Schaf tötet.

Ein Border Collie kneift ein Schaf ins Hinterbein, um es wieder zur Herde zu scheuchen. Kneifen oder echtes Beißen wird als Fehlverhalten bei Hüte-Wettkämpfen betrachtet. In der Realität kann Kneifen nötig werden und einige Hunde zeigen es auf Signal.

Auch einige Jagdhunderassen (zum Beispiel diejenigen, die Vögel apportieren sollten) sind schwerpunktmäßig auf das Lauern und dann auf das Tragen (Apportieren) selektiv gezüchtet worden. Hier findet man die Elemente »Hetzen«, »Töten« oder »Fressen« ebenfalls stark in der Ausprägung reduziert.

Wölfe sind Laufraubtiere. Wenn sie eine Herde beobachten, suchen sie sich ein altes, krankes oder sehr junges Tier zum Hetzen heraus. Sie hetzen es, bis es vor Erschöpfung fast zusammenbricht, erst dann wird attackiert. Bei der Jagd auf große Beutetiere (zum Beispiel Elch oder Bison) kooperieren Wölfe. Sie hetzen gemeinsam und packen das Tier dann von mehreren Seiten, um es gemeinsam niederzuwerfen. Einer packt an der Nase, ein anderer an der Kehle und wieder andere an den Gliedmaßen. Wölfe greifen selten frontal an und extrem selten alleine, denn sie fürchten die Verletzungen durch Tritte oder Hornstöße.

Nach Coppinger (2001, S. 207) »reißen die mit einem schwachen Kiefer ausgerüsteten Caniden eher Fleisch aus ihrer Beute heraus, sodass diese durch den Blutverlust geschwächt wird«. Die Jagdmethode variiert je nach Größe der Beute. Größere Beutetiere werden in Kooperation gejagt. Die Wölfe kombinieren Kehlbiss (Quetschen der Luftröhre) mit Nackenbiss (Verletzung des Rückenmarks) und Schwächung durch Blutverlust. Kleine Beutetiere (Nager etc.) werden im Nacken gepackt, geschüttelt und in die Luft geworfen.

Früher wurde angenommen, dass Wölfe ihre Beute zunächst an den Hinterschenkeln packen oder die Achillessehne durchtrennen.

Diese Aussagen kamen von sehr vielen Beobachtern, und man ist zunächst verleitet, sie zu glauben. Allerdings werden diese »Beobachtungen« durch viele neue Studien über das Jagdverhalten von Wölfen widerlegt.

Dieses Foto zeigt sehr deutlich die Gefahren, die im Anspringen von hinten liegen.

Entweder haben die Wölfe in den letzten Jahrzehnten ihre Jagdtaktiken geändert oder die alten Berichte waren einfach falsch.

Die früheren Aussagen können aus Beobachtungen von Rudeln entstanden sein, die ihre Beute fast ausschließlich aus Haustierherden herausholten. Hier kann das Packen an den Hinterschenkeln tatsächlich häufiger gesehen worden sein, denn Haustiere sind langsamer und weniger wendig als wilde Beutetiere. Wölfe riskieren weniger, wenn sie Schafe oder Kühe von hinten anspringen (Mech, 1970, S. 204).

Orientieren

Irish Wolfhounds gehören zu den Sichtjägern. Diese beiden scannen die Wiese nach Beute ab.

Der Wolf fixiert die Beute. Dies ist schon ein Übergang zum Lauern.

Erstarren

Ein Englischer Pointer bei der Arbeit: Er zeigt perfektes Vorstehen, nachdem er die Beute gesehen hat.

Auch Wölfe »stehen vor«, wenn sie ihre Beute belauern.

Lauern (»Eye«)

»Eye« Der Border Collie scheint das Schaf fast zu hypnotisieren, um es zur Rückkehr zur Herde zu bewegen. Sein Verhalten ähnelt dem des Wolfes im nächsten Bild. Das Maul ist offen, weil der Hund hechelt.

Der Wolf testet seine Beute aus. Der Bison stellt sich dem Gegner. Der Wolf würde nie direkt angreifen, weil das Verletzungsrisiko zu hoch wäre. Er versucht eher, den Bison zum Weglaufen zu bewegen, um ihn dann zu hetzen.

Zwei Border Collies arbeiten gemeinsam an einer Herde. Sie bekommen beide separate Kommandos vom Schäfer. Zunächst haben sie die Schafe erfolgreich zusammengetrieben. Jetzt warten sie auf das Signal, um die Herde in eine bestimmte Richtung zu treiben. Sie bleiben dabei auf Distanz zur Herde. In jeder Herde gibt es ein »Leitschaf«. Wohin dieses Schaf auch läuft, folgt ihm die Herde. Die Hunde konzentrieren sich besonders auf dieses Schaf, um es in die gewünschte Richtung laufen zu lassen. Die Bewegungen der Hunde sind denen der Wölfe auf den folgenden Bildern sehr ähnlich – mit dem Unterschied, dass sich die Hunde dadurch nicht das Mittagessen fangen.

Austesten

Wenn Caniden in der Gruppe jagen, spähen sie die Herde aus, um junge, alte oder geschwächte Tiere auszuwählen. Dann umkreisen sie die Herde und machen kurze Vorstöße hinein, unter anderem auch, um das entsprechende Tier abzusondern. Bei diesen Vorstößen wird häufig Vorderkörpertiefstellung gezeigt, denn diese Position ermöglicht ein schnelles Reagieren in verschiedene Richtungen. Bisons und Wölfe schätzen sich gegenseitig ab hinsichtlich Stärke und Kampfwillen.

Die Wölfe springen vor und zurück, um die Stärke und Kampfbereitschaft der potenziellen Beute auszutesten.

Einkesseln und Treiben

Der Border Collie treibt die Herde, indem er hinter ihr von einer Seite auf die andere läuft. Durch dieses Verhalten kann er die Schafe in einer relativ graden Linie treiben und zur Not auch zum Stehen bringen, wenn er den kompletten Bogen eng um sie herum läuft.

Der Wolf versucht durch seitliches und frontales Auf- und Ablaufen, Bisonmutter und Kalb zum Umdrehen zu bewegen. Entweder will er beide auf Rudelkameraden zutreiben oder er versucht auf diesem Weg, das Kalb von der Mutter zu trennen. Die Bewegungen des Wolfes ähneln sehr denen des Border Collies auf dem vorherigen Bild.

Hetzen

Drei verschiedene Rassen von Sichtjägern hetzen gemeinsam. Auch wenn die Schrittlängen unterschiedlich sind, ist das Verhalten doch sehr synchron.

Ein Afghane hetzt seine Beute.

Mäuslsprung

Mäuslsprung auf eine Beute im hohen Gras.

Der Wolf hat etwas unter dem Eis gesehen, wenn man seinem fokussierten Gesichtsausdruck glauben kann.

Dieser Kojotenwelpe übt für das spätere Leben.

Packen

Dieser Barsoi rennt in den USA. Hier finden Coursing-Wettkämpfe tierschutzgerecht mit nicht-lebender Beute statt, genau wie in Deutschland.

Der Greyhound packt die Beute mit einem dramatischen Satz.

Todesbiss

Nach dem Packen beißt der Hund weiter vorne nach. So würde er eine reale Beute töten.
Einem kleineren Beutetier würde er damit sicherlich den Nacken brechen.

Fressen oder Vergraben

Links – Der Labrador Retriever apportiert einen geschossenen Vogel. Er packt ihn so vorsichtig, dass er »keinen Kratzer« auf dem Vogel hinterlässt (Jäger nennen dies »weiches Maul«). Das Zerreißen und Fressen der Beute als Endphase einer Jagdsequenz wurde hier züchterisch weitestgehend aus dem Verhaltensrepertoire eliminiert.

Rechts – Der Fuchs trägt seine Beute an einen sicheren Ort, um sie dort zu verspeisen. Vielleicht bringt er sie auch zur Fähe und den Welpen, oder er vergräbt sie »für schlechte Zeiten«.

Der Kojote hat an der Kanadagans schwer zu tragen. Vielleicht hält er das Festmahl später allein oder er trägt die Beute ebenfalls zu den Nachkommen.

Ein Wolf frisst sich an einem Kadaver satt.

ABSCHNITT 12

Kindliches Verhalten bis Kriechen

Erkundungsverhalten eines Welpen: Blumen beschnüffeln.

Kindliches Verhalten / Neonatales Verhalten

› Siehe auch: Et-epimeletisches Verhalten

Zu den kindlichen oder neonatalen Verhaltensweisen zählt man alle Elemente, die in den ersten zwei Lebenswochen gezeigt werden, zum Beispiel:

- Saugen
- Milchtritt
- Kreisförmiges Kriechen oder
- Distress-Schrei bei Kälte

Hin und wieder kann man Elemente des kindlichen Verhaltens noch bei erwachsenen Hunden finden. Hierzu gehört zum Beispiel das Nuckeln an Stoffen, das Liegen mit nach hinten gestreckten Hinterbeinen oder der Milchtritt.

Diese wenige Tage alten Welpen können sich kriechend fortbewegen. Sie orientieren sich in Richtung Futter- und Wärmequelle in Form von Mutter und Geschwistern.

Kommunikation

Caniden setzen ihren Körper absichtsvoll und zweckgebunden für die Kommunikation ein. Wenn man Hunde lang genug betrachtet, merkt man, dass kaum eine Bewegung zufällig und unkontrolliert ist. Wenn das Verhalten eines Hundes das Verhalten eines anderen beeinflusst, sprechen wir von Kommunikation.

Kommunikation erfordert mindestens drei Dinge: Sender, Empfänger und Signal. Signale werden über alle Sinnesorgane aufgenommen. Signale sind zum Beispiel Körperpositionen und Gesichtsmimik (optisch), Bellen (akustisch), Lecken (taktil) oder der Geruch einer läufigen Hündin (olfaktorisch) (Abrantes, 1997, S. 75).

Damit Kommunikation effektiv stattfinden kann, müssen Sender und Empfänger die gleiche Sprache sprechen.

Caniden kommunizieren gezielt, um Informationen über sich zu geben, Informationen aus der Umwelt zu empfangen oder das Verhalten eines anderen Hundes oder Menschen zu beeinflussen. Nicht immer ist nur bewusstes Verhalten im Spiel. Angstdisplay kann nur bis zu einem bestimmten Punkt bewusst gesteuert werden. Unter Angst werden vegetative Reaktionen spontan und unbewusst gestartet. Typische Reaktionen bei Angst oder Stress sind zum Beispiel geweitete Pupillen, gesteigerte Puls- und Atemfrequenz, Hecheln, Speicheln, Zittern oder auch das Aufrichten der Nackenhaare. Diese Zustände stellen für Beobachter Signale dar. Ihre Ausprägung ist abhängig von der jeweiligen Situation und den Vorerfahrungen desjenigen, der sie zeigt. Die jeweilige Einschätzung einer Situation ist immer subjektiv und kann sich auch schnell ändern.

Die kommunikativen Möglichkeiten werden durch die Anatomie vorgegeben. Über die verschiedenen Ausdruckselemente und ihren bewussten Einsatz können Hunde eine breite Palette an Displays kreieren und die unterschiedlichsten emotionalen Zustände wiedergeben. Sie sind zur Lautäußerung fähig, aber nicht zu solch einer differenzierten Sprache, wie wir sie sprechen.

Ausdruckselemente und Signale

- **Signal:** Alles, was Informationen trägt, ist ein Signal. Zum Beispiel auch jedes Verhaltensmuster eines Menschen oder Hundes, das von anderen wahrgenommen wird.
- **Kontextspezifische Signale:** Dies sind Signale aus der Umgebung / Umwelt. Zum Beispiel signalisiert das Klappern vom Futternapf oder das Geräusch des Dosenöffners, dass das Mittagessen gleich fertig ist. Der Hund kommt von überall angelaufen und setzt sich in Position, obwohl er nicht direkt gerufen wurde.
- **Displays:** Displays sind komplexe Ausdrücke (zum Beispiel für Angst oder Freude). Displays haben sich in der Evolution entwickelt, um den Informationsaustausch zu beschleunigen. Es sind komplexe und deutliche Ausdrucksbilder in der Kommunikation (siehe auch Ritualisierung).

Kopfabsenken

Um die Bedeutung des Kopfabsenkens in individuellen Situationen korrekt zu interpretieren, muss man den gesamten Kontext betrachten. Sehr oft ist das Kopfabsenken ein Zeichen von Stress, Submission oder Beschwichtigung. Der Kopf wird aber auch abgesenkt, wenn Caniden sich an Beute anschleichen.

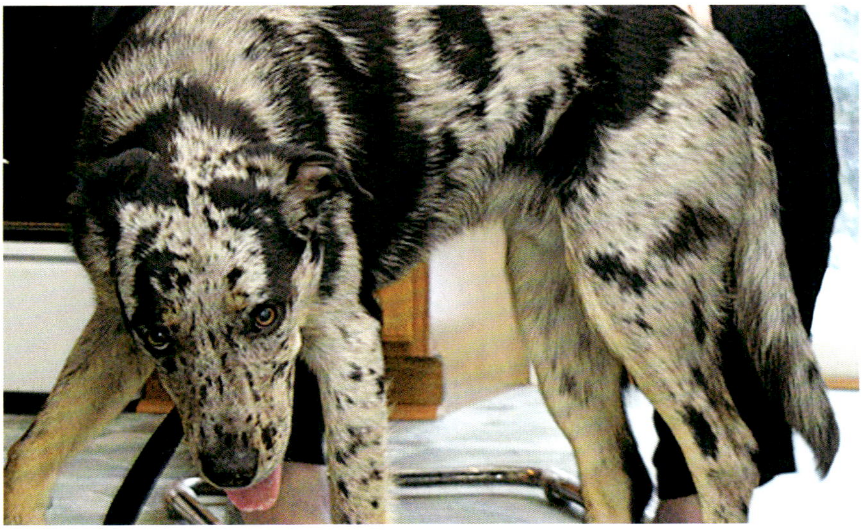

Oben – Der linke Hund zeigt submissives Verhalten.

Links – Dieser Hund ist in einem starken Stresszustand.

Kopfabwenden

Kopfabwenden wird als Übersprungsverhalten oder Distanz vergrößerndes Verhalten gezeigt. Der Hund möchte eine Interaktion beenden oder die Distanz zu etwas vor seiner Nase vergrößern. Parallel dazu können Hunde weitere Distanz vergrößernde Verhaltenselemente zeigen wie Pfote heben, Augen abwenden oder Nasenschlecken.

Links – Artübergreifendes Kopfabwenden: Hund und Katze zeigen durch ihre Körpersprache, dass sie kein Interesse an weiterem Kontakt haben. Der Hund signalisiert durch sein Blinzeln zusätzlich seine friedlichen Absichten.

Rechts – Die Hunde sind sich sprichwörtlich direkt vor die Füße gelaufen. Sofort haben sie die Köpfe abgewandt, um die Spannung abzubauen, die kurzfristig entstanden war.

Oben – Der Doggenwelpe spielt mit Wolfswelpen gleichen Alters. Er zeigt Kopfabwenden und Pföteln gegen seine Spielkumpane.

Unten – Der liegende Wolf fixiert den anderen herausfordernd mit den Augen. Dieser wendet den Kopf und hebt leicht eine Pfote als Beschwichtigungssignal.

Kopfabwenden mit Körperabwenden

› Siehe auch Distanz vergrößernde Signale

Dies ist eine extremere Version des reinen Kopfabwendens. Hierbei werden auch Hals und Schultern weggedreht.

Der Hund im Hintergrund zeigt Nasenschlecken und wendet Kopf und Körper vom Pitbull-Terrier-Welpen weg. Der Pitbull verteidigt sein Futter, und obwohl er erst zehn Wochen alt ist, hat er schon großen Erfolg damit. Sein zehn Monate alter Mitbewohner bemüht sich sehr zu zeigen, dass er überhaupt kein Interesse an dem Futter hat.

Kopfauflegen

Ein Hund oder Wolf kann seinen Kopf auf die Schultern oder den vorderen Rücken eines anderen legen. Dieses Verhalten wird manchmal bei Begrüßungen gezeigt, und man kann es öfter im Spiel beobachten – besonders bei dem Spiel, das beim Umwerben zwischen Rüde und Hündin gezeigt wird. Das Kopfauflegen ermöglicht kurzfristig eine Kontrolle der Bewegungen des anderen und kann so auch eine Möglichkeit sein, ein Statusverhältnis zu definieren, muss es aber nicht zwangsläufig.

Eine ritualisierte aggressive Auseinandersetzung wird durch Kopfauflegen beendet.

Der intakte Collie will seinen kastrierten männlichen Kollegen besteigen und beginnt die Aktion mit Kopfauflegen.

Kopfdrücken

› Siehe auch: Fortpflanzungsverhalten

Kopfdrücken bedeutet, dass zwei Hunde oder Wölfe Köpfe oder Schnauzen aneinanderpressen. Die Bedeutung dieses Verhaltens ist noch nicht eindeutig geklärt, aber es ist erkennbar, dass beide Seiten dabei vorsichtig und sanft sind. Man sieht es oft, wenn ein Rüde eine Hündin umwirbt. Das Kopfdrücken wird aber nicht nur als Element des Fortpflanzungsverhaltens gezeigt.

Rechts – Diese Wölfe kennen sich gut und gehen sehr freundlich miteinander um.

Links – Hier ist Pan derjenige, der Kopfdrücken gegen Louie zeigt. Auch hier ist es Ausdruck eines freundlichen Miteinanders.

Links – Louie (links) zeigt Kopfdrücken gegen seinen Hausgenossen Lear. Die Situation wirkt entspannt und liebevoll.

Rechts – Scout (Greyhound) und Puck (Katze) treffen zum ersten Mal aufeinander. Nach einer Reihe anderer Begrüßungsaktionen zeigt Scout Kopfdrücken und Puck toleriert es.

Kopf schief legen

Caniden legen den Kopf schief als ein Zeichen von Neugier gegenüber etwas Neuem in ihrer Umgebung.

Auch dieser Wolf zeigt seine Neugier.

Luca wird gerade angesprochen und legt den Kopf schief – als ob er damit besser den Inhalt der Worte verstehen würde.

Anna reagiert neugierig auf die Ansprache.

Kopf und Schulter abwenden

Bei einer freundlichen Begrüßung nähern sich Caniden häufig mit einem in der Längsachse leicht gebogenem Körper an, wobei besonders Kopf und Schultern vom anderen wegzeigen. Damit sollen friedliche Absichten übermittelt werden.

Louie hat Kopf und Schultern bei der Annäherung abgewandt.

Koprophagie / Kot fressen

› Siehe auch: Pica

Koprophagie bedeutet, Kot zu fressen. In der Regel fressen Hunde den Kot anderer Tierarten, aber zuweilen kann ein Hund auch seinen eigenen Kot fressen. Für Hündinnen gehört es zum Normalverhalten, den Kot ihrer Welpen zu fressen, um das Nest sauberzuhalten. In den ersten vierzehn Lebenstagen können Welpen noch nicht selbstständig Kot und Urin absetzen. Die Mutter stimuliert diesen Vorgang durch ihr Lecken.

Bianca und Lear haben beide den Kot anderer Hunde gefressen, noch bevor er den Boden erreichte. Erfolgreiches Training gegen solch ein Problemverhalten ist schwierig. Man muss die Hunde permanent beaufsichtigen, was oft an logistischen Schwierigkeiten scheitert.

Kratzen

› Siehe auch: Übersprungsverhalten

Hunde können »Sich-Kratzen« als Calming Signal einsetzen, um einen Konflikt zu deeskalieren. Es wird meist als Übersprungsverhalten gezeigt und hilft dem Kratzenden, Stress abzubauen und sich etwas zu entspannen. Einen ähnlichen Effekt hat es aber auch bei dem, der das Kratzen beobachtet. Manchmal setzen Hunde es auch ein, um ein hektisches Spiel zu verlangsamen. Natürlich kratzen sich Hunde einfach auch, weil es sie juckt (Körperpflege). Wenn Hunde das Kratzen als Übersprungsverhalten einsetzen, kratzen sie sich meist im Schulterbereich – dies kann ein kleiner Hinweis auf den Motivationszustand des Hundes sein.

Kratzen als Übersprungsverhalten aus einer hohen Erregungslage im Spiel heraus. Der Collie zeigt durch sein aufgerichtetes Rückenfell, dass er ebenfalls sehr erregt ist. Das Kratzen hilft, die Anspannung abzubauen und den Erregungslevel bei beiden herunterzufahren.

Kriechen

Beim Kriechen sind die Beine maximal eingeknickt und der Körper ist abgesenkt. Das Kriechen unterscheidet sich vom Nachlaufen (»stalking«) durch den runden Rücken und den deutlich abgesenkten Kopf. Die Ohren sind zurückgelegt und der Schwanz ist oft unter den Bauch gezogen.

Der Wolf rechts entfernt sich leicht kriechend nach einem Konflikt mit dem anderen Wolf: hängender Schwanz, runder Rücken und eingezogener Kopf.

Solange sein Mitgefühl nicht allen Lebewesen gilt, wird der Mensch keinen Frieden finden.

Albert Schweitzer

Mein kleiner Hund –
ein Herzschlag zu meinen Füßen.

Edith Wharton

Ein Hund hat die Seele eines Philosophen.

Plato

ABSCHNITT 13

Leckintention bis Lokomotion

Leckintention oder Zungenschlecken

› Siehe auch: Beschwichtigungsverhalten,
Distanz vergrößerndes Verhalten, Schnauzenlecken

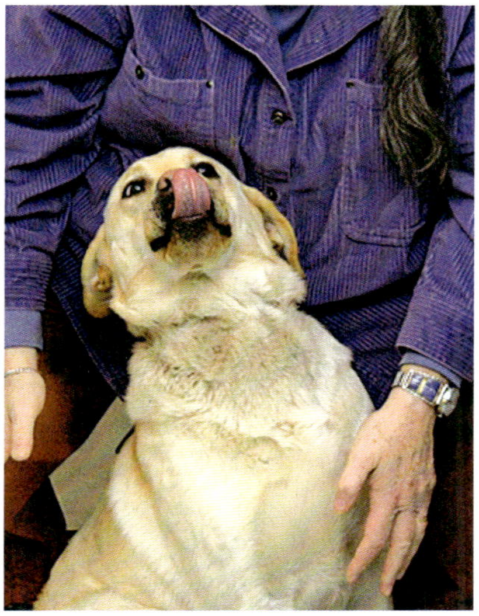

Oben rechts – Leckintention zur Beschwichtigung gegen einen Menschen

Oben links – Der Welpe zeigt Beschwichtigungsverhalten gegen den erwachsenen Wolf: Leckintention und Pföteln.

Unten links – Durch die Leckintention drückt der Aussie sein Unwohlsein über die Annäherung des Labradors aus.

Die Zunge schleckt kurz über die vorderen Lefzen und/oder die Nase. Manchmal ist es tatsächlich nur eine Andeutung. Die Bewegung ist kurz und von der Zunge sind nur wenige Zentimeter zu sehen. Manchmal ist die Zunge komplett herausgestreckt. Wie weit und wie oft die Zunge herausgestreckt wird, variieren je nach Kontext. Oft gibt es einen Adressaten für das Verhalten, der dann aber so weit entfernt ist, dass ihn die Zunge nicht berührt. Die Zähne können zu sehen sein, müssen aber nicht (Goodman et al., 2002, S. 19).

Leckintention wird als Distanz vergrößerndes Verhalten oder als Beschwichtigungsverhalten gezeigt. Es zeigt die Unsicherheit oder das Unbehagen, das ein Hund in oder mit einer bestimmten Situation empfindet. Goodman und Motter (Wolf-Park-Verhaltens-Seminar, 2007) bezeichnen die Leckintention auch als das hündische Äquivalent zu menschlichem Herumhampeln.

Limbisches System

› Siehe auch: Frontalkortex, Anatomie

Das limbische System ist der Teil des Gehirns, in dem Emotionen gebildet werden. Im komplizierten Netzwerk des Gehirns sind Großhirnrinde und limbisches System umgekehrt reziprok aktiv. Das bedeutet:

Beide Wölfe zeigen eine extreme Form der Leckintention.

Wenn die Großhirnrinde stark aktiv ist, ist das limbische System weniger aktiv und umgekehrt. Ein Lebewesen in einem starken emotionalen Zustand kann nicht differenziert denken. Bei starken Angstzuständen ist das Flight-Fight-System aktiv und verhindert, dass sich das Gehirn mit »unwichtigen« Dingen befasst. Das ist keine bewusste Entscheidung, sondern quasi eine neurophysiologische Tatsache (Clothier, 1996, S. 25).

Brenda Aloff (2005, S. 11) bezeichnet es als »Denken mit dem Stammhirn«. Das Gehirn ist im Flight-Fight-Modus und kann nicht lernen. Wenn entweder der Hund oder der Trainer in einer hohen Erregungslage ist, sollte man nicht trainieren. Das Ergebnis kann nur negativ sein und dazu besteht ein Gefahrenpotenzial. Der Hund kann umgerichtet aggressiv reagieren und der Trainer könnte gebissen werden. Für den Hund besteht das Risiko, dass unangemessen und hart gestraft werden kann.

Lokomotion

Lokomotion bedeutet »Bewegung« oder »Fortbewegung«. Es stammt von den lateinischen Wörtern *loco* (Ort) und *motio* (Bewegung).

Kriechen

Mit neunzehn Tagen sind Augen und Ohren offen und die Welpen können sich mit den Vorderbeinen gut hochstemmen. Zur Fortbewegung schieben die Hinterbeine nach.

Elf Tage alte Welpen sind noch blind, können aber schon Temperaturunterschiede wahrnehmen. Sie kriechen gezielt bis zum Körperkontakt aufeinander zu, dann schlafen sie ein. In diesem Alter bewegen sie sich wie kleine Maden über den Boden.

Schlendern

Langsame Fortbewegung in einem gemütlichen Tempo, ohne Hektik.

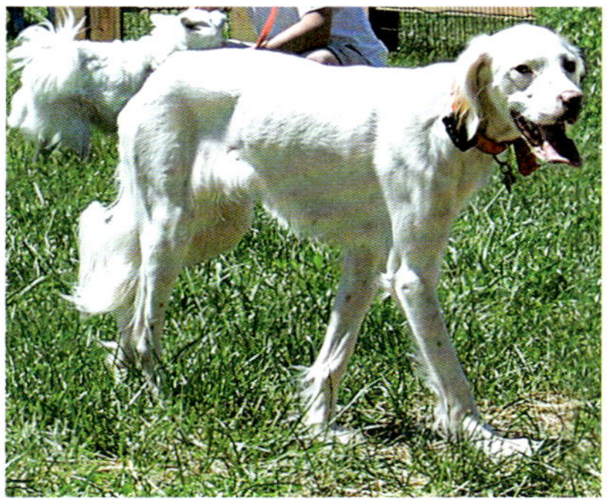

Der Englische Setter schlendert durch den Park.

Schritt

Schritt ist eine Viertaktgangart, bei der immer drei Füße gleichzeitig den Boden berühren.

Trab

Zweitaktgangart. Beim Trab berühren immer nur zwei Füße gleichzeitig den Boden. Die Vorder- und Hinterbeine auf den gegenüberliegenden Seiten bewegen sich gleichzeitig: links hinten und vorne rechts bzw. vorne links und hinten rechts.

Links – Bei diesem Wolf kann man erahnen, dass Trab die Gangart für lange Strecken ist.

Rechts – Der Husky bewegt sich im gestreckten Trab.

Passgang

Der Passgang ähnelt dem Trab, nur dass hier die gleichseitigen Vorder- und Hinterbeine den Boden gleichzeitig berühren.

Renki bewegt sich im Passgang durch den Schnee. Der Passgang bei Caniden ist oft ein Hinweis auf schmerzhafte Prozesse in den Gelenken oder an den Sehnen. Renki wird aufgrund eines orthopädischen Problems tierärztlich versorgt.

Leichter Galopp

Dreitaktgangart. Beim leichten Galopp berührt immer ein Fuß den Boden.

Leichter Galopp in einem Jagdspiel.

Renngalopp

Dies ist die schnellste Form der Fortbewegung bei Caniden, und sie können dieses Tempo nicht über eine lange Distanz durchhalten. Wenn sie längere Strecken zügig laufen wollen, traben sie. Im Renngalopp gibt es eine lange Schwebephase, bei der kein Fuß den Boden berührt.

In dieser Fotomontage vom galoppierenden Wicked am Strand kann man schön die Fußfolge erkennen.

Beschleunigen

Wicked beschleunigt nach einem Richtungswechsel.

Sprung zur Seite

Der vordere Wolf springt vom hinteren weg, als dieser mit dem Kopf in seine Richtung vorstößt.

Herunterspringen

Wicked springt von einer Düne herunter. Sein Blick ist auf die Landung fokussiert.

Hüpfender Gang bzw. Hopsen

Diese Bewegung wird oft im Spiel gezeigt.

Oben Sequenz – Beim Hopsen zeigen die Tiere eine übertriebene Version von Galoppsprüngen, bei denen besonders die Aktionen der vorderen Gliedmaßen extrem betont werden.

Rechts – Das Hopsen zeigt hier die Spielintention an.

Hochspringen

Der Wolf versucht durch Hochspringen an ein Leckerchen zu kommen, das im Baum versteckt ist.

Auf die Hinterbeine stellen

Caniden stehen senkrecht auf den Hinterbeinen, um etwas über ihrer Kopfhöhe zu beobachten.

Tristan beobachtet etwas in großer Distanz.

Attacke

Links – Diese Attacke erscheint ritualisiert, fast spielerisch. Beide Wölfe blinzeln. Blinzeln als Metasignal oder Übersprungsverhalten signalisiert Ambivalenz. Keiner der Wölfe zeigt ein ernst zu nehmendes Zähneblecken und ihre Körper sind relativ entspannt mit neutral getragenen Schwänzen.

Rechts – Die Fähe ist in Hitze. Der dominante Wolf (der mit den größeren Rechten auf den Fortpflanzungspartner) zeigt eine Attacke gegen einen subdominanten Wolf, der die Fähe umwarb. Der attackierende Wolf zeigt Zähneblecken und fixiert den anderen intensiv mit den Augen. Seine Ohren sind nach vorne gestellt. Es ist keine Unsicherheit in seinem Habitus.

Die Attacke wird oft im Spiel gezeigt und hier von den entsprechenden Metasignalen begleitet. Ohne Metasignale ist es ein eindeutiger Angriff. Das Maul ist geöffnet und es kann zum Beißen kommen.

Vorspringen

Vorspringen ist ein Teil der Attacke und kann auch ohne Biss im Kampf gezeigt werden. In Spielsequenzen wird es wieder mit den entsprechenden Metasignalen gekennzeichnet. Vorspringen gehört auch zum Jagdverhalten. Wenn ein Canide die Beute packen will, springt er sie an.

Luca stürzt dem davonfliegenden Ball hinterher. Er ist mitten in einem hochspannenden Spiel.

Schwimmen

Oben links – Ein schwimmender Wolf in Seitenansicht. Die Bewegung wirkt schwerelos.

Oben rechts – Tristan schwimmt entspannt mit dem Kopf gerade eben über der Wasseroberfläche. Es scheint ihn nicht anzustrengen. Er atmet nicht schwer und kräuselt kaum das Wasser.

Unten rechts – Dieser Wolf schwimmt schnell. Die aufgeblasenen Backen zeigen, dass er angestrengt atmet. Er hat den Kopf leicht angehoben. Entweder kommt dies durch das schnelle Tempo zustande oder er will das Tier oder Objekt, das er verfolgt, im Auge behalten.

Hunde, die im Rahmen ihrer Arbeit für den Menschen schwimmen müssen, sind selektiv auf einen dicken biegsamen Schwanz gezüchtet worden. Der dicke Schwanz kann wie ein Ruder zum Kurshalten eingesetzt werden. Auch schnelle Richtungsänderungen sind einfach möglich (Wells).

Links – Die Fortbewegung durch das Wasser ist weniger effektiv, wenn man etwas im Maul trägt. Der Wolf trägt den Kopf sehr hoch und dadurch taucht sein restlicher Körper tief ins Wasser ein. Unerfahrene Schwimmer oder Caniden, die sich vor Wasser fürchten, schwimmen meist auf diese Art, auch wenn sie nichts im Maul tragen.

ABSCHNITT 14

Lerntheorie und Lernmethoden

Pan lernt, mit der Nase an einen Knopf auf dem Spielzeug zu drücken.

Lernen

› Siehe auch: Allelomimetisches Verhalten, Reizüberflutung, Habituation, Soziales Lernen

Lernen bedeutet Informationen aufzunehmen und sich neue Ideen und Fähigkeiten anzueignen, die zu Änderungen bei Emotionen, Einstellungen und Verhaltensweisen führen.

Personen, die professionell mit Hunden umgehen, sollten aktuelle Kenntnisse über Lernverhalten und Lerntheorie besitzen. Es gibt wissenschaftliche Grundlagen für Lernvorgänge, und sie folgen biologischen Prinzipien. Wissen in diesem Bereich hilft, Verhaltensprobleme zu beseitigen oder gar nicht erst entstehen zu lassen. Die grundsätzlichen Prinzipien der Lerntheorie sind auf alle Tierarten anwendbar einschließlich des Menschen. Im Folgenden wird ein Überblick über die Begriffe und wissenschaftlichen Fakten gegeben.

Lernstufen

Es ist sinnvoll, sich Lernvorgänge beim Hundetraining als einen Prozess in drei Stufen vorzustellen.

1. Aneignung eines neuen Verhaltens, zum Beispiel durch Targettraining oder Shaping.
2. Generalisation durch häufiges Wiederholen (siehe die fünf »D« von Seite 187).
3. Automatisches, fast ritualisiertes Reagieren auf Signal.

Kommando oder Zeichen

Kommandos oder Zeichen sind akustische oder optische Signale, die das trainierte dazugehörige Verhalten spontan und verlässlich auslösen.

Unbewusste Signale

Viele Menschen vermitteln über ihre Körpersprache unbewusste Signale, während sie ihren Hund trainieren. Zum Beispiel lehnen sich viele Menschen vor, wenn sie ihren Hund zu sich rufen. Aus Sicht des Menschen mag es eine unbewusste Verstärkung des akustischen Signals sein – für viele Hunde wird es aber im Trainingsverlauf zu einem wichtigen Zeichen. Wenn später der Rückruf einmal ohne dieses körpersprachliche Signal gegeben wird, kommen sie nicht oder nicht zuverlässig.

Verstärker

Ein Verstärker beeinflusst die Häufigkeit, mit der ein bestimmtes Verhalten gezeigt wird. Es werden positive Verstärker (das Zeigen des Verhaltens wird wahrscheinlicher) und negative Verstärker (das Zeigen des Verhaltens wird weniger wahrscheinlich) unterschieden.

Primäre Verstärker

Das Wissen um die Verstärkerqualität ist bei primären Verstärkern angeboren. Primäre Verstärker sind Dinge, die das Lebewesen grundsätzlich zum Überleben braucht. Zum Beispiel:

› Futter
› Wasser
› Sozialkontakt (bei sozialen Tierarten)
› Territorium / Schutz

Sekundäre Verstärker

Ein sekundärer Verstärker hat seine Verstärkerqualität über eine Assoziation mit einem primären Verstärker erworben. Üblicherweise werden sekundäre Verstärker klassisch konditioniert. Andere Begriffe hierfür sind zum Beispiel »Konditionierter Verstärker« oder »Brückensignal«. Mit dem sekundären Verstärker wird dann das gewünschte Verhalten im Training exakt markiert. (Es wird damit »eingefangen«.) Sekundäre Verstärker sind zum Beispiel das »Fein« oder das Klickgeräusch des Klickers.

Unkonditionierte Reaktion

Als unkonditionierte Reaktion bezeichnet man in der Lerntheorie jede spontane, unbewusste und angeborene Verhaltensäußerung. Es handelt sich in der Regel um Verhaltensweisen, die dem Überleben des Individuums dienen. Hierzu gehören zum Beispiel:

› Speicheln beim Anblick oder Geruch von Futter
› Lidschlag, wenn ein Luftstoß auf die Hornhaut des Auges trifft
› Erhöhte Atemfrequenz bei der physiologischen Stressreaktion

Unkonditioniertes Signal

Ein unkonditioniertes Signal löst angeborenerweise eine unkonditionierte Reaktion aus. Futter ist zum Beispiel das unkonditionierte Signal für die Arbeit der Speicheldrüsen.

Konditioniertes Signal

Ein vormals neutrales Signal wurde mit einem unkonditionierten Signal verknüpft und löst darüber die gleiche unkonditionierte Reaktion aus. In Iwan Pavlovs berühmtem Experiment wurde das Geräusch eines Metronoms mit dem Anblick / Geruch von Futter verknüpft. Später löste das Geräusch alleine eine Speichelreaktion des Hundes aus. Es wurde zu einem konditionierten Signal.

Das Premack-Prinzip

Der Verhaltensforscher David Premack hat gezeigt, dass Verhaltensweisen, die häufiger auftreten, als Verstärker für Verhaltensweisen mit geringer Auftretungswahrscheinlichkeit dienen können. Die Aussicht, spielen zu können, kann als Verstärker für das Erledigen der Hausaufgaben dienen. Die Aussicht auf das Dessert kann dazu führen, dass das Gemüse gegessen wird.

Belohnung

Eine Belohnung oder ein positiver Verstärker ist alles, was das Auftreten eines bestimmten Verhaltens wahrscheinlicher macht. Die jeweilige Belohnungsqualität einzelner Signale ist dabei individuell verschieden. Etwas, was für einen Hund in einer bestimmten Situation belohnend ist, ist es für einen anderen Hund nicht. Etwas, was einen Hund zu Hause zur Arbeit motiviert, lässt den gleichen Hund draußen völlig kalt. Mögliche Belohnungen sind zum Beispiel: Futter in jeder Form, Spielzeug und die Möglichkeit, sich damit zu beschäftigen, die Möglichkeit, die Umgebung zu erkunden oder die Möglichkeit, mit einem anderen Hund zu spielen.

Markierung oder Einfangen von Verhalten

Markieren oder Einfangen von Verhalten im Training bedeutet, dass man das Belohnungssignal (in der Regel einen sekundärer Verstärker) ganz exakt in dem Moment präsentiert, in dem der Hund das erwünschte Verhalten zeigt. Man kann ein Wort wie »Fein« verwenden oder den Klicker nehmen. Beim Delfintraining zum Beispiel wird meist ein Pfiff benutzt. Die »mechanische« Markierung hat den Vorteil, dass der Klick oder Pfiff immer gleich sind. Außerdem können diese Signale sehr exakt gegeben werden und dem Hund schneller verdeutlichen, welche kleine Komponente in seinem Verhalten tatsächlich die gewünschte ist. Die menschliche Stimme transportiert neben der eigentlichen Information »Fein« auch noch andere Inhalte, und das kann manchmal im Training für Probleme sorgen. Lautstärke und Betonungen können unterschiedlich sein, und der Mensch signalisiert damit unbewusst eine ganze Palette an Emotionen, Einstellungen oder Absichten. Damit kann die Verstärkerqualität eines »Fein« verändert werden, und das exakte Einfangen von erwünschtem Verhalten wird erschwert.

Automatisches Reagieren auf Signal

› Siehe auch: Die fünf »D«

Pan drückt mit der Pfote auf einen Knopf, der sich oben auf einer Leiter befindet.

Wenn das gewünschte Verhalten sofort nach dem Signal gezeigt wird, spricht man von einem automatischen Reagieren. Das erlernte Verhalten »Sitzen auf Signal SITZ« würde man dann automatisch nennen, wenn es unabhängig von der jeweiligen Situation in mindestens 80% der SITZ-Übungen zügig gezeigt würde.

Instrumentelle Konditionierung

Statt instrumenteller Konditionierung wird im angelsächsischen Sprachraum teilweise auch der Begriff »operante Konditionierung« benutzt. Die Gründe dafür sind historisch bedingt und bedeuten nicht, dass es sich um unterschiedliche Vorgänge handelt. Diese Form der Konditionierung wurde erstmalig von B. F. Skinner in den vierziger Jahren des letzten Jahrhunderts geprägt. Seine Mitarbeiter Keller und Marian Breland und später Marian und Bob Baily setzten die instrumentelle Konditionierung beim Training von Meeressäugern, Hunden und anderen Tieren ein. Karen Pryor war die Erste, die Prinzipien der instrumentellen Konditionierung und die Arbeit mit sekundären Verstärkern in der breiten Laienöffentlichkeit populär machte.

Wissenschaftlich gesehen handelt es sich bei der instrumentellen Konditionierung um Lernen aufgrund der Konsequenzen eines Verhaltens. Ein bestimmtes Verhalten kann positive oder negative Konsequenzen haben. Ein frei agierendes Tier, das Verhaltensmuster einfach ausprobieren kann, lernt schnell, welches Verhalten sich lohnt, und welches es lieber lassen sollte. Es wird mit großer Wahrscheinlichkeit die Verhaltensweisen bevorzugen, die die höchstmögliche positive Konsequenz und die geringsten negativen Folgen haben.

Wenn ein Trainer einen Hund immer dann mit Futter belohnt, wenn er sitzt und jedes Mal ignoriert, wenn er an ihm hochspringt, wird der Hund auf Dauer das Hochspringen einstellen, denn das Sitzen lohnt sich mehr. Dies wäre der erste Schritt, um das Sitzen als spontanes Standardverhalten bei Begrüßungen zu etablieren. In weiteren Schritten müssten diese Übungen dann mit verschiedenen Personen und an verschiedenen Orten durchgeführt werden.

Positive und negative Belohnung und Strafe

In der praktischen Durchführung der instrumentellen Konditionierung haben sich bestimmte Definitionen etabliert, die sich zum Teil mit Begriffen aus der Neurophysiologie des Lernens überschneiden. Deshalb sollen sie hier noch einmal gegenübergestellt werden. Eine Tabelle erleichtert die Übersicht.

Positive Belohnung

Das Zufügen eines positiven Reizes während oder direkt nach dem erwünschten Verhalten erhöht die Wahrscheinlichkeit, dass das Verhalten öfter gezeigt wird. Beispiel: Der Trainer belohnt den Hund jedes Mal nach dem korrekten Hinsetzen mit Futter. Über diesen Ansatz schafft man sich freudige Mitarbeiter beim Training. Das Tier lernt gerne und lernt zu lernen. Es hat keine Scheu, auch mal einen Fehler zu riskieren oder ein neues Verhalten auszuprobieren.

Negative Belohnung

Das Entfernen eines unangenehmen (aversiven / negativen) Reizes während oder direkt nach dem erwünschten Verhalten erhöht die Wahrscheinlichkeit, dass das Verhalten öfter gezeigt wird. Etwas, was für den Hund negativ ist, wird entfernt. Beispiel: Der Trainer drückt auf den Hunderücken, um das Hinsetzen zu forcieren. Wenn der Hund sitzt, hört der Druck auf. Dieses angenehme Gefühl belohnt das Sitzen.

Neurophysiologischer Ansatz: Positive und negative Verstärker

	Aktion	Verhaltensoutput
Positiver Verstärker	Etwas Angenehmes passiert. Etwas Unangenehmes hört auf. = Erfolg bei der Optimierung des eigenen Zustands.	Das entsprechende Verhalten wird häufiger gezeigt.
Negativer Verstärker	Etwas Unangenehmes passiert. Etwas Angenehmes hört auf. = Misserfolg bei der Optimierung des eigenen Zustands	Das entsprechende Verhalten wird seltener gezeigt.

Positive Strafe

Das Zufügen eines negativen Reizes während oder direkt nach dem erwünschten Verhalten reduziert die Wahrscheinlichkeit, dass das Verhalten wieder gezeigt wird. Beispiel: Der Hund springt am Menschen hoch und bekommt ein Knie in die Brust gedrückt. Die schmerzhafte Erfahrung führt dazu, dass das Anspringen seltener gezeigt wird.

Negative Strafe

Das Entfernen eines positiven Stimulus während oder direkt nach dem erwünschten Verhalten verringert die Wahrscheinlichkeit, dass das Verhalten gezeigt wird. Beispiel: Das Lieblingsspielzeug verschwindet kommentarlos wieder in der Tasche, wenn der Hund sehr massiv danach fasst.

Lerntheoretischer Ansatz: Positive und negative Belohnung / Strafe

	Belohnung	**Strafe**
Positiv	Etwas Angenehmes wird gegeben: Das entsprechende Verhalten wird häufiger gezeigt.	Etwas Aversives wird gegeben: Das entsprechende Verhalten wird seltener gezeigt.
Negativ	Etwas Aversives hört auf: Das entsprechende Verhalten wird häufiger gezeigt.	Etwas Angenehmes wird entzogen: Das entsprechende Verhalten wird seltener gezeigt.

Verstärkungsschemata

Wenn man dem Hund eine bestimmte Sache neu beibringen will, arbeitet man anfangs mit einer 1:1-Verstärkung. Jedes korrekte Verhalten wird belohnt (zum Beispiel durch einen einmaligen Klick mit einem Leckerchen). Dies nennt man regelmäßige Verstärkung. Der Sinn der Regelmäßigkeit liegt darin, den Hund überhaupt erst einmal lernen zu lassen, was man von ihm will.

Im weiteren Verlauf des Trainings wird man nach variablem Schema verstärken. Anstelle des 1:1-Verhältnisses arbeitet man dann mit 2:1, 3:1, 4:1 oder höher. Bei 4:1 wird durchschnittlich nur noch jedes vierte korrekte Verhalten belohnt. Wichtig ist, den richtigen Level zu finden, damit man das Verhalten verbessert und nicht riskiert, es zu löschen (Spector, 1995, S. 25).

Löschung

Ein grundlegendes Prinzip in der Lerntheorie besagt, dass positiv verstärkte Verhaltensweisen weiter gezeigt werden, während negativ verstärktes Verhalten auf Dauer aus dem Verhaltensrepertoire verschwindet.

Extinktionsausbruch

Ein Verhalten, das plötzlich nicht mehr belohnt wird, wird zunächst heftiger gezeigt. Wenn ein Kugelschreiber nicht schreibt, wird er geschüttelt. Wenn er danach wieder schreibt, ist das die Belohnung für das Schütteln. Wenn er plötzlich auch nach einmaligem Schütteln nicht schreibt, wird das Schütteln mit großer Wahrscheinlichkeit noch einige Male gezeigt werden, und es wird vermutlich auch stärker geschüttelt werden. Das bezeichnet man als Extinktionsausbruch (Spector, 1995, S. 25).

Signalkontrolle

Ein Verhalten steht unter Signalkontrolle, wenn es mit großer Wahrscheinlichkeit auf das entsprechende Signal hin gezeigt wird und ohne das Signal nicht auftritt.

Klassische Konditionierung

Die Verknüpfung eines unkonditionierten Reizes mit einem konditionierten Reiz wird als klassische Konditionierung bezeichnet. Irgendwann wird der konditionierte Reiz das dazugehörige unkonditionierte Verhalten auslösen, das dann als konditioniertes Verhalten bezeichnet wird. Bei der klassischen Konditionierung arbeitet man mit unbewusst gezeigten Verhaltensweisen und Emotionen. Auch Angst ist klassisch konditionierbar. Klassisch konditionierte Verhaltensweisen können instrumentell konditionierte Verhaltensweisen außer Kraft setzen. Zum Beispiel können bestimmte Geräusche, die parallel mit bereits vorhandenen Angstauslösern präsentiert werden, später alleine Angst auslösen. Diese Angst kann dazu führen, dass der Hund ein bereits instrumentell konditioniertes Verhalten nicht zeigt, wenn das dazugehörige Signal gegeben wird.

Im Training werden sowohl klassische als auch instrumentelle Konditionierungsprozesse verwendet. Zum Beispiel wird der Klick des Klickers als Belohnungssignal in einem klassischen Konditionierungsprozess gelernt. Der Klick bedeutet »die primäre Belohnung (zum Beispiel Futter) kommt« und kann so als Belohnung bei der instrumentellen Konditionierung eingesetzt werden. Klassische Konditionierung ist eine sehr kraftvolle Lernmethode und kann gerade bei der Therapie von Angstproblemen gut eingesetzt werden (siehe Gegenkonditionierung).

Gegenkonditionierung

Hierbei wird ein Signal, das einen bestimmten emotionalen Zustand auslöst, mit einem anderen Signal verknüpft, das einen gegensätzlichen emotionalen Zustand auslöst. Ein Beispiel: Luca hasste es, wenn seine Krallen geschnitten wurden. Er hatte die Krallenschere mit unangenehmen Erfahrungen assoziiert und reagierte mit Meideverhalten, Knurren oder Schnappen, sobald er sie sah. Über viele Jahre musste er beim Krallenschneiden einen Maulkorb tragen. Schließlich lernte Luca eine Leckerchen-Auswurf-Maschine kennen (Manners Mind®), zu der er nur Zugang hatte, wenn ihm die Krallen gekürzt wurden. In kürzester Zeit hatte er den konstanten Auswurf an Leckerchen mit dem Krallenschneiden verknüpft und konnte es ab diesem Zeitpunkt gar nicht mehr erwarten, dass die Krallenschere ins Spiel kam. Für Luca wurde die negative Assoziation mit der Krallenschere unwichtig.

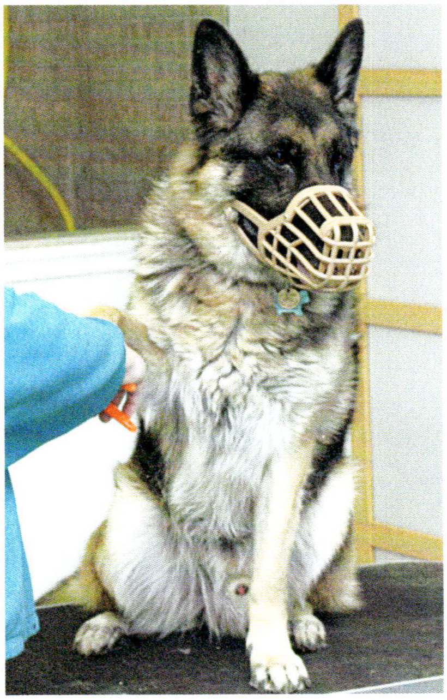

Oben – Luca wendet den Kopf und die Augen ab – ein Meideverhalten, das leicht in Knurren oder Schnappen übergehen kann, wenn die Krallenschere nicht »verschwindet«.

Unten – Luca wartet fasziniert vor der Futter-Auswurf-Maschine und ignoriert die Pediküre völlig.

Trainingsprozesse

Verhaltensketten

Eine Verhaltenskette ist eine Folge von erlernten Verhaltensweisen, die nacheinander gezeigt werden. Einzelne Verhaltensweisen auf Signal (zum Beispiel Sitzen, Liegen oder Stehen) können aneinandergehängt werden, sodass später nur noch ein Signal ausreicht, um die ganze Kette zu starten. Dabei wird das vorherige Verhalten jeweils zum Signal für das nächstfolgende.

Hier ein Beispiel für eine Verhaltenskette

Viele Hunde bringen Bälle im Spiel wieder zu ihren Besitzern zurück, auch ohne Training. Für bestimmte Rassen gehört das Zurückbringen zu den angeborenen Verhaltensmustern. Bestimmte Jagdhunderassen wurden selektiv darauf gezüchtet, geschossenes Wild zu finden und zum Jäger zu bringen. Damit dieses Bringen (Apportieren) zuverlässig stattfindet, muss es entsprechend trainiert werden. Apportieren stellt eine Verhaltenskette dar, bei der die einzelnen Komponenten zunächst getrennt trainiert und dann zur Gesamtsequenz zusammengefügt werden. Barbara Handelman hat zu diesem Thema einen Artikel veröffentlicht (»The Marriage of Target and Retrieve«): Besonders wichtig beim Apportieren ist, dass der Hund lernt, seine Nase fest in die Hand des Trainiers zu drücken – sozusagen als Voraussetzung dafür, dass er das Objekt später auch konsequent in die Hand des Trainers legt. Dies sind die einzelnen Elemente im Training der Apportiersequenz:

1. Objekt im Maul halten – Zeitspanne langsam steigern.
2. Objekt auf Signal in die Hand des Trainers geben.
3. Objekt auf Distanz aufnehmen und zum Trainer zurückkommen.
4. Objekt direkt in die Trainerhand legen.
5. Objekt auf Signal loslassen.

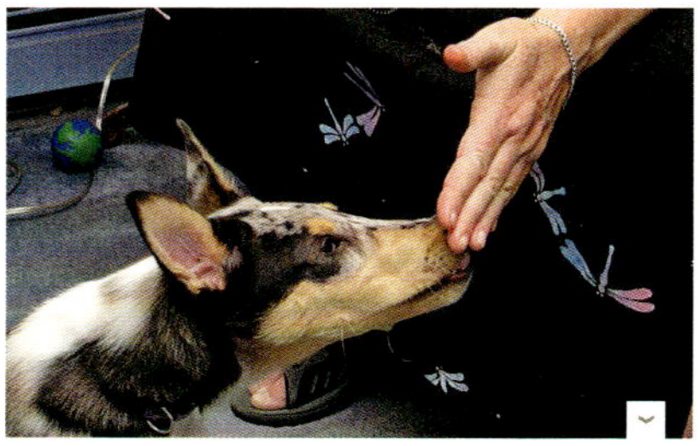

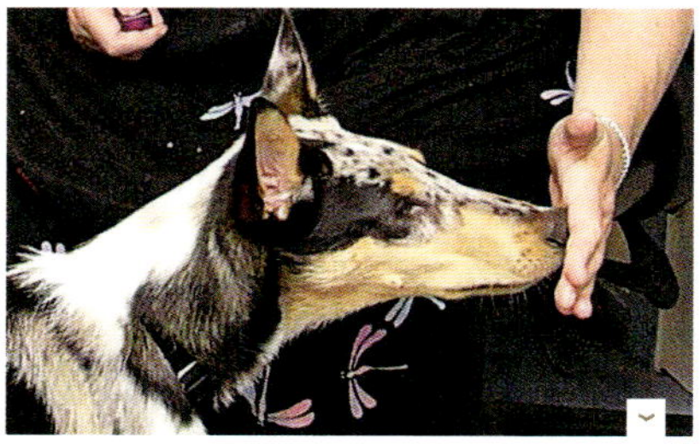

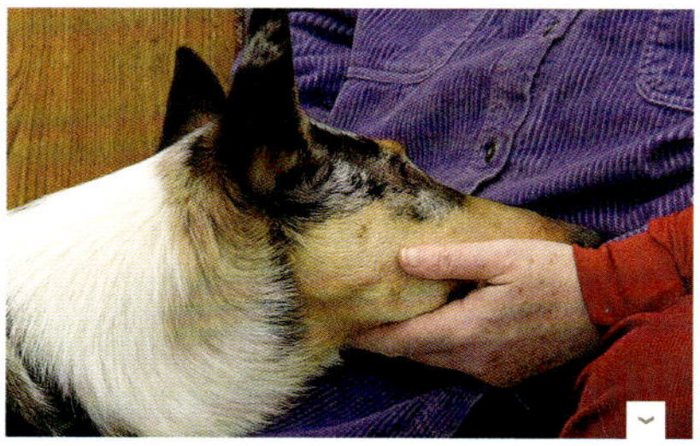

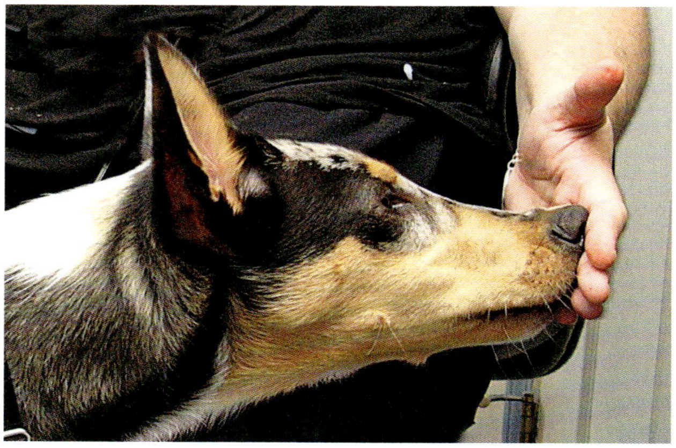

Von oben nach unten
Die Hand der Autorin wird hier als Target für Pan (vier Monate) eingesetzt. In dieser Trainingsphase ist seine Berührung nur ganz leicht.

Pan ist jetzt fünf Monate alt und drückt seine Nase fest in die Hand der Autorin.

Mit acht Monaten hat Pan gelernt, den Unterkiefer in die Hand zu legen.

Mit fünfzehn Monaten presst Pan seine Nase so stark in die Hand, dass seine Nase leicht gestaucht wird.

Luca und der Wäschekorb
Ein Beispiel für Shaping und schrittweise Annäherung

Luca hatte schon viel Erfahrung im Klickertraining, bevor wir diese Übung durchführten.

Der Wäschekorb war neu für für ihn. Er stand nicht unter Kommando, sondern konnte sich frei bewegen und alles mit dem Korb machen, was er wollte. Die Bilder auf dieser Seite spiegeln die schrittweise Annäherung an das Endziel über einen Verlauf von sieben Wochen wider. Die Fotos sind in der Reihenfolge sortiert, in der Luca im Training neue Verhaltensweisen anbot. Bei jedem Schritt wurde ihm Zeit gegeben, das neue Verhalten häufig auszuprobieren. Wenn er fünf bis sieben erfolgreiche Wiederholungen des jeweiligen Schrittes gezeigt hatte, wurde die Belohnung gerade soweit hinausgezögert, dass er wieder Lust bekam, etwas Neues auszuprobieren. Das Endziel war, dass sich Luca mit seinen 35 Kilogramm in den Wäschekorb »quetschte«.

Warum war es für Luca wichtig, zu lernen sich kleinzumachen? Er war ein Behindertenbegleithund, und wir waren dabei, uns auf unseren ersten Inlandsflug vorzubereiten. Im Flugzeug musste er über viele Stunden auf kleinstem Raum liegen. Nachdem das Endziel »Liegen im Wäschekorb« erreicht worden war, wurde das Verhalten auf Signal gesetzt, sodass später das Signal »Curl« zuverlässig dafür sorgte, dass sich Luca zusammenrollte. Danach arbeiteten wir an der Generalisierung, denn er sollte sich nicht nur in Wäschekörben zusammenrollen, sondern überall. Unser erster Flug war für uns beide ein voller Erfolg.

Pan soll lernen, den Stock zu bringen. In dieser Phase wird ihm der Stock hingehalten und Pan wird für ein festes und länger anhaltendes Zufassen geklickt.

Pan hebt Geld vom Boden auf.

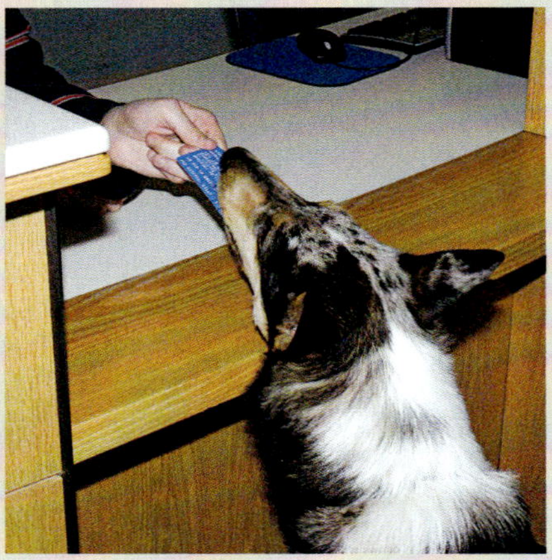

Pan übernimmt die Karte von der Empfangsdame.

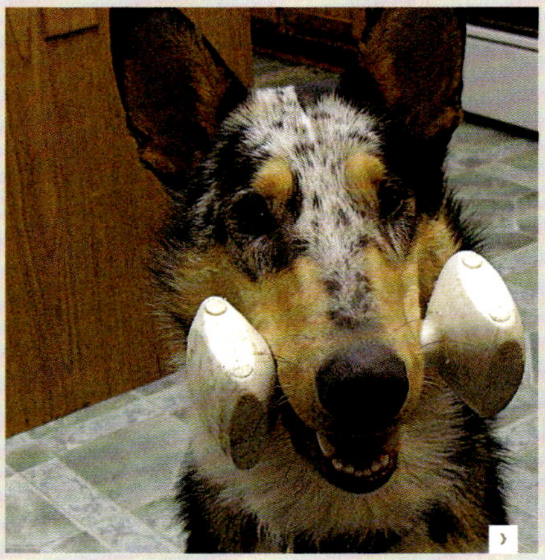

Pan hält eine Hantel fest im Maul.

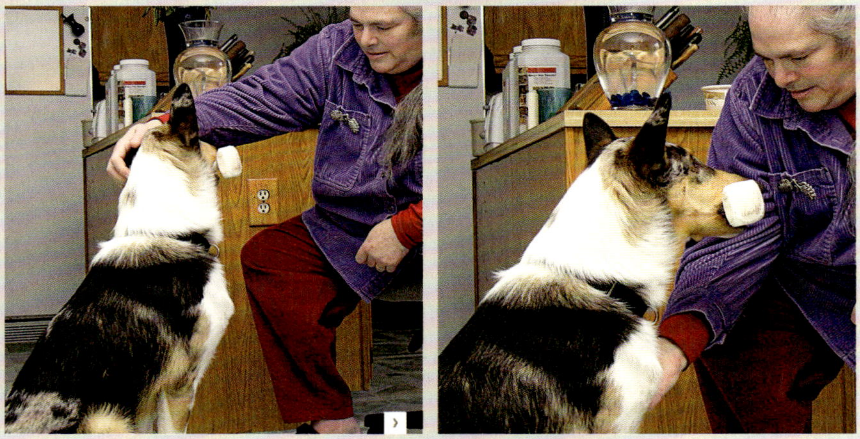

Hier wird sein Griff getestet, indem er an Ohren und Brust berührt wird, während er die Hantel hält.

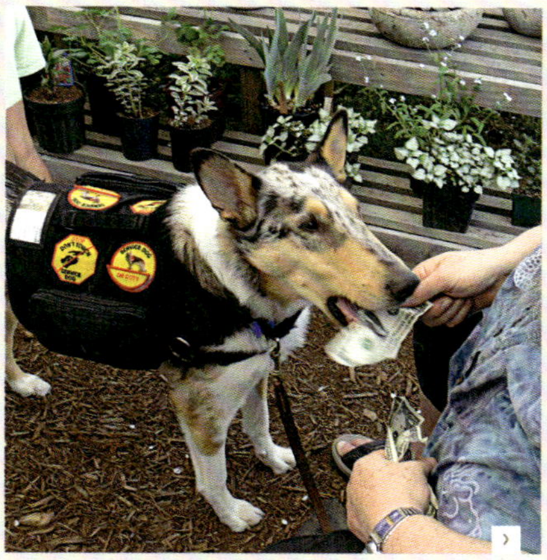

Pan nimmt Geld aus der Hand …

Er bringt es zu der Verkäuferin, die bezahlt werden muss …

… und gibt es ihr.

Pan nimmt seine heruntergefallene Leine auf.

Pan hält die Leine fest.

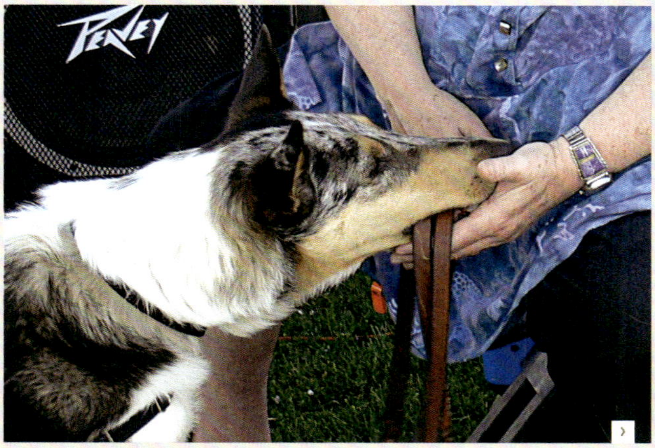

Pan drückt die Leine in die Hand.

Pan lässt die Leine auf Signal los.

Desensitisierung

Als Desensitisierung bezeichnet man es, wenn der Hund kontrolliert und mit langsamer Steigerung einem angstauslösenden Signal ausgesetzt wird. Das Signal sollte immer die Stärke haben, dass der Hund gerade noch angstfrei ist. So kann er sich langsam daran gewöhnen (habituieren).

Hier ein Beispiel eines Hundes, der Angst vor Schussgeräuschen hat: Der Hund wird mit den Geräuschen auf einem so niedrigen Level konfrontiert, dass er sich entspannen kann und das Geräusch ignoriert. Dann steigert man die Lautstärke leicht und wartet wieder, bis der Hund sich entspannt. Auf diese Art und Weise steigert man das Geräusch langsam bis zu einer richtig unangenehmen Lautstärke.

Dieser Papillon-Welpe zeigt erlernte Hilflosigkeit. Es musste einen Wesenstest durchlaufen und brach nach wenigen Minuten total zusammen.

Erlernte Hilflosigkeit

Dies ist ein sehr dramatischer Zustand, in den Hunde kommen können, wenn sie völlig unvorhersehbaren Strafen ausgesetzt sind. Solche Hunde beschließen irgendwann, sich überhaupt nicht mehr zu verhalten nach dem Motto: »Bevor ich etwas falsch mache, mache ich lieber gar nichts.« Sie erscheinen depressiv, extrem passiv oder zurückgezogen, und es wirkt so, als ob sie unempfindlich gegenüber Schmerzen sind.

Martin Seligman hat bahnbrechende Untersuchungen zur erlernten Hilflosigkeit an Hunden durchgeführt. Er schreibt dazu:

Traditionellerweise wurden in der Forschung Experimente zur Wirkung von Belohnung und Strafe so durchgeführt, dass die Tiere ihre Umwelt kontrollieren konnten. Im typischen Lernexperiment kann das Individuum sich für ein bestimmtes Verhalten entscheiden und so beeinflussen, was mit ihm passiert. Die Natur bietet aber nicht immer diese idealen Möglichkeiten. Wir erleben regelmäßig Situationen, die wir über unser Verhalten nicht kontrollieren können. Solche unkontrollierbaren Ereignisse können das Individuum lähmen und Passivität gegenüber der Bedrohung auslösen. Die mangelhafte Kontrollmöglichkeit löst einen starken Stresszustand und Angst beim Tier aus und verursacht bei Menschen vermutlich auch Depressionen (Seligman, 1972, S. 1).

Latenzzeit

Die Zeitspanne zwischen dem Signal und der Verhaltensreaktion des Hundes.

So lernen Hunde neues Verhalten

Soziales Lernen

Soziales Lernen bzw. Beobachtungslernen bezieht sich auf jeden Lernvorgang, der rein durch die Anwesenheit eines anderen Lebewesens verursacht oder gestartet wurde.

»Soziale Bahnung« bedeutet, dass das Verhalten eines Individuums das gleiche Verhalten bei einem anderen Individuum auslöst. Als Voraussetzung muss das entsprechende Verhalten aber zum Verhaltensrepertoire des Individuums gehören (Reid, 2007, S. 123).

Allelomimetisches Verhalten spielt eine wichtige Rolle beim sozialen Lernen. Bei der sozialen Bahnung reicht die bloße Anwesenheit eines Artgenossen aus, um ein bestimmtes Verhalten zu starten. Wenn ein Hund in der Küche am Müll schnuppert, kann ein dazukommender zweiter Hund den Müll plündern – und das nur, weil der andere daran geschnuppert hat. Von allelomimetischem Verhalten sprechen wir auch, wenn ein Tier ein anderes Tier als Modell nimmt. Eine Taube in einem Käfig beobachtet, dass eine andere Taube auf einen Knopf pickt und danach ein Futterkorn bekommt. Daraufhin pickt sie auch auf den Knopf. Das wäre allelomimetisches Verhalten durch soziale Bahnung (Sue Alexander, schriftlich an die Autorin, 08/2007).

Beispiele

Im Alter von zwölf Wochen sah Pan zum ersten Mal eine große Wasserfläche. Luca, der in seinem Wassernapf schwimmen würde, wenn er nur hineinpasste, sprang sofort in den See und schwamm einem Ball hinterher. Pan folgte ihm zügig und schwamm ebenfalls herum. Schwimmen gehört definitiv zu Pans Verhaltensrepertoire. Die Voraussetzung für die soziale Bahnung war also erfüllt.

Während der ersten Phase von Pans Training zum Behindertenbegleithund wollte er nicht in Aufzüge hineingehen. Ein bekannter älterer Hund ging vor und Pan lief ihm hinterher. Nachdem wir dies einige Male wiederholt hatten, ging Pan in jeden Aufzug stressfrei hinein.

Technische Hilfen

Mit technischen Hilfen erreicht man für bestimmte Situationen, dass ein Hund ein bestimmtes Verhalten zeigt. Ein technisches Hilfsmittel für das enge Bei-Fuß-Gehen wäre zum Beispiel, eng an einer Wand entlang zu gehen, sodass der Hund zwangsläufig sehr nah neben dem Menschen laufen muss.

Ködern / Locken

Wenn man einen Hund dazu bringt, ein bestimmtes Verhalten zu zeigen, ohne dass man ihn direkt berührt, ihn mit der Leine zieht oder Ähnliches, bezeichnet man das als »Ködern«. Als Köder setzt man meist Futter ein, man kann aber auch ein Target verwenden. Eine übliche Methode, um einem Hund das Sitzen auf Kommando beizubringen, ist zum Beispiel, ihm ein Leckerchen vor die Nase zu halten und es dann hoch und leicht nach hinten zu bewegen. Wenn der Hund dem Leckerchen mit der Nase folgt, setzt er sich automatisch hin.

Targettraining

Der Begriff wird vom englischen Wort »Target« (=Ziel oder Zielobjekt) abgeleitet. Dem Hund wird beigebracht, mit der Nase, der Pfote oder einem anderen Körperteil das Objekt zu berühren. Dafür wird er dann belohnt. Über das Target kann man den Hund an einen bestimmten Ort bringen oder erreichen, dass er eine bestimmte Körperstellung zeigt. Man kann erstaunlich komplexe Verhaltensmuster damit herbeiführen.

Shaping

Auch dieser englische Begriff hat sich im Hundetraining eingebürgert. Shaping bedeutet Entwicklung, Formung. Der Hund wird auf ein bestimmtes Endziel hin trainiert, indem man sich Stück für Stück diesem Ziel annähert. Um eine Drehung als Endverhalten zu erreichen, kann man zum Beispiel anfangs alle Augenbewegungen nach links belohnen – danach nur noch Kopfbewegungen nach links – dann Kopfbewegung und Heben einer Vorderpfote – dann wird die Pfote bei nach links gewendetem Kopf seitlich links wieder auf den Boden gesetzt und so weiter, bis man am Schluss die ganze Drehung hat.

Wenn die Tiere das Verhalten in kleinen Schritten lernen, nennt man das »schrittweise Annäherung«. Trainer lassen das Tier dabei oft selbst wählen, wie groß es die einzelnen Schritte machen will. Dabei wird immer nur das Verhalten belohnt, das in die richtige Richtung geht und das Tier näher an das Endziel bringt (Sue Alexander, schriftlich an die Autorin, 3. 9. 2007).

Karen Pryor beschreibt die schrittweise Annäherung dagegen folgendermaßen: »B. F. Skinner trainierte seine Labortiere nicht darüber, dass er ein bestimmtes, spontan gezeigtes Verhalten mit der Belohnung einfing und sich mittels Shaping einem Endziel näherte. Er brachte ihnen das

Drücken von Hebeln und Picken auf Schaltknöpfe dadurch bei, dass er die Höhe der Hebel sukzessive anhob bzw. die Schaltknöpfe schwergängiger machte. Dadurch mussten die Ratten gezielter drücken und die Tauben stärker picken. Das bezeichnet man als schrittweise Annäherung« (Karen Pryor, 2007).

Endverhalten

Das Endverhalten ist das Trainingsziel, das man mit dem Training erreichen will und das man dann auf Signal setzt.

Shaping nennt man auch die »Methode der schrittweisen Annäherung«. Man arbeitet sich immer näher an das Endverhalten heran, indem man die richtigen Schritte davor belohnt. Wenn das Tier sich von einem Schritt auf den nächst-höheren Schritt gesteigert hat, wird das Verhalten des vorherigen Schritts nicht mehr belohnt. Ist das Endverhalten erreicht, wird nur noch dieses belohnt.

Die fünf »D«

Im Englischen stehen die fünf »D« für:

- **Duration** (Dauer)
- **Distance** (Distanz)
- **Distraction** (Ablenkung)
- **Diversity** (Kontextänderung)
- **Difficulty** (Schwierigkeitsgrad)

Die fünf »D« helfen auf dem Weg zum automatischen Reagieren auf Signal und sorgen dafür, dass das Verhalten zuverlässig unter Signalkontrolle kommt. Wenn man im Training einzelne oder alle »D« schrittweise verändert, verändert man auch die Kriterien, wie und wann das Verhalten belohnt wird. Auf Dauer wird das Verhalten dadurch zuverlässiger auf Signal gezeigt.

Dauer

Die Dauer bezeichnet die Länge der Zeit, in der ein Tier ein bestimmtes Verhalten zeigt, bevor die Belohnung das Ende markiert. Zum Beispiel muss der Hund nach dem Sitz-Kommando peu à peu länger sitzen bleiben, oder er muss einen apportierten Dummy länger im Maul halten.

Distanz

Der Hund muss das Verhalten auf Signal in einer größeren Distanz zum Trainer ausführen, oder er muss an einem bestimmten Ort bleiben, während sich der Trainer bewegt.

Ablenkung

Der Hund wird im Training durch verschiedene Umweltsignale abgelenkt. Das können Geräusche, Kinder, Eichhörnchen, Futter am Boden oder Ähnliches sein.

Kontextänderung

Wenn man den Kontext (die Situation) des Trainings ändert, kann man gut testen, wie sicher das Signal beispielsweise schon gelernt wurde. Kann der Hund ein bestimmtes Auslösesignal in den verschiedensten Situationen erkennen? Wenn man den Kontext ändert, ändern sich automatisch bestimmte andere ortsgebundene Signale und Muster, die womöglich für den Hund eine Rolle beim Lernen gespielt haben. Ohne diese Signale kann das entsprechende Verhalten auf einmal nicht mehr zuverlässig abgerufen werden. Wenn der Hund nach einer Kontextänderung schlecht auf das Signal reagiert, muss man zu einem früheren Kontext zurückgehen, in dem das Signal noch gut funktioniert hat und die Verknüpfung Signal-Verhalten hier noch etwas festigen.

Einige Beispiele für leichte Kontextänderungen

- Position des Trainers zum Hund verändern oder leichte Änderung in der Körpersprache des Trainers, während er das Signal gibt. Man kann sich auch auf den Boden legen und das Gesicht mit den Händen verdecken.
- Bekannte Trainingshilfsmittel mitführen und entweder nicht einsetzen oder auf völlig neue Art verwenden.
- Reihenfolge von Signalen ändern oder Signale in einen anderen Kontext stellen.
- Andere Personen beim Training dabeihaben.

Schwierigkeitsgrad

Der Schwierigkeitsgrad verändert sich automatisch, wenn eines oder mehrere der anderen »D« im Training adressiert werden. Der Schwierigkeitsgrad erhöht sich besonders, wenn mehrere Verhaltensweisen zu einer Kette zusammengefügt werden.

Wenn ich einen Tag lang nicht übe, merke ich es. Wenn ich zwei Tage lang nicht übe, merken es meine Kritiker. Und wenn ich drei Tage lang nicht übe, merkt es das Publikum.

Louis Armstrong

Alle Tiere bis auf den Menschen wissen, dass es das ultimative Ziel ist, das Leben zu genießen.

Samuel Butler

Strafen wie Belohnungen, werden vom Empfänger definiert, nicht vom Sender.

Karen Pryor

ABSCHNITT 15

Markierverhalten bis Mütterliches Verhalten

Zwei Wölfe bedrohen sich gegenseitig mit weit aufgerissenem Maul.

Markierverhalten

Über das Markieren werden wichtige Informationen an andere gegeben, zum Beispiel über Territoriumsgrenzen, biologische Fitness, Alter oder Gesundheitszustand. Zum Markieren wird Urin eingesetzt, Kot oder auch Kratzspuren am Boden (Sue Alexander, schriftlich an die Autorin, 2007).

Über den Urin erhält jeder, der vorbeikommt, wichtige Informationen. Eine uringetränkte Stelle wird beschnüffelt oder beleckt. Einige Hunde kratzen oder scharren nach dem Urin- oder Kotabsatz mit den Hinterbeinen am Boden. Man vermutet, dass sie den Geruch damit weiter verteilen wollen. Caniden konkurrieren um Ressourcen in der Umwelt und das Urinmarkieren ist eine Möglichkeit, Grenzen abzustecken beziehungsweise Ressourcen gegenüber Konkurrenten zu kennzeichnen.

»Urinabsetzen zur Markierung unterscheidet sich vom einfachen Ausscheidungsurinieren durch eine Reihe von Kriterien: Die Tiere schnüffeln vorher an der Stelle und setzen den Urin dann punktgenau auf einen vorhandenen Urinfleck. Es ist unabhängig davon, wie alt die früheren Urinflecken sind« (Bekoff, 2001, S. 78).

Der Wolf markiert auf einen Futterbeutel, um seine Besitzansprüche deutlich zu machen.

Jeder Hundebesitzer sollte wissen, welche Rolle das Geruchsmarkieren für Hunde spielt und welche Informationen sie aus jedem Tropfen Urin oder Kothaufen ziehen können. In Bezug auf das Einhalten und Schützen von territorialen Grenzen sind Hunde abhängig von Menschen und das Markieren spielt hier nicht so eine große Rolle wie bei Wölfen. Nichtsdestotrotz ist es für einen Hund wichtig zu wissen, wer eine bestimmte Strecke vor ihm gegangen ist. Er kann sich so auf eine eventuell gefährliche Begegnung einstellen oder ihr aus dem Weg gehen.

Der wichtigste Grund zur Markierung von Territorien ist es, Konflikte und das Risiko körperlicher Schäden zu vermeiden. Wölfe haben dieses Prinzip perfektioniert. Ihre Markierungen an den Territoriumsgrenzen sagen anderen: »Geh weg!« Die vielen Nuancen und Feinheiten bei diesen Markierungen kann der Mensch nicht wahrnehmen. Die menschliche Riechschleimhaut ist weniger leistungsfähig als die des Wolfes oder Hundes und zudem stellt unser Gehirn nicht so viel Platz für die Geruchsverarbeitung zur Verfügung wie das Canidengehirn. Wölfe »sehen« quasi mit der Nase.

Um sich vorzustellen, was das bedeutet, sollte man sich gedanklich an die Stelle eines Wolfes setzen und sich optische statt olfaktorische Informationen vorstellen. Durch einen kleinen Atemzug weiß ein Wolf nicht nur, wer vor ihm da war, sondern auch, wie lange das her ist, welches Geschlecht derjenige hat, wie es um seinen Fortpflanzungsstatus bestellt ist oder welchen sozialen Status er hat. Ein Mensch würde analog dazu das Bild eines Menschen sehen. Abhängig vom Zeitverlauf wäre das Bild schärfer oder unschärfer, klarer oder verwaschener (Jim Garry, zitiert bei Halfpenny, 2003, S. 16).

Links – Wicked markiert über den Urin eines anderen Hundes.

Rechts – Dieser Wolf verteilt seinen Geruch, indem er mit Vorder- und Hinterpfoten gleichzeitig kratzt. Er setzt damit auch eine optische Markierung.

Maulaufreißen

› Siehe auch: Ritualisiertes Aggressionsverhalten, Drohverhalten

Drohen mit weit aufgerissenem Maul ist fast immer Verteidigungsverhalten. Die Lefzen sind dabei horizontal und vertikal zurückgezogen (Goodman et al., 2002, S. 11).

Links – Der Labrador links reißt sein Maul weit auf. Danach kam es zum Maulringen.

Rechts – Bei diesen Wölfen kann man gut erkennen, wie weit die Lefzen beim Maulaufreißen zurückgezogen werden.

Maulringen

› Siehe auch: Ritualisierte Aggression

Caniden können bei weit aufgerissenen Mäulern mit den Schnauzen ringen. Sie machen Scheinangriffe und versuchen den Gegner zu täuschen – genau wie menschliche Boxer oder Ringer. Keiner der Partner schließt sein Maul und keiner wird dabei verletzt.

Diese zwei Wochen alten Welpen zeigen Maulringen schon, bevor sie richtig laufen können. In Videosequenzen konnte man sehen, dass diese Verhaltensmuster schon am achten Lebenstag auftraten – deutlich bevor die Augen geöffnet wurden.

Drei bis vier Monate alte Kojotenwelpen beim Maulringen

Links – Diese Wolfswelpen machen beim Maulringen die schrecklichsten und gefährlichsten Grimassen, die man sich nur vorstellen kann.

Rechts – Maulringen bei erwachsenen Wölfen als Bestandteil des ritualisierten Kämpfens.

Maulspalte

Die Maulspalte ist der Bereich, den die oberen und unteren Lefzen umgeben. Meist wird nur dieser Begriff benutzt, um zum Beispiel den Öffnungsgrad des Mauls zu beschreiben. Seltener wird ganz konkret der Punkt angesprochen, wo sich rechts und links die obere und untere Lefze treffen: der Maulwinkel.

Der Öffnungsgrad der Maulspalte und die Anspannung der Lefzen geben wichtige Hinweise über den emotionalen Zustand des Hundes.

Links – Zähneblecken mit kurzer, runder Maulspalte. Dies ist eine ernste Warnung.

Rechts oben – Längere Maulspalte und weit aufgerissenes Maul. Dieser Hund ist unsicherer als der Wolf links; die Warnung ist ebenso ernst.

Rechts unten – Das Zähneblecken ist angedeutet und die Lefzen sind angespannt. Dieser kurzen Warnung folgte ein Schnappen.

Angespannte Lefzen und Maulwinkel sind ein Zeichen für Stress, eine lange Maulspalte, bei der der Maulwinkel nach hinten gezogen ist, wird oft von unsicheren oder ängstlichen Hunden gezeigt. Beim Spiel oder auch beim Zeigen von ritualisiertem Aggressionsverhalten können Hunde das Maul weit aufreißen.

Zähneblecken kann sowohl bei der ritualisierten Aggression als auch im Ernstkampf gezeigt werden. Die Länge der Maulspalte sollte allerdings nicht allein als Indikator zur Bestimmung der Beißwahrscheinlichkeit genommen werden. Wie immer in der Ethologie muss man alle Elemente des Ausdrucksverhaltens zusammen und im jeweiligen Kontext betrachten.

Mäuslsprung

› Siehe auch: Rennspiele, Jagdspiele, Jagdverhalten

Wenn Hunde mit allen vieren in die Luft und mit den Vorderbeinen auf ein imaginäres oder reales Objekt auf dem Boden springen, bezeichnet man das als Mäuslsprung. So töten wilde Caniden bei der Nahrungsbeschaffung Mäuse und andere kleine Beutetiere.

Für den Mäuslsprung muss das Objekt nicht real vorhanden sein; manche Caniden springen auch »nach Gehör«. Das Opfer wird hinterher oft noch mit der Schnauze gegen den Boden gedrückt (Goodman et al., 2002, S. 24).

Wicked mitten in der Luft. Er macht einen Mäuslsprung auf den Hund am Boden. Dieser rollt sich im Sand und bekommt das Drama über seinem Kopf eventuell gar nicht mit, oder er zeigt gerade in diesem Moment Submission – leider zu spät, um Wickeds Landung zu verhindern.

Im Spiel mit dem Dachshund hat Wicked seinen Landeplatz besser gewählt.

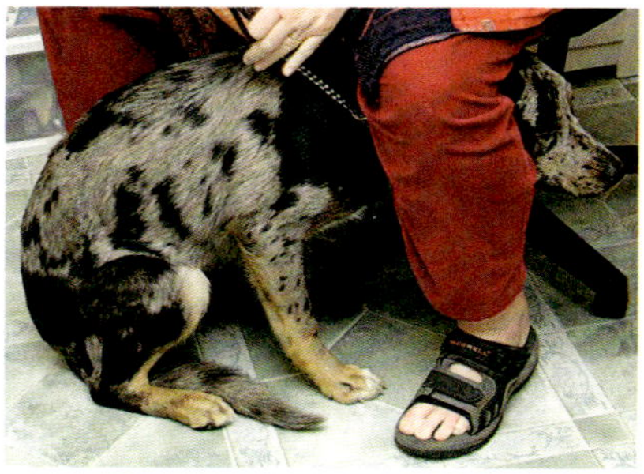

Meideverhalten / Abwenden

› Siehe auch: Distanz vergrößerndes Verhalten, Übersprungsverhalten

Meideverhalten ist eine Möglichkeit, um einem Konflikt oder einer stressreichen Umweltsituation zu entgehen. In Situationen, die sie völlig überfordern oder wo sie keine anderen Handlungsalternativen haben, kann Meideverhalten aus der Sicht des Hundes das einzig Vernünftige sein. Man kann Hunde auch dahin trainieren, dass sie in bestimmten Situationen

Meideverhalten zeigen, beziehungsweise sie lernen es aus früheren Erfahrungen. Meideverhalten bedeutet, dass der Hund, obwohl noch körperlich anwesend, aus der Situation oder aus der Kommunikation »herausgeht«. Er wendet die Augen, den Kopf oder den ganzen Körper ab, oder geht sogar einige Schritte zur Seite. In der trainierten Form tut der Hund dies auf Signal des Menschen hin.

Meideverhalten ist ein »krampfhaftes« Zeigen von »Ich seh es nicht, da ist kein Problem.« Der Hund wendet sich deutlich aus der entsprechenden Situation ab. Meideverhalten wird gezeigt, wenn sich einer oder beide Hunde in einem Konflikt nicht sicher sind, ob sie die Interaktion weiter wollen.

Links oben – Wicked läuft enthusiastisch auf den anderen Hund zu. Der versucht Wickeds Annäherung auszuweichen und stolpert fast über seine eigenen Füße. Wicked zeigt keine aggressive Intention. Maul und Ohren sind entspannt. Man kann das Weiße im Auge des anderen Hundes sehen, weil er versucht, Wicked trotz Richtungsänderung im Auge zu behalten. Beide Hunde spielen.

Links unten – Der rechte Hund zeigt Meideverhalten. Parallel hat er eine Pfote leicht erhoben und die Ohren nach hinten gelegt. Er wendet sich lieber aus der Interaktion ab, anstatt den Konflikt weiterlaufen zu lassen. Wicked links zeigt eine selbstbewusste Pose. Sein Schnauzenlecken zeigt aber, dass er sich ebenfalls nicht ganz sicher über die Interaktion ist.

Rechts oben – Louie drückt sich zwischen die Beine »seines Menschen«. Er möchte keinen Kontakt mit dem anderen Hund im Raum.

Rechts unten – Wicked ist sonst eigentlich für jedes heftige Spiel zu haben. Hier versucht er aber, dem allzu lebhaften Spaniel auszuweichen. Er wendet Kopf und Körper im Laufen derart schnell ab, dass er seine Füße vorne überkreuzt und fast die Balance verliert.

Linke Seite unten – Dieser Hund ist in einem starken Stresszustand. Er weicht Kontakt mit Fremden aus, indem er fast »unter« seinen Besitzer kriecht. Der Schwanz ist eingezogen und der Rücken rund.

Metasignale

Oben – Folgende Metasignale sind in diesem ritualisierten Konflikt zu sehen: Vorderkörpertiefstellung des Airdale Terriers, intensive waagerechte Kopfbewegungen beider Hunde und gehemmtes Beißen.

Unten – Maulringen mit parallelen Metasignalen: Maulaufreißen, Knurren, relativ entspannte Ohren und waagerechte Kopfbewegung. Es liegt keine Beschädigungsintention in der Maulaktion.

Metasignale geben ergänzende Informationen zum Informationsgehalt bestimmter Signale. Parallele Signale für Spiel bedeuten zum Beispiel, dass ein Beißen nicht als echter Angriff zu werten ist (Lore Haug, schriftlich an die Autorin, 3. 11. 2006).

Spiel oder Drohung: Wie können Hunde dies unterscheiden?

1. Häufiges Zeigen von Vorderkörpertiefstellung (auch wenn sie nur angedeutet ist) ist ein Zeichen für Spiel.
2. Lautes Wuffen und generell übertriebene Vokalisation ist ein Zeichen für Spiel.
3. Die Körpersprache ist im Spiel insgesamt entspannt und locker.
4. Bei einem Angriff im Ernstkampf wird der Kopf schnell vor- und zurückbewegt (wie ein »zustoßendes Messer«); bei der Jagd und im Spiel wird der Kopf mehr seitlich bewegt.
5. Im Spiel wird viel gehopst.

Mobbing

Man spricht von Mobbing, wenn zwei oder mehr Caniden ritualisiertes oder ernstes aggressives Verhalten gegen einen Dritten zeigen.

Links – Drei Welpen mobben ihren Bruder.

Rechts – Mehrere Rudelmitglieder mobben ein weiteres Gruppenmitglied. Das Ganze läuft sehr ritualisiert ab.

Motivation

Motivation löst Verhalten aus – es ist die Antriebskraft des Individuums (Abrantes, 2005, S. 167).

Hunger löst Jagdverhalten aus oder Futter betteln. Der Geruch einer läufigen Hündin motiviert dazu, Fortpflanzungsverhalten zu zeigen. Bestimmte Elemente des Fortpflanzungsverhaltens werden aber auch durch andere Dinge motiviert, zum Beispiel durch starke Erregung im Spiel. Müdigkeit motiviert, sich den Schlafplatz zu suchen; ein Angstzustand motiviert zur Flucht oder zum Zeigen von Aggression oder zum Zeigen von Submission. Drohungen von außen motivieren zu Verhaltensmustern, die das Individuum schützen sollen.

Motiviert durch Müdigkeit hat sich der Wolf einen Ruheplatz in einem hohlen Baumstamm gesucht.

Mütterliches Verhalten

› Siehe auch: Et-epimeletisches Verhalten, Kindliches Verhalten

Zum mütterlichen Verhalten gehören alle Verhaltensweisen rund um die Aufzucht von Welpen. Neben der Geburt, dem Säubern, Säugen und Abstillen gehört auch dazu, die Welpen zu sozialisieren und sie die Kommunikation zwischen Wölfen beziehungsweise Hunden zu lehren. Im Falle von Hunden umfasst es auch die Sozialisation an Menschen.

Wild lebende Caniden zeigen für mindestens ein Jahr mütterliches Verhalten. Während dieser Zeit lernen die Nachkommen, sich selbst mit Nahrung zu versorgen, Gefahren zu erkennen und zu vermeiden und kompetent mit Sozialpartnern zu kommunizieren (Sue Alexander, schriftlich an die Autorin, 07/2007).

Futterbettelnde Wolfswelpen: Sie stoßen und lecken die Maulwinkel der Mutter, um das Hervorwürgen von Futter auszulösen.

Direkt vor dem Einsetzen der Wehen wird die Hündin unruhig. Nachdem ein Welpe herausgepresst wurde, öffnet die Hündin die Eihäute mit den Zähnen und leckt den Welpen sauber. Sie frisst auch die Reste der Eihäute. Das Lecken von Anus und Genitalien stimuliert den ersten Absatz von Kot und Urin und auch der Kot wird gefressen, um das Nest sauber zu halten.

Während der ersten Lebenstage der Welpen verlässt die Mutter das Nest nur kurz zur eigenen Nahrungsaufnahme und zum Ausscheiden. Ab der fünften Lebenswoche der Welpen produzieren die Milchdrüsen der Mutter weniger und weniger Milch und sie reduziert deutlich die Zeit, in der sie sich zum Säugen anbietet. Hundewelpen in Menschenobhut bekommen jetzt Brei zugefüttert und werden in den nächsten drei Wochen auf festes Futter umgestellt. In der Wildnis bringt die Mutter Beute im Magen zu den Welpen. Diese stoßen mit Maul und Pfoten gegen die Maulwinkel der Mutter und lösen so das Hervorwürgen des Futters aus.

Wir hatten ein großartiges Königreich
Mit Königen und Bauern –
Einige wollten hoch hinaus
Und andere fielen tief.
Unsere Berge waren eure Städte
Unsere Bäume eure Oasen der Ruhe
Unsere Himmel, eure Himmel.
All dies, und mehr, im
Königreich der Wölfe.

Scott Ian Barry

ABSCHNITT 16

Nackenfell aufrichten bis Niesen

Nackenfell aufrichten / Piloerektion

Häufig richten Caniden ihr Nackenfell auf, wenn sie erregt, verunsichert oder gestresst sind. Das Aufstellen des Nackenfells kann auch im Zusammenhang mit antagonistischem Verhalten gezeigt werden – es ist aber eine Fehlinterpretation zu sagen, dass das gesträubte Nackenfell immer aggressives Verhalten nach sich zieht oder sogar ein Teil davon ist. Das menschliche Äquivalent für das gesträubte Nackenfell wäre »Gänsehaut«. Menschen bekommen Gänsehaut individuell unterschiedlich bei Angst-, Stress- oder generellen Erregungszuständen.

Unabhängig von der Felllänge zeigen Hunde das Aufstellen der Nackenhaare unterschiedlich. Einige richten nur das Fell zwischen den Schulterblättern auf, bei anderen zieht der »Irokese« vom Nacken bis zum Schwanz. Und dann gibt es noch die, die etwas lächerlich aussehen, weil die Haare nur im Nacken und auf der Kruppe hochstehen oder die, die einem Kugelfisch ähneln, weil sie auch an den Seiten das Fell aufstellen.

Oben links – Der linke Hund zeigt aufgerichtetes Nackenfell.

Oben rechts – Wenn Pan sein Nackenfell aufrichtet, betrifft es nur die Regionen zwischen den Schulterblättern und an der Kruppe.

Unten links – Tucker, der Australian Shepherd, sieht durch das komplett aufgerichtete Fell aus wie ein Kugelfisch.

Unten rechts – Dieser Wolf richtet sein Nackenfell über die gesamte Rückenlinie auf.

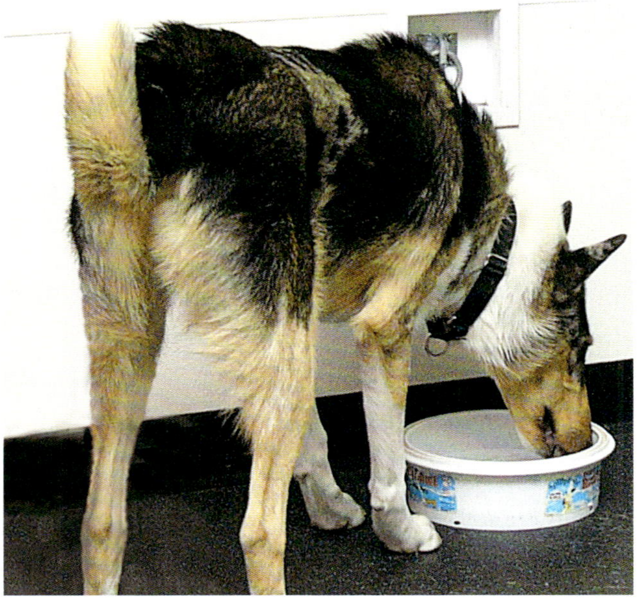

Nahrungsaufnahmeverhalten

»In dieser Gruppe werden alle Verhaltenselemente zusammengefasst, die mit dem Beschaffen, Fressen oder Verstecken von Futter zu tun haben« (Sue Alexander, schriftlich an die Autorin, 08/2007).

Auch Buddeln gehört dazu. Nicht nur, um Futter zu vergraben, sondern auch, um welches zu finden. Bei Bauhunden wie Dackeln oder kleinen Terriern haben Menschen es sogar züchterisch gefördert. Fressen (= Erkunden mit dem Maul) von unbekannten Objekten fällt auch unter das Erkundungsverhalten (Scott und Fuller, 1965, S. 72).

Trinken gehört ebenfalls in die Gruppe des Nahrungsaufnahmeverhaltens. Caniden trinken auf unterschiedliche Arten. Meistens schlabbern sie das Wasser mit der Zunge in die Maulhöhle. Andere betrachten das Wasser als feste Materie und beißen regelrecht hinein. Sie schlucken ab, was geht und der Rest läuft seitlich wieder aus dem Maul. Als junger Hund hatte Luca seinen Spaß damit, am Wassernapf vorbeizulaufen und dabei schnell einen Schluck zu nehmen. Er hinterließ dann eine Spur aus Wasserpfützen. Weitere Elemente aus dem Nahrungsaufnahmeverhalten sind in den Bildern dargestellt.

Mit den Vorderpfoten treten und kneten die Welpen den Bereich um die Zitzen (Milchtritt), um den Milchfluss anzuregen.

Saugen und Milchtritt sind anstrengende Tätigkeiten. Die Hinterbeine und der Schwanz werden dabei nach hinten gestreckt.

Schlabbern von Brei: Auch hier wird der Schwanz etwas steif nach hinten gehalten.

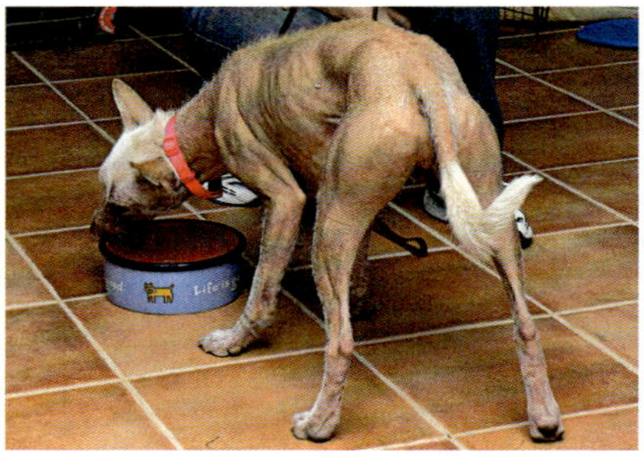

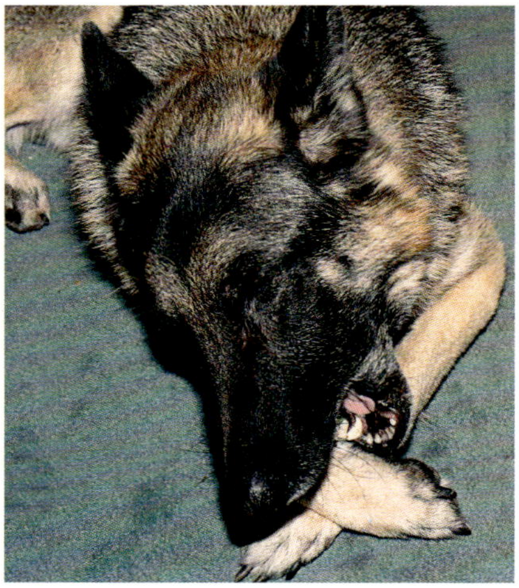

Links – Erwachsene Hunde halten den Schwanz beim Fressen niedrig und leicht vom Körper weg.

Mitte – Hunde fixieren Objekte, an denen sie nagen, oft mit den Vorderpfoten.

Mit der Zunge wird Wasser in das Maul »geschaufelt« und dann abgeschluckt.

Pan steht beim Trinken mitten im See.

Diese Wölfin beißt regelrecht ins Wasser, um genügend zum Abschlucken in die Maulhöhle zu bekommen.

Nasenstoß

› Siehe auch: Schnauzenstoß

»Nasenstöße finden mit geschlossenem Maul statt. Sie dienen dem Stressabbau und man findet sie oft gegen Ende von stressreichen Interaktionen mit Menschen« (Lore I. Haug, schriftlich an die Autorin, 2007).

Es wird sehr häufig bei Hütehunden gezeigt, ist aber auch bei Hunden anderer Rassen zu sehen. Unter Stress wird versucht, die Nase mit geschlossenem Maul in das Gesicht des Menschen zu stoßen.

Das Verhalten kann erschrecken und im Einzelfall auch wehtun, zum Beispiel, wenn die Hundenase auf der Menschennase landet. »Berüchtigt« sind diesbezüglich Border Collies und Australian Shepherds aus Arbeitslinien im Zusammenhang mit kleineren Kindern. Erwachsene erwischt es meist nur dann im Gesicht, wenn sie sich über den Hund beugen.

Der Nasenstoß gehört nicht zu den agonistischen Verhaltensmustern. Er kann in jeder Situation gezeigt werden, in der ein Hund im Zusammenhang mit Menschen in Stress gerät. Das Verhalten kommt aus dem Bereich des Hüteverhaltens. Ein Hütehund kann ein unwilliges Schaf, das nicht mit der Herde laufen will, schon einmal mit kurzen festen Stößen gegen die Beine antreiben. Hin und wieder kann dabei auch kurz mit den Zähnen gefasst werden, das sogenannte Kneifen oder »Gniepen«. Dabei handelt es sich nicht um Beißen und das Schaf wird auch nicht verletzt.

Nebeneinanderlaufen

› Siehe auch: Allelomimetisches Verhalten

Zwei Caniden laufen mit kurzem Abstand parallel zueinander und passen ihre Schrittlängen einander an. Man kann es häufig sehen, wenn ein Rüde eine Fähe / Hündin umwirbt, aber es ist nicht nur auf den Bereich der Fortpflanzung begrenzt. Brenda Aloff (Aloff, 2005, S. 207) nennt dieses Verhalten »Spiegelung des anderen«. Nebeneinanderlaufen ist sicher der bessere Begriff, denn die Hunde spiegeln sich nicht unbedingt exakt bei solchen Sequenzen.

Paralleles Nebeneinanderlaufen findet man auch in den folgenden Situationen:

- Wenn Welpen lernen zu jagen.
- Bei Schlittenhunden direkt nach dem Ausspannen.
- Direkt bevor eine Jagdsequenz beginnt.
- Direkt bevor in einer Spielsequenz Jagdverhalten gezeigt wird.

Links – Zwei Hunde unterschiedlicher Größe laufen nebeneinander. Sie gleichen die Schrittlängen einander an.

Rechts – Auch im Galopp können Hunde perfekt nebeneinander laufen.

Zwei Wölfe laufen perfekt nebeneinander.

Neophobie

Mit dem Begriff »Neophobie« bezeichnet man eine starke Angst vor neuen Objekten in der Umwelt; gegenüber bekannten Objekten wird nicht ängstlich reagiert. Oft hält diese Angst lange an. Sie äußert sich als starkes Meideverhalten, Fluchtverhalten oder auch Aggression.

Neotenie

› Siehe auch: Heterochronie, Pädomorphismus

Man bezeichnet es als Neotenie, wenn sich jugendliche Charakteristika im erwachsenen Organismus halten.

Bestimmte körperliche Entwicklungen (zum Beispiel Phänotyp) haben sich verlangsamt, während sich andere (zum Beispiel Fortpflanzungsfähigkeit) beschleunigt haben. Erwachsene Individuen sehen aus wie die Jugendform ihrer Vorfahren, obwohl sie schon Nachkommen zeugen können. In vielen domestizierten Spezies (neben Hunden auch Pferde, Kühe, Schafe, Ziegen) und selbst bei Menschen setzt die Fortpflanzungsfähigkeit ein, bevor die soziale Reife erreicht ist. Neuerdings wird in der Evolutionsbiologie und Soziobiologie stark diskutiert, ob man den Begriff Neotenie auf domestizierte Tiere (und den Menschen) überhaupt anwenden kann / darf.

Niesen

› Siehe auch: Stressverhalten

Plötzliches Niesen kann ein Zeichen von Stress und Unsicherheit sein. Niesen kann aber auch bei freudiger Erregung oder einfach nur als Zeichen gesteigerter Aufmerksamkeit gezeigt werden. Einige Caniden zeigen darüber auch Frustration oder Unzufriedenheit. Niesen wird manchmal auch als unterdrücktes Bellen bezeichnet.Und natürlich niesen Caniden hin und wieder auch einfach nur, weil es sie in der Nase juckt.

ABSCHNITT 17

Pädomorphismus bis Polyphagie

Der rechte Wolf zeigt einen Pfotenstoß gegen den linken. Dieser sieht etwas missmutig aus, zeigt aber weder Erregung noch Drohverhalten. Der Pfotenstoß ist vermutlich eine exaltierte und übertriebene Version des Pfötelns während einer »lästigen« und sehr submissiven Begrüßung. Der rechte Wolf zeigt Leckintention, Blinzeln und zurückgelegte Ohren – alles Zeichen für Submission und Beschwichtigung.

Pädomorphismus

› Siehe auch: Domestikation, Heterochronie, Neotenie, Spielverhalten

Als Pädomorphismus bezeichnet man es, wenn Merkmale früherer Entwicklungsstadien eines Vorfahren im Erwachsenenstadium eines Nachfahren auftreten. Hierunter wurde früher zum Beispiel die Beobachtung gefasst, dass erwachsene Hunde deutlich häufiger spielen als erwachsene Wölfe. Mittlerweise wird hier analog zur Neotenie diskutiert, ob man den Begriff auf domestizierte Tiere anwenden kann / darf.

Penis ausschachten

Das Ausschachten des Penis ist ein Zeichen für die verschiedensten Stress- und Erregungszustände. Es geschieht nicht nur im Rahmen von sexueller Erregung. »Das Ausschachten des Penis bedeutet, dass er aus dem Präputium herausgeschoben wird. Bei sexueller Erregung kommt es auch zur Anschwellung durch gesteigerte Blutzufuhr. Diese beiden Ereignisse können unabhängig voneinander stattfinden« (Lore I. Haug, schriftlich an die Autorin, 28. 3. 2007).

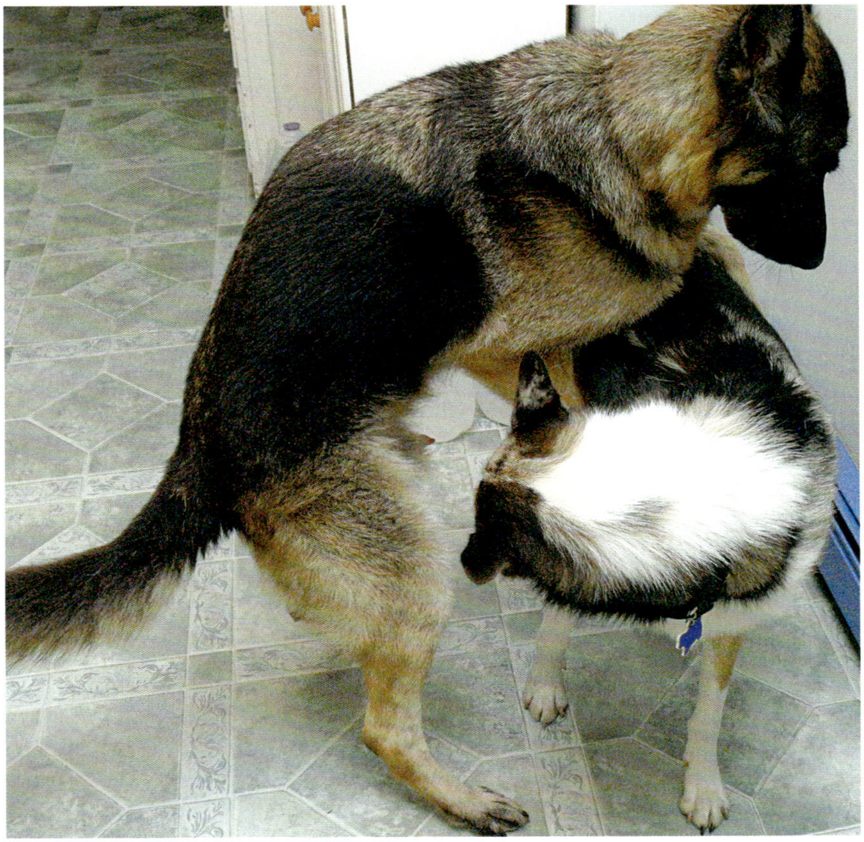

Links – Luca, der Deutsche Schäferhund, ist in Rente. Jedes Mal, wenn Pan die Arbeit macht, die früher Lucas Aufgabe war (zum Beispiel mit der behinderten Besitzerin hinauszugehen), zeigt Luca Erregungsverhalten (hier: ausgeschachteter Penis) und Rang anmaßendes Verhalten gegen Pan (hier: Aufreiten).

Rechts – Dies ist ein recht heftiges Spiel zwischen zwei Rüden. Der rechte schachtet den Penis aus.

Pfote auf den Rücken legen

Die Pfote auf den Rücken eines anderen Caniden zu legen, gilt als Rang anmaßendes Verhalten. Es ist quasi ein Austesten, wie weit man gehen kann beziehungsweise wer die Situation kontrolliert. Es kann auch eine Vorstufe zum Aufreiten sein.

Links – Louie legt eine Pfote auf Pans Rücken. Dies könnte eine Spielaufforderung sein, aber Pan zeigt Unsicherheit.

Rechts – Der Husky legt eine Pfote auf den Rücken des schwarzen Hundes als Vorstufe zum Aufreiten.

Pföteln

› Siehe auch: Et-epimeletisches Verhalten

Pföteln ist eigentlich immer eine freundlich-vorsichtige Aktion und wird zum Beispiel als Spielaufforderung eingesetzt. Es wird von Welpen oft und auch noch von erwachsenen Hunden bei Begrüßungen gezeigt und gehört in den Bereich des deeskalierenden Verhaltens. Das Pföteln älterer Hunde hat sich aus dem Pföteln jüngerer Welpen entwickelt, mit dem diese versuchen, bei einem älteren Hund das Hervorwürgen von Futter auszulösen. Dabei stoßen sie mit der Pfote gegen die Maulwinkel und an das Kinn des Hundes.

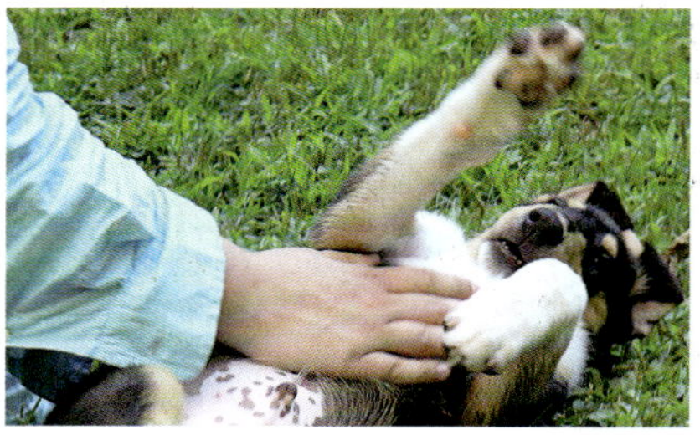

Links – Der Welpe pfötelt gegen den Menschen; hier als Versuch, um Aufmerksamkeit zu erhalten.

Rechts – Der rechte Hund pfötelt, um seinen Bruder zum Spiel zu animieren.

Links – Pföteln als aufmerksamkeitssuchendes Verhalten des rechten Hundes – vielleicht auch eine Spielaufforderung.

Rechts – Die Wolfswelpen zeigen Pföteln und Schnauzenstoß, um das Hervorwürgen von Futter anzuregen.

Pfoten heben

Das Heben einer Vorderpfote kann ein reines Zeichen von Stress und Unsicherheit sein oder als Metasignal warnen, dass demnächst aggressiv reagiert werden könnte. Das Pfotenheben wird im Rahmen der aktiven Demut gezeigt, aber auch als Bestandteil des »Vorstehens« bei Jagdhunden.

Pan pfötelt bei der Annäherung extrem gegen Luca, der einen Knochen vor sich hat. Die Kopfhaltung von Pan und die zurückgelegten Ohren senden Beschwichtigungssignale; die Barthaare sind gesträubt und geben einen Hinweis auf Pans parallele Erregung.

Pans Pfotenheben bedeutet: »Ich bin friedlich gestimmt und möchte Hallo sagen.«

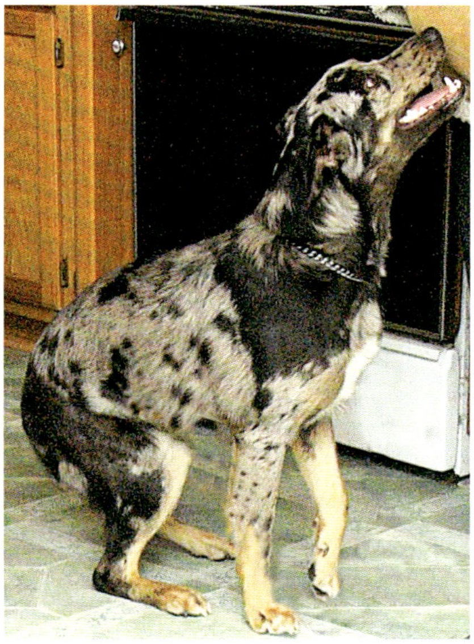

Der Hund zeigt Stressdisplay. Er hebt eine Pfote, zieht den Schwanz ein und zeigt ein submissives Grinsen.

Die angehobene Pfote des Border Collies, zusammen mit der körperlichen Anspannung, ist ein Warnsignal dafür, dass die enge Annäherung des Collies nicht mehr toleriert wird. Beide Hunde haben steife, durchgedrückte Beine und tragen den Kopf hoch.

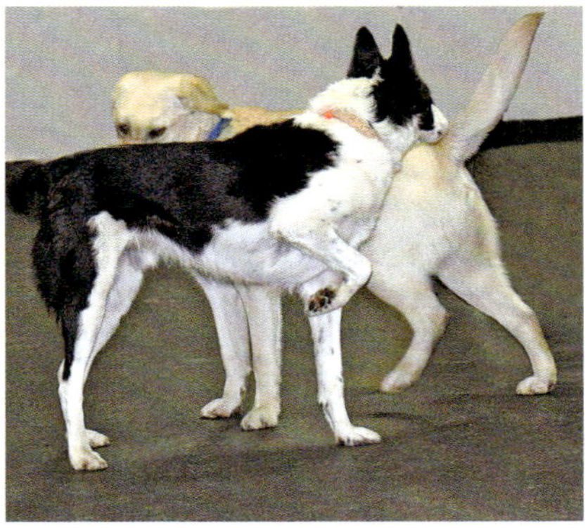

Der Border Collie zeigt ein deutliches Pfotenheben beim Zusammentreffen mit einem anderen Rüden. Die beiden Rüden umkreisten einander, knurrten leicht und wedelten als Zeichen der Erregung. Das Pfotenheben kann eine Warnung sein, dass demnächst offensives aggressives Verhalten zu erwarten ist. Menschen haben hier eingegriffen, bevor die Situation eskalieren konnte.

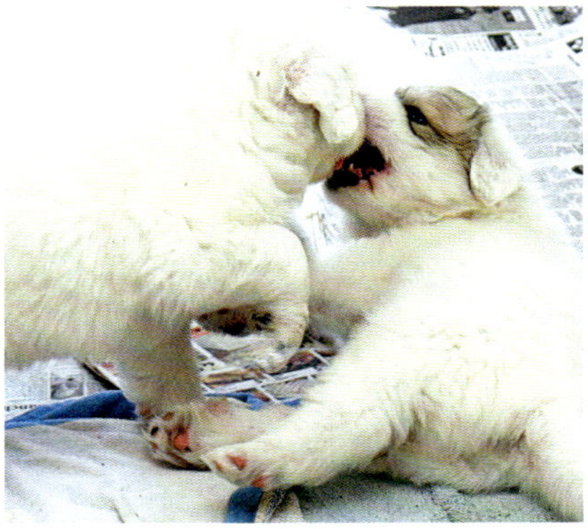

Zwei Pyrenäen-Berghund-Welpen beim Maulringen. Das Pfotenheben des linken ist das Metasignal für: »Alles nur ein Spiel.«

Links – Der mittlere Wolf zeigt aktive Submission. Er zeigt ein übertriebenes Pföteln, hat sich kleingemacht und dreht den Kopf leicht zur Seite.

Rechts – Pfotenheben und Leckintention als Zeichen der Beschwichtigung

Pfotenschieber

› Siehe auch: Finten und Täuschungen

Ein Pfotenschieber ist manchmal schwer von massivem Pföteln zu unterscheiden. Pföteln beginnt zunächst mit dem Anheben der Pfote und dann wird sie nach vorn geschoben. Das Pfotenschieben geht mehr von der Schulter aus, und dann wird die Pfote gerade vom Körper weggedrückt.

Dieser Pfotenschieber soll den rechten Hund auf Abstand halten.

Pfotenschieber mit Vokalisation

Dieser Pfotenschieber ging ins Leere, denn der rechte Wolf zog sich zügig zurück.

Pfotenstoß

Die Pfote wird schnell und mit geradem Bein gegen einen anderen Caniden vorgestoßen. Häufig wird sie auf den Kopf des anderen gelegt. Der Pfotenstoß kann im Spiel oder im ritualisierten Kampf gezeigt werden. Er kann auch einen ernsten Konflikt starten, wenn sich der Konfliktgegner durch den Stoß sehr provoziert fühlt.

Zwei Irische Wolfshunde im intensiven Spiel. Der linke zeigt einen Pfotenstoß gegen den Kopf des rechten.

Der rechte Wolf zeigt einen Pfotenstoß gegen den liegenden Wolf.

Phylogenese

Mit Phylogenese ist die stammesgeschichtliche Entwicklung einzelner Gattungen und Arten in der Evolution gemeint. Tiere werden aufgrund ihrer Erscheinung (Anatomie, Morphologie) und ihrer physiologischen Charakteristika in Gruppen eingeteilt. Nach Erich Klinghammer, Gründer und Leiter des Wolf-Parks, kann man Tiere auch aufgrund ihrer Verhaltensmuster klassifizieren und identifizieren. Relevante Elemente sind zum Beispiel: typische Vokalisation einzelner Arten, Futterspezialisierungen, Techniken, um Futter zu finden oder zu jagen, soziale Organisation und Lernfähigkeit.

Diese einzigartigen Charakteristika von Tierarten, Gattungen oder Familien begründen das spezifische Verhalten und die Lebensform einzelner Individuen. Derartige Verhaltensmuster sind oft angeboren, genau wie das Wissen um die richtige Nahrung oder wie ein Artgenosse zu erkennen ist. Diese Dinge müssen nicht gelernt werden, sondern sie sind sofort nach der Geburt vorhanden oder werden spontan in typischen Auslösesituationen abgerufen. Vieles von dem Verhalten, das wir beobachten, gehört in diese Kategorie und beeinflusst wiederum anderes, erlerntes Verhalten (Klinghammer, 1992, S. 1–2).

Pica

› Siehe auch: Polydipsie, Koprophagie

Als Pica bezeichnet man das Fressen von Objekten, die keine Nahrungsmittel sind, zum Beispiel Steine, Stoffe oder Papier.

Polydipsie

› Siehe auch: Abnorm repetitives Verhalten

Chronisches exzessives Trinken wird als Polydipsie bezeichnet. Das Verhalten tritt unter Umständen unabhängig von Durst auf. Polydipsie kann ein Symptom für Diabetes oder eine Gebärmutterentzündung (Pyometra) sein. Einige Caniden trinken extrem viel als Zeichen für Stress. Chronisches exzessives Trinken ohne eine medizinische Ursache kann auch eine Form abnorm repetitiven Verhaltens sein.

Polyphagie

› Siehe auch: Pica

Chronisches exzessives Fressen wird als Polyphagie bezeichnet. Einige Hunde können bis zum Exzess fressen, wenn sie eine entsprechende Futterquelle entdeckt haben. Wilde Caniden fressen, bis sie satt und »voll« sind, beziehungsweise so lange, bis die Beute aufgefressen ist. Sie schlingen hinein, was sie bekommen können, weil es in der Natur unter Umständen diverse Tage dauert, bis sie wieder Jagderfolg haben oder einen Kadaver finden. Entsprechend haben sie dann für einige Tage auch kein Bedürfnis nach Nahrungsaufnahme. Wenn hin und wieder große Mengen auf einmal gefressen werden, wird das noch nicht als Polyphagie bezeichnet. Wenn das Fressen großer Mengen aber regelmäßig erfolgt, spricht man von Polyphagie. Werden dazu auch unverdauliche Objekte gefressen, liegt Polyphagie zusammen mit Pica vor.

Ich habe manchmal überlegt, warum Hunde nur so kurz leben. Ich denke jetzt, es ist, weil sie Mitleid mit uns haben. Wenn wir schon so sehr leiden, wenn wir einen Hund nach zehn oder zwölf Jahren verlieren, wie viel schlimmer wäre es, wenn sie die doppelte Zeit leben würden.

Sir Walter Scott

ABSCHNITT 18

Reiben bis Ritualisierung

Der damals zehn Monate alte Moon steht über Buddy, seinem Freund seit der Welpenzeit. Sie genießen einen Moment der Ruhe in einem wilden Spiel.

Reiben

Reiben bedeutet, sich an etwas oder jemanden (Sozialpartner, Zaun etc.) heranzudrücken und dann daran entlangzubewegen. Es wird als Form der Körperpflege gezeigt (besonders beim Fellwechsel) und es kann Wälzen vorangehen (Goodman et al., 2002, S. 27).

Der Wolf reibt seinen Kopf auf dem liegenden Partner.

Reizüberflutung

› Siehe auch: Gegenkonditionierung, Desensitivierung, Habituation, Erlernte Hilflosigkeit

Reizüberflutung (Flooding) dient in der Humanpsychologie der Gewöhnung (Habituation) an angst- oder stressauslösende Reize. Bei Tieren kann man damit leicht das Gegenteil erreichen. Es besteht das Risiko, dass der Hund auf den Reiz sensitiviert wird, und hinterher noch ängstlicher reagiert.

Flooding bedeutet, dem unangenehmen Stimulus lang und gezwungenermaßen ausgesetzt zu sein. Zum Beispiel, wenn man einen Hund mit einem Hund-Hund-Problem auf kurze Distanz mit vielen Hunden konfrontiert. Wenn ein Hund mit dem angstauslösenden Reiz überflutet wird, kann er einfach »dichtmachen« und zeigt vorübergehend keine der problematischen Verhaltensweisen. Das ist keine »Heilung«, auch wenn kurzfristig keine auffälligen Symptome gezeigt werden. Bei Menschen wird diese dramatische Form der Therapie als unethisch betrachtet, denn es können dadurch ernste Traumata ausgelöst werden (Mullinax).

Rempeln

Der andere Hund wird mit dem Körper angerempelt. Oft geschieht dies im Verlauf eines intensiven und rauen Spiels. Einige Hunde scheinen diese grobe Umgangsform regelrecht zu lieben, während andere es eher tolerieren. Gerade dieser massive Körpereinsatz kann dazu führen, dass aus Spiel oder ritualisiertem Kampf eine ernste Angelegenheit wird.

Auch in Ernstkämpfen setzen Caniden solche Rempeleien ein, und einer der Interaktionspartner kann eventuell ab einem bestimmten Punkt Spiel von Ernst nicht mehr unterscheiden. Er reagiert entsprechend aggressiv und die Interaktion eskaliert.

Links und Mitte – Wicked rempelt einen größeren Hund mit so viel Wucht an, dass dieser fast die Balance verliert.

Rechts – Und wieder ein Rempler von Wicked. Er bevorzugt große Hunde für seinen beliebten Rempelspiele.

Ringkampf / Boxen

› Siehe auch: Aufgerichtete Stellung, Pfotenstoß

Auf den Hinterbeinen zu stehen und sich lang aufzurichten ist ein typisches Verhaltensmuster im Bereich der ritualisierten Aggression. In Ernstkämpfen findet man es seltener. Einige Caniden setzen ihre Vorderbeine so wie Menschen ihre Arme ein, und es sieht fast aus, als ob sie »boxen«. Andere nehmen die Beine zur Abwehr von Beißversuchen des Gegners.

Ritualisierter Hochkampf. Die Vorderpfoten werden zur Abwehr benutzt.

Ritualisierung

› Siehe auch: Metasignale

Ritualisierte Verhaltensweisen sind zu einem hohen Prozentsatz eng genetisch fixiert. Dazu gehört zum Beispiel das Zur-Seite-Nehmen des Schwanzes der deckbereiten Hündin. Es wird ausgelöst von einem bestimmten hormonellen Status zusammen mit der Anwesenheit des balzenden Rüden. Rüden verstehen die Bedeutung dieses Signals sofort, ohne dass sie es vorher lernen mussten. Diese angeborenen Verhaltensweisen führen dazu, dass sich Rüde und Hündin beim Deckakt synchron verhalten (Sue Alexander, schriftlich an die Autorin, 09/2007).

Die Fähe rechts nimmt ihren Schwanz zur Seite als Bestandteil der genetisch eng fixierten Verhaltensmuster vor dem Deckakt.

Ritualisierung führt dazu, dass ein Signal so verändert oder fest etabliert wird, dass es zu einer effektiven und einfachen Form der Informationsvermittlung wird. Dieser Prozess kann jede physiologische oder morphologische Eigenschaft und jedes Verhalten eines Lebewesens betreffen. Natürliche Selektion führt dann dazu, dass sich diese Eigenschaft in einer Population durchsetzt und in der veränderten Form genetisch fixiert wird.

Der ausschlaggebende Punkt dabei ist, dass diese Information das Zusammenleben und die Kommunikation vereinfacht. Das Leben wird für diejenigen, die diese Signale anwenden, einfacher und überschaubarer (Greenberg, 2005).

ABSCHNITT 19

Ruheverhalten

Ein Katzen- und ein Hundewelpe haben sich zum Schlafen zusammengekuschelt. Die Nähe scheint für beide gleichermaßen wichtig zu sein.

Um sich selbst drehen

Viele Caniden drehen sich mehrmals um sich selbst, bevor sie sich hinlegen. Es scheint so, als ob sie sich damit den Platz bequem herrichten.

Auf dem Rücken schlafen

Besonders junge Hunde legen sich zum Schlafen lang und platt auf den Rücken. Einige behalten diese Schlafstellung bis ins hohe Alter bei.

Der nur wenige Tage alte Welpe schläft auf dem Rücken und lehnt sich gemütlich an eine riesige Pfote seiner Mutter, die Wärme und Sicherheit gibt.

Ein Basset hat sich auf dem Rücken ausgestreckt und macht ein Nickerchen.

Zusammengerollt liegen

Ruhende Sphinx mit aufgerichtetem Kopf

Schlafen in Brust-Bauch-Lage mit den Hinterbeinen auf einer Seite

Brust-Bauch-Lage mit je einem Bein rechts und links

Froschstellung

Seitliches Liegen

Gemütliches Liegen mit Kopfkissen

Der riesige Louie nimmt sich die Katze als Kopfkissen.

Zwei Basenjis schlafen seitlich ausgestreckt. Der obere Basenji nimmt seinen Kumpel als Kopfkissen.

Auch Wölfe mögen Kopfkissen – selbst wenn sie hart sind wie der Baumstamm.

ABSCHNITT 20

Schlitten fahren bis Spatelförmige Zunge

Dies ist keine Schnauzenzärtlichkeit, sondern ein Schnauzengriff. Der zubeißende Wolf setzt zusätzlich seine Pfote ein, um den Kopf des anderen zu fixieren.

Schlitten fahren

› Siehe auch: Et-epimeletisches Verhalten

Schlitten fahren gehört zum Körperpflegeverhalten und wird meist nach dem Kotabsatz gezeigt. Die Tiere sitzen auf dem Hintern, heben die nach vorne gestreckten Hinterbeine leicht vom Boden und ziehen sich mit den Vorderbeinen nach vorne. Dadurch wird der Analbereich über den Boden gerieben. Es wird häufiger gezeigt, wenn die Tiere Durchfall hatten oder wenn sie Probleme mit dem Kotabsatz haben. Danach können sich die Tiere plötzlich zu ihrem Hinterteil umdrehen und den Analbereich heftig lecken, wie um einen plötzlichen starken Juckreiz zu beseitigen. Einige zeigen das Lecken auch vor dem Schlittenfahren oder wechseln beide Verhaltensweisen mehrmals ab. Eventuell dient das Verhalten auch dazu, die Analdrüsen zu leeren, aber Genaueres ist hier nicht bekannt (Goodman et al., 2002).

Ein Wolf beim Schlittenfahren durch das Gras. Hunde zeigen das Verhalten aus den gleichen Gründen wie Wölfe.

Schnauzengriff

Die meist sanfte und zarte Aktion mit der Schnauze findet oft in Spielsequenzen, aber auch bei ritualisierten Auseinandersetzungen statt und kann aus einer Schnauzenzärtlichkeit entstehen. Manchmal wird der Griff stärker ausgeführt und kann Schmerz auslösen. Erwachsene Caniden können den Schnauzengriff gegenüber Welpen zeigen, um deren Verhalten zu kontrollieren. Welpen jammern oft beim ersten Mal, ergeben sich dann aber schnell in die Situation und zeigen submissives Verhalten.

Links – Der rechte Wolf zeigt Schnauzenzärtlichkeit. Dies kann eine Begrüßung sein oder im Rahmen von Allogrooming stattfinden.

Rechts – Schnauzengriff während einer ritualisierten Auseinandersetzung. Der greifende Wolf zeigt Zähneblecken und fixiert mit den Augen. Der andere Wolf erwidert den starrenden Blick, ist aber schon kurz davor, sich auf den Rücken zu rollen.

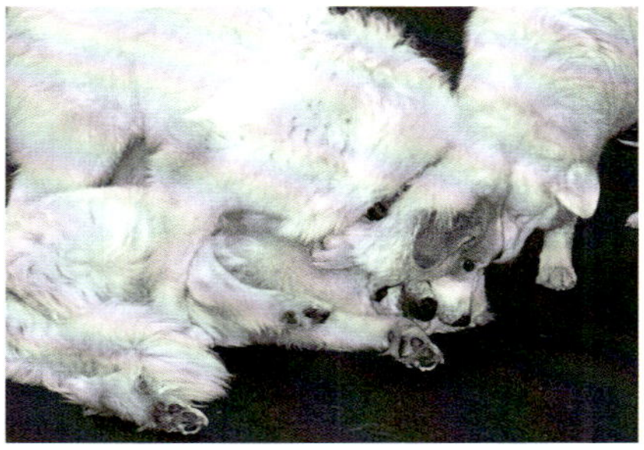

Oben links – Luca zeigt einen vorsichtigen Schnauzengriff bei Pan. Pan hatte vorher minutenlang Lucas Gesicht »gewaschen« (Allogrooming). In diesem Moment hat Luca die Kontrolle über die Interaktion übernommen.

Rechts oben und Mitte – Hundewelpen und Wolfswelpen zeigen fast identische Maulaktionen während eines Kampfspiels.

Rechts unten – Diese Wurfgeschwister sehen sich im Alter von acht Monaten zum ersten Mal wieder. Der linke, stehende Hund zeigt Schnauzenzärtlichkeit in einer Spielunterbrechung.

Links – Erwachsene Wölfe zeigen Schnauzenaktionen analog zu den Welpen oben. Mit dem Maulgriff will einer der Wölfe den anderen in seinen Bewegungen kontrollieren.

Schnauzenlecken

› Siehe auch: Leckintention, Distanz vergrößerndes Verhalten

Der Hund leckt seine Lefzen oder Nase oder streckt die Zunge einfach kurz aus dem Maul. Das Verhalten ähnelt dem, mit dem Welpen die mütterliche Zitze aus dem Maul drücken, wenn sie satt sind. Bei Säugetieren ist dies ein universelles Signal dafür, dass jemand einen Moment zum Nachdenken braucht (Sue Alexander, schriftlich an die Autorin, 10/2007).

Schnauzenstoß

Hier benutzt der Canide seine Schnauze als Waffe und stößt damit gegen den Körper oder Kopf eines anderen. Ein Schnauzenstoß kann eine raue Begrüßung sein, eine Warnung oder eine erste Attacke in einem ernsten Kampf.

Wicked zeigt einen Schnauzenstoß in einer Spielsequenz. Die Vorderkörpertiefstellung ist das dazugehörige Metasignal.

Schnauzenzärtlichkeit

Es wird sehr gehemmt und vorsichtig mit weit aufgerissenem Maul im Kopfbereich des anderen agiert. Schnauzenzärtlichkeit zeigen gut bekannte Hunde untereinander und sie zeigen es auch gegenüber Menschen.

Schneepflug

Caniden können mit der Nase regelrecht durch lockeren Schnee pflügen, oder sie bohren sie unter Decken. Sie haben den Unterkiefer dabei fast platt am Boden und hinterlassen eine deutliche Spur, wenn sie sich fortbewegen.

Besonders unter dem Schnee suchen sie nach bekannten und neuen Gerüchen. Sie suchen auf diese Art nach kleinen Beutetieren wie zum Beispiel Maulwürfe oder Wühlmäuse, die sich unter dem Schnee fortbewegen.

Einige Caniden zeigen das »Schneepflügen« aus Freude an der Bewegung. Man sieht ihnen den Spaß dabei regelrecht an.

Unten – Der Wolf durchpflügt den Schnee auf der Suche nach interessanten Gerüchen.

Oben – Moon durchpflügt den frisch gefallenen Schnee.

Schnüffeln

› Siehe auch: Begrüßungsverhalten, Übersprungsverhalten, Calming Signals

Über ihre Nasenschleimhaut können sich Caniden eine unendliche Menge an Umweltinformationen verschaffen. Sie beschnüffeln sich gegenseitig als Bestandteil des Begrüßungsverhaltens. Sie zeigen Schnüffeln (dann meist am Boden) auch als Übersprungsverhalten oder Calming Signal. Besonders in Spielsituationen, an denen mehrere aus einer Gruppe beteiligt sind, wird Schnüffeln oft als Mittel eingesetzt, um eskalierende Erregung zu bremsen.

Beim Schnüffeln am Boden machen Caniden häufiger Pausen. Sie kehren manchmal zu einem Fleck zurück, den sie vorher überlaufen haben und beschnuppern ihn dann intensiver.

Oben links und rechts – Beschnüffeln zur Begrüßung

Links Mitte – Kurzes Schnüffeln am Boden als Übersprungsverhalten in einem heftigen Spiel

Links unten – Schnüffeln als Übersprungsverhalten

Schütteln

Hunde schütteln sich oft als Übersprungsverhalten. Der sich schüttelnde Hund kann darüber Stress abbauen, und bei anderen um ihn herum sorgt es für eine kurze Unterbrechung der Aktivität. Das Schütteln wird oft nach einer kritischen Interaktion mit einem Artgenossen oder einem Menschen gezeigt. Caniden schütteln sich auch, um das Fell von Wasser oder Schnee zu befreien.

Oben links – Cary schüttelt sich nach einer unschönen Begegnung mit einem anderen Hund. Durch das plüschige Fell sieht das Schütteln recht dramatisch aus.

Oben rechts – Wenn sich der Irish Wolfhound nach dem Bad schüttelt, kriegt jeder in seiner Nähe eine Dusche ab. Wer braucht da schon einen Rasensprenger?

Der linke Wolf bedroht den rechten – dieser schüttelt sich nur Sekunden später.

Schwanzjagen

Der Border Collie jagt seinen Schwanz. In diesem Fall ist es ein auftrainiertes Verhalten.

Hunde können ihren eigenen Schwanz als Übersprungsverhalten jagen. Dies kann Ausdruck eines Konfliktes sein, wenn der Hund nicht sicher ist, welches Verhalten in einer bestimmten Situation das beste wäre, oder wenn ihm bestimmte Verhaltensweisen aufgezwungen werden.

Schwanzjagen kann das Symptom einer Zwangsstörung oder einer Stereotypie sein, besonders wenn es regelmäßig und mit zunehmender Intensität gezeigt wird.

Schwanzwedeln

Die Schwanzbewegung ist ein Zeichen von Erregung oder Stress. Ein Hund kann zum Beispiel bei der Begrüßung eines Sozialpartners erregt sein. Oder er ist in einem negativen emotionalen Zustand und wird eventuell demnächst aggressiv reagieren. Es gibt viele Theorien zur Bedeutung des Wedelns. Im März 2007 wurde eine Studie veröffentlicht, die sich mit dem asymmetrischen Wedeln als Reaktion auf verschiedene emotionale Stimuli beschäftigte. Darin heißt es: Wenn Hunde auf angenehme Stimuli reagierten (zum Beispiel auf eine gut bekannte freundliche Katze), wedelte der Schwanz schwerpunktmäßig nach rechts; wenn sie Angst hatten, bewegte sich der Schwanz stärker nach links. Die Autoren der Studie meinen, dass die Muskeln auf der rechten Schwanzseite durch positive Emotionen aktiviert werden und die der linken Schwanzseite durch negative.

Die Interpretation des Wedelns ist je nach wissenschaftlicher Schule und je nach Hund verschieden. Das einzige Wedeln, das mit ziemlicher Sicherheit Freundlichkeit ausdrückt, ist das entspannte kreisförmige Wedeln. Warum Hunde bei der gegenseitigen Begrüßung wedeln, ist nicht bekannt. Es könnte dem Verbreiten von Gerüchen dienen; es könnte aber auch ein optisches Signal sein, das Informationen über Absichten vermittelt (Fox and Bekoff, 1975; zitiert in Blackshaw, 2003).

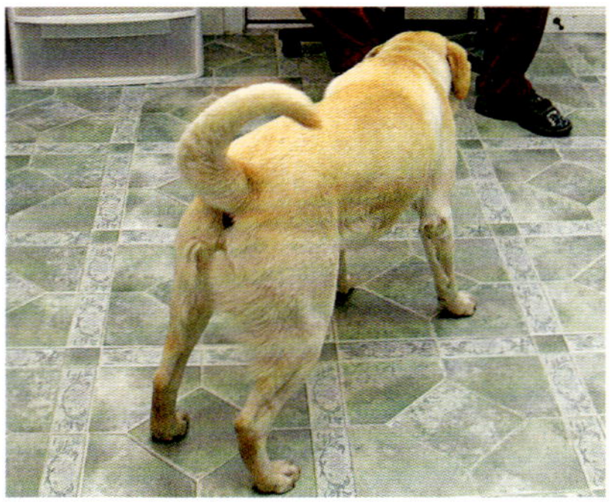

Der Schwanz wedelt kreisförmig.

Wedeln ist ein kontextspezifisches Verhalten und signalisiert Erregung und Stress mit freundlich-sicherem oder unsicher-nervösem Hintergrund. Wedeln kann auch zusammen mit Drohverhalten gezeigt werden (Serpell, 1995, S. 119).

Seitliches Drängen

› siehe auch: Imponierstehen

Ein Tier steht oder bewegt sich in der Längsachse neben einem anderen. Der Körper ist aufgerichtet, Kopf und Schwanz sind erhoben, die Ohren sind aufgestellt und der Gegner kann herausfordernd mit dem Blick fixiert werden (Goodman et al., 2002, S. 18).

»Das seitliche Drängen hat gegenüber dem Drängen von vorne den Vorteil, dass der Körper im Ganzen präsenter ist und darüber auch mehr Informationen vermittelt werden können« (Sue Alexander, im Gespräch mit der Autorin, 08/2007).

Zwei Wölfe beim seitlichen Drängen: Beide haben Nacken- und Rückenhaare aufgestellt und beim vorderen Wolf ist selbst das Fell am Schwanz abgespreizt. Beide fixieren sich mit den Augen.

Seitliches Drängen: Der rechte Wolf scheint den linken zu bedrohen. Der linke wendet den Körper schon leicht aus der Längsachse heraus und zeigt ein kurzes Zungenschlecken, dazu hebt er eine Vorderpfote leicht an.

Selbstkontrolle

Selbstkontrolle ist für das Überleben nötig. Wer zu früh nach der Beute springt, geht unter Umständen hungrig nach Hause. Selbstkontrolle ist in Teilen angeboren, kann aber gut über Training beeinflusst werden.

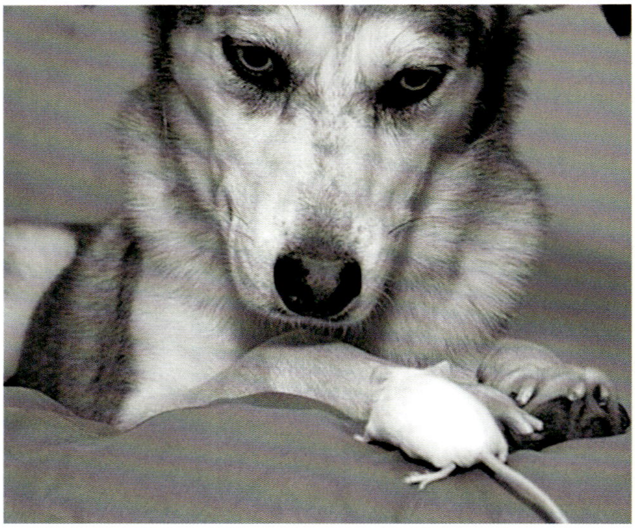

Dieser Hund zeigt beim Beobachten der lebenden Maus eine enorme Selbstkontrolle.

Auf Pans Vorderbeinen liegen Leckerlis aufgereiht. Er ignoriert sie und hält den Augenkontakt mit seinem Menschen.

Soziale Strukturen

› Siehe auch: Dominanz, Submission

Die Anwendung eines »Dominanz-Subdominanz-Modells« auf das Zusammenleben zwischen Hunden und Menschen wird heutzutage sehr kontrovers diskutiert. Hunde leben nicht in Rudeln, wie es wilde Wölfe tun. Selbst verwilderte Haushunde leben eher in lose strukturierten Gruppen als in wolfsähnlichen Rudeln.

In Mehrhundehaushalten, selbst wenn sich anhand des Umgangs mit Ressourcen gewisse Dominanz-Subdominanz-Verhältnisse erkennen lassen, werden keine eindeutigen und klaren hierarchischen Strukturen beobachtet. Die Kommunikation zwischen Hunden verläuft weniger differenziert und variabel als zwischen Wölfen. Dies kommt sicherlich auch dadurch, dass einige Rassen durch selektive Zucht bestimmte Ausdruckselemente verloren haben. Je weniger eine Rasse in ihrem Phänotyp einem erwachsenen Wolf ähnelt, desto kleiner ist das Repertoire an Ausdrucksformen (Yin, 2007, S. 416).

Es gibt kaum wissenschaftliche Untersuchungen, die sich mit sozialen Strukturen zwischen Hunden in Menschenhand beschäftigen; ebenso wenig gibt es Untersuchungen zu den sozialen Strukturen zwischen Mensch und Hund oder den Auswirkungen von möglichen Statusverhältnissen auf das Training.

Aktuell gibt es aber auch keine Forschungsergebnisse, die die weitverbreitete Idee stützen, dass Hunde mit Menschen oder anderen Hunden in strengen linearen Hierarchien leben. Nichtsdestotrotz hat gerade diese Idee den Umgang mit und das Training von Hunden in den letzten fünf Jahrzehnten ganz maßgeblich geprägt. Unerwünschtes Verhalten wird schnell als (unerwünschte) Dominanz oder Dominanzstreben des Hundes etikettiert.

Angestoßen wurden diese Vorstellungen durch frühere Beobachtungen an wilden Wölfen – Beobachtungen, die ungenau und unvollständig waren (Mech, 1999, S. 1197). In der letzten Zeit wurden Wölfe in Gefangenschaft als Modell für soziale Hierarchien zwischen Hunden herangezogen. David Mech, Wolfsforscher und Verhaltensbiologe, sieht auch dies kritisch. Er sagt, dass man aus Beobachtungen an gefangenen Wölfen keine verwertbaren Informationen über das Verhalten wilder Wölfe bekommen kann – und ähnlich stelle es sich mit dem Vergleich zwischen gefangenen Wölfen und Haushunden dar.

Der Versuch, Beobachtungen an nicht verwandten, künstlich zusammengesetzten Gruppen auf das Verhalten von wilden Wölfen zu übertragen, ist kläglich gescheitert. Das wäre, als ob man grundsätzliches Wissen über menschliche Familienstrukturen durch Beobachtungen in Flüchtlingscamps zusammenträgt (Mech, 1979, S. 1198).

Über die sozialen Hierarchien werden in Gruppen wilder Wölfe die Rechte auf Fortpflanzung festgelegt und die Zugriffsrechte auf andere Ressourcen wie zum Beispiel Liegeplätze. Zu bestimmten Zeiten arbeiten die Rudelmitglieder zusammen, zum Beispiel bei der Jagd großer Beutetiere oder bei der Pflege der Welpen des sich fortpflanzenden Paares. Wenn die Nachkommen geschlechtsreif geworden sind, verlassen viele das elterliche Rudel. Wenn sie Glück haben, finden sie einen Fortpflanzungspartner, mit dem sie ein eigenes Rudel gründen können. In diesem Rudel wären sie dann automatisch die ranghöchsten Individuen, unabhängig von den Statusverhältnissen, die im früheren Rudel bestanden hatten.

Ein etabliertes Dominanz-Subdominanz-Verhältnis liegt nur dort vor, wo ein Individuum konstant submissives Verhalten gegen ein anderes Individuum zeigt. Dabei zeigt der submissive Partner sein entsprechendes Verhalten in der Regel automatisch und nicht, weil er vom dominanten Partner bedroht wird. Viele Menschen, die das »Dominanzprinzip« im Training einsetzen, bedrohen ihre Hunde regelmäßig oder setzen physische Gewalt ein, weil sie denken, dass sie dadurch ihren hohen Status gegenüber dem Hund beweisen. Statusverhältnisse in der Natur sind aber keine feste Größe über einen längeren Zeitraum. Statusverhältnisse sind Momentaufnahmen und können sich in kurzer Zeit ändern.

In der Natur ist hoher Status mit Privilegien verbunden und wird dementsprechend auch herausgefordert. Soziale Kompetenz, Alter und Gesundheit spielen für den Ausgang solcher Konflikte eine Rolle. Der Versuch, Status über Drohungen oder physische Gewalt zu etablieren und zu halten, kann für Menschen durchaus gefährlich werden. Besonders Kinder werden einer großen Gefahr ausgesetzt, wenn Hunde von ihren Besitzern derartige Spielregeln vorgelebt bekommen (Yin, 2007, S. 417).

Sozialisierung

› Siehe auch: Klassische Konditionierung, Reizüberflutung

Sozialisierung bedeutet, einen Welpen ein breites Spektrum an Hunden, Menschen und der unbelebten Umwelt kennenlernen zu lassen. Es gibt ein recht enges Zeitfenster für die Sozialisierung von Welpen, das zirka mit der zwanzigsten Lebenswoche endet. Je nach Rasse und dem individuellen Welpen ist diese Zeitspanne leicht unterschiedlich. Sozialisierung sollte strukturiert erfolgen, bereits in der Wurfkiste in den ersten Lebenswochen beginnen und bis zur zwanzigsten Woche weiterlaufen. Durch den Kontakt mit vielen verschiedenen Hunden und den unterschiedlichsten Menschen erlangen die Welpen soziale Kompetenz und üben sich in der Kommunikation. Sie lernen zum Beispiel, ihre Zähne adäquat und gehemmt einzusetzen und nicht in alles und jeden einfach hineinzubeißen. Sie lernen vor allen Dingen, dass es andere Möglichkeiten der Konfliktlösung gibt als Aggression.

Während der Sozialisierungsphase soll der Welpe verschiedene soziale Kontexte kennenlernen (Spiel mit älteren Artgenossen oder Konflikte um Ressourcen etc.) und auch mit einem breiten Spektrum an anderen Tieren Kontakt haben (Pferde, Katzen etc.).

Der Sozialisierungsprozess sollte den Welpen nicht überfordern, sondern an sein Temperament angepasst sein. Einige Welpen brauchen einfach länger als ihre Wurfgeschwister, um sich zum Beispiel an laute Geräusche oder flatternde Objekte zu gewöhnen. Gerade solche Dinge sollte man bereits einführen, wenn Welpen noch bei ihrer Mutter sind. Im Handel oder Internet kann man Geräusch-CDs mit fast allem kaufen, was das Leben zu bieten hat: Staubsaugergeräusch, Motorenlärm, Feuerwerk, Donner oder laute Menschenansammlungen.

Noch in der Wurfkiste sollten die Welpen verschiedene Untergründe kennenlernen – vom Teppich über Fliesen bis zu Sand oder Erde. Auch über entsprechend enge Metallgitter kann man sie schon vorsichtig laufen lasen.

Man kann eine korrekte Sozialisierung mit dem Fundament eines Gebäudes vergleichen. Ein Haus auf einem stabilen Fundament hält Erdbeben und Wirbelstürme aus. Ohne das gute Fundament könnten auch die besten Baumaterialien einen Einsturz nicht verhindern. So ähnlich ist es mit

Hunden: Wenn die Sozialisierungsphase nicht korrekt verlief, kann unter Umständen auch das beste Training die Entstehung von Problemen nicht verhindern.

Viele Menschen verwechseln Sozialisierung mit gelegentlichem Sozialspiel, zum Beispiel auf Gassirunden. Derartige gelegentliche Kontakte reichen nicht aus; auch deshalb nicht, weil sie in der Regel unkontrolliert und unstrukturiert ablaufen. Anstatt sich langsam an neue Umwelteindrücke gewöhnen zu können, wird der Welpe mit Reizen überflutet (Flooding) und überstimuliert. Wenn Welpen während der Sozialisierungsübungen Stressverhalten zeigen, sollte sofort abgebrochen werden. Wenn der Welpe sich erholt hat, kann langsam und eventuell in geringerem Umfang mit der Übung weitergemacht werden. Unter Umständen muss man mit bestimmten Übungen warten, bis der Welpe einige Tage älter geworden ist.

Klassische Konditionierung (Gegenkonditionierung) ist nicht unbedingt die beste Option, um einen Welpen an angstauslösende Situationen zu gewöhnen. Der kleinste Fehler im Timing kann dazu führen, dass die Angst belohnt wird. Der Welpe wird dadurch auf den angstauslösenden Reiz eher sensitiviert als desensibilisiert.

Eine gute Sozialisierung aufrechtzuerhalten ist lebenslange Arbeit. So wie man ein Haus hin und wieder auf Risse und Löcher im Dach untersucht, muss man bestimmte Sozialisierungsübungen von Zeit zu Zeit wiederholen. So bleibt das Gehirn in Übung, sich immer wieder problemlos auf völlig neue Situationen einzustellen.

Spatelförmige Zunge

Wenn die Zunge relativ weit herausgestreckt wird, hat sie eine spatelförmige Form. Hecheln Hunde sehr stark, strecken sie die Zunge entsprechend vor. Sehr starkes Hecheln kann bei großer Hitze gezeigt werden, aber auch, wenn der Hund extrem gestresst ist. Um das eine vom anderen zu unterscheiden, muss man auf weitere Zeichen von Stress achten. Bei dem Hund auf dem Foto erkennt man den starken Stresszustand zum Beispiel an den aufgerissenen Augen, an den angespannten Gesichtszügen und den abgespreizten Sinushaaren.

Dieser Hund zeigt eine typische spatelförmige Zunge.

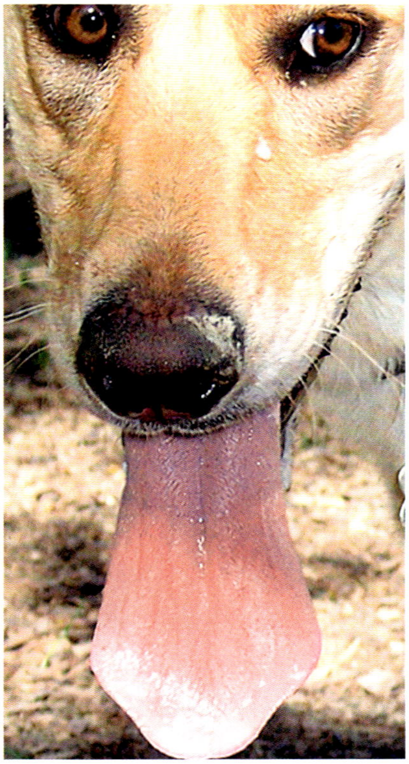

Das Karibu ernährt den Wolf, aber es ist der Wolf, der das Karibu stark macht.

Sprichwort der Inuit

Wölfe sind weder unsere Brüder noch unsere Untergebenen. Sie gehören einer anderen Welt an – gefangen wie wir im komplexen Netz des Lebens.

Henry Beston

Das Rudel gibt dem Wolf Stärke und der Wolf dem Rudel.

Rudyard Kipling

Ein hungriger Wolf
hetzt die ganze Herde
und hofft, aus vielen
eines auszusondern.

Wiliam Congreve

Ich habe immer gesagt,
dass der beste Ort für Wölfe
im Herz der Menschen
liegt. Man muss ein bisschen
Platz lassen, damit sie
dort leben können.

Ed Bangs

ABSCHNITT 21

Spielverhalten bei Hunden

Fotomontage von drei Bildern des gleichen Hundes. Er zeigt ein Spielgesicht und Hopsen während eines Bewegungsspiels. Man kann seine Lefzen »flattern« sehen.

Spielen und Spielkategorien

› Siehe auch: Metasignale, Ritualisierte Aggression, Sozialisation

Man kann Spiel in verschiedene Kategorien einteilen, je nachdem, welche Verhaltenselemente schwerpunktmäßig gezeigt werden: Rennspiel, Objektspiel, Jagdspiel oder Sozialspiel (inklusive Kampfspiel).

Als Spiel werden alle Bewegungsabfolgen bezeichnet, die scheinbar ohne einen bestimmten Zweck stattfinden und in denen Elemente aus verschiedensten Verhaltensbereichen kombiniert werden. Die Elemente können dabei modifiziert oder unvollständig gezeigt werden. Wenn die Aktivität gegen ein anderes Lebewesen gerichtet ist, wird sie als Sozialspiel bezeichnet (Bekoff und Byers, 1981, S. 300–301).

Sieben Wochen alte, spielende Welpen: Der festgenagelte Welpe zeigt Zähneblecken und drückt sein Geschwister mit der Pfote weg.

Metasignale sind im Zusammenhang mit dem Spiel sehr wichtig, denn sie helfen, Spielsequenzen korrekt als Spiel zu erkennen. Einige der im Spiel gezeigten Verhaltenselemente gehören in den Bereich des Drohverhaltens oder des Kampfes. Durch die entsprechenden Metasignale können sich die Spielpartner (Hund oder Mensch) und gegebenenfalls ein menschlicher Beobachter darauf verlassen, dass es sich wirklich um Spiel handelt.

Rennspiel

Pan und Louie in einem Rennspiel. Beide zeigen überbetonte, hüpfende Bewegungen.

Objektspiel

Welpen und erwachsene Tiere der meisten Canidenarten betreiben Objektspiele. Zum Objektspiel gehört viel Erkundungsverhalten. Objekte können Spielsachen sein, die der Mensch bereitstellt, aber auch Stöcke, Blätter oder jedes andere interessante Objekt aus der Umwelt. Objektspiele können allein oder mit anderen gespielt werden.

Interaktive Objektspiele

Links – Luca und der Ehemann der Autorin bei einem intensiven Zieh- und Zerrspiel

Rechts – Wolfswelpen bei einem Zerrspiel

Jagen eines Balls oder eines anderen Objekts, das ein Mensch wirft:

Luca liebt das Zurückbringen von Objekten. Dieses große Interesse an Objekten hängt mit seinem Jagdtrieb zusammen. Er jagt Nager oder Katzen mit der gleichen Intensität, wie er einem Ball nachgeht. Das Zurückbringen ist Teil einer inkompletten Jagdsequenz.

Pan bringt den Ball vielleicht acht oder neun Mal wieder – dann hat er keine Lust mehr. Sein mangelndes Interesse am Ballspiel passt zu seinem mangelnden Interesse an Katzen oder anderen kleinen Tieren. Er erkundet sie neugierig, aber würde sie nie jagen. Er nähert sich ihnen langsam in einem großen Bogen an. Er findet es schöner, wenn die Tiere sitzen bleiben, damit er sie untersuchen und sich vielleicht mit ihnen anfreunden kann.

Dieser Wolf war gut an Menschen sozialisiert und apportiert Stöcke, die ihm ins Wasser geworfen wurden.

Solitär-Objektspiel

Objekte werden bekaut und benagt. Sehr häufig zeigen junge Hunde im Zahnwechsel diese Art des Objektspiels.

Links – Zwei Wolfswelpen benagen den gleichen Stock.

Rechts – Das Benagen von Objekten hilft, Stress abzubauen oder Langeweile zu vertreiben.

Verfolgen und Fangen von Blättern oder Spielsachen. Dies wird oft zur Entspannung oder aus Langeweile gezeigt.

Der Wolf hat seinen Spaß mit dem Frisbee.

Manipulation von Objekten zum Ziehen oder Zerren:

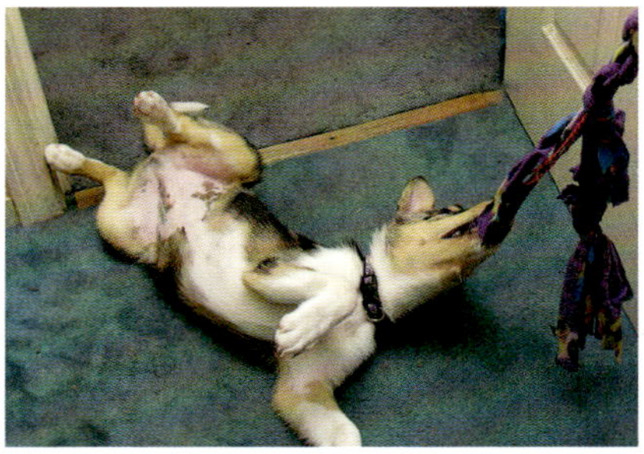

Links oben – Pan bei einem Zerrspiel mit einem befestigten Strick

Links unten – Spiel mit einem Würfel, der Futterbrocken »ausspuckt«

Rechts unten – Auf der Suche nach Leckerchen, die ein Mensch versteckt hat

Jagdspiel

› Siehe auch: Jagdverhalten, Angeborene Verhaltensmuster

Während des Jagdspiels werden alle Verhaltenselemente der Jagd geübt und trainiert. Dazu gehören zum Beispiel:

- Orientierung
- Verfolgung
- Spielerisches Hetzen
- Gehemmtes Beißen in die Vorderbeine oder Hacken
- Gehemmtes Beißen in den Nacken
- Niederreißen und Festhalten der Beute

Orientierung

Dieser Hund orientiert sich in Richtung eines anderen Hundes.

Verfolgung

Louie verfolgt Pan bei einem gemeinsamen Jagdspiel.

Spielerisches Hetzen

Der »Jäger« läuft gerade nur so schnell, dass er die »Beute« nicht erwischt. Oft wechseln die Rollen mehrmals im Spiel.

Links – Drei Hunde bei einem Jagdspiel. Bei den beiden vorderen kann man das Spielgesicht gut erkennen.

Gehemmtes Beißen in die Vorderbeine oder Hacken bzw. in den Nacken

Links – Der Airedale Terrier beißt gehemmt in ein Vorderbein. Ungehemmt könnte dieser Biss ein Beutetier oder einen Gegner im Ernstkampf schwer verwunden.

Rechts – Der hintere Wolf setzt zum Biss in die Hacken an. Der vordere zeigt ein Spielgesicht.

Nachsetzen mit dem Versuch, den anderen im Nacken zu packen

Der Hund, der die Rolle der Beute spielt, wird in den Nacken gebissen.

Der mittlere Hund ist die »Beute«. Der eine »Jäger« kommt von oben und beißt in den Nacken, während der andere mehr von der Seite kommt. Der »Beute-Hund« ist entspannt. Er zeigt lange Maulwinkel und Blinzeln, er schnappt spielerisch nach den Jägern und bewegt sich leicht hopsend.

Niederreißen und Festhalten der Beute

Das Festnageln ist hier (siehe Foto) Bestandteil eines Sozialspiels im Übergang zum ritualisierten Kämpfen. Der untere Wolf zeigt submissives Display (aber keine passive Submission!), und damit kann der obere als Sieger in dem kleinen Konflikt bezeichnet werden. Es kann sich bei dem Spiel um ein Austesten von Stärke oder Selbstsicherheit gehandelt haben. Der untere Wolf hat diese Position irgendwann selbst gewählt, um Verletzungen zu vermeiden. In weiteren Scheingefechten können die Rollen zwischen beiden wechseln. Kampfspiele können auch zur Etablierung und Erhaltung von hierarchischen Strukturen im Wolfsrudel eingesetzt werden. Üblicherweise finden sie häufiger zwischen den jüngeren Rudelmitgliedern statt als zwischen den älteren, die längst definierte Statuspositionen zueinander haben.

Beuteschütteln

Es gehört zu den angeborenen Verhaltensweisen, besonders kleinere Beutetiere durch Schütteln zu töten. Im Spiel wird es außerhalb des jagdlichen Kontextes und nicht in der korrekten Reihenfolge einer Jagdsequenz gezeigt, und kann so leicht als Objektspiel identifiziert werden.

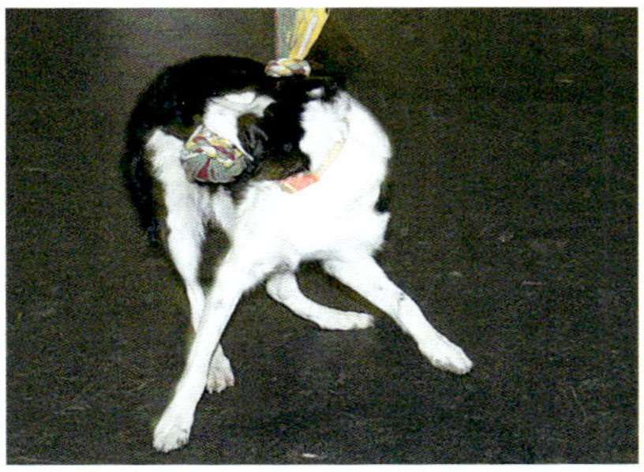

Während des Objektspiels wird die »Beute« geschüttelt.

Werfen der Beute

Die Beute wird mit den Zähnen gepackt und in die Luft geschmissen. Auch hierbei zeigen der fehlende Kontext und die falsche Reihenfolge an, dass es sich um ein Objektspiel handelt.

Der zehn Wochen alte Pitbull Terrier »fängt« eine Maus. Er springt sie an und hält sie mit den Vorderpfoten, während er in ihren Rücken beißt. Danach wirft er sie hoch in die Luft und springt ihr hinterher. Hunde, die Beuteschütteln und -werfen sehr intensiv zeigen, sollten nicht in einem Haushalt mit kleinen Kindern leben. Diese bewegen sich oft schnell, ungeschickt und hektisch und können so zum Beutespiel animieren.

Spielerisches Totbeißen

› Siehe auch: Jagdverhalten, Angeborene Verhaltensmuster

Das Totbeißen kann unterschiedlich aussehen. Egal wie es ausgeführt wird, es kommt in der Reihenfolge immer zwischen dem Packen und dem Aufreißen der Beute. In einem Ernstkampf kann ein Hund schon häufiger gebissen worden sein, bevor der eigentliche Tötungsbiss erfolgt. Einige Hunde beißen ihr Opfer in die Kehle, schließen die Kiefer und erdrosseln es durch Abdrücken der Luftröhre. In anderen Fällen wird die Kehle oder der Nacken gepackt, und dann wird das Opfer totgeschüttelt.

Während eines ritualisierten Kampfes sieht man häufiger dieses Packen und Schütteln, sogar schon bei sehr jungen Welpen. Ein wichtiger Unterschied zwischen ritualisiertem und ernstem Kampf mit Beschädigungsintention ist die Reihenfolge der Bisse und das Fehlen der kompletten Sequenz des Totbeißens.

Links – Luca zeigt einen Biss am Hals, der den Welpen leicht töten könnte. Beide wissen, dass es sich um ein Beißen im Spiel handelt.

Rechts – Spielerisches Totbeißen

Sozialspiel

Die meisten Sozialspiele enthalten auch Elemente aus dem Jagdverhalten, bei denen die Rollen zwischen Jäger und Beute permanent wechseln. Ab der dritten Lebenswoche kann man in der Wurfkiste Maulringen und Scheinkämpfe unter den Welpen beobachten. Sozialspiel bedeutet, für die ernsten Situationen des Lebens zu üben.

Im Spiel üben sich die Welpen in der Kommunikation. Sie lernen durch die Reaktionen der Mutter und Wurfgeschwister, wie ihr eigenes Verhalten das Verhalten der anderen beeinflusst und verändert.

Wenn Welpen älter werden, brauchen sie auch den Kontakt mit anderen Hunden, um die kommunikativen Fähigkeiten zu verfeinern und zu verbessern. Auch hier sind spielerische Interaktionen ungemein wichtig. Welpen brauchen die Möglichkeit zum Sozialspiel über ihre ganze Entwicklungszeit hindurch und bis ins Erwachsenenalter hinein. Welpen, die isoliert aufwachsen, zeigen später oft Angst- oder Aggressionsverhalten gegenüber anderen Hunden – selbst wenn sie von ihrer genetischen Veranlagung her eigentlich wenig ängstliche Tiere sind.

Alle Welpen sollten Kinder und erwachsene Menschen kennenlernen, solange sie noch mit ihren Geschwistern und der Mutter zusammen sind. Wenn sie dann zu ihren neuen Besitzern gekommen sind, sollten sie in eine Welpengruppe gehen. Diese Gruppen sollten gut angeleitet werden und den Welpen ermöglichen, mit vielen anderen Welpen und deren Besitzern Kontakt zu haben.

Welpen, die keine oder keine genügende Sozialisation erfahren haben, werden deutlich häufiger ausgesetzt, in Tierheime abgegeben oder eingeschläfert. Zahlreiche Studien belegen diesen Zusammenhang. Auch wer Angst um die Gesundheit seines Welpen aufgrund des noch nicht voll ausgebildeten Impfschutzes hat, sollte trotzdem an einer Welpengruppe teilnehmen. Das Risiko, aufgrund mangelhafter Sozialisation eingeschläfert zu werden, ist deutlich größer, als sich in einer kontrollierten und angeleiteten Welpengruppe mit einem Erreger zu infizieren.

Robert K. Anderson von der Veterinärmedizinischen Fakultät der Universität von Minnesota, sagt dazu Folgendes:

»… Das Risiko eine Hundes, aufgrund eines Verhaltensproblems zu sterben (Einschläfern), ist tausendmal so groß wie das Risiko, an Staupe oder Parvovirose zu sterben. Eine ausführliche Sozialisation und die korrekte Impfung gehören zum ›Welpen-Wellnessprogramm‹, um Leben zu schützen und die Hunde in ihren Familien in eine sichere Bindung hineinwachsen zu lassen.«

Sozialspiel ist ein gutes Beispiel für Verhaltensweisen, die einerseits direkt guttun und andererseits wichtig für das Überleben sind. Die angenehme Erfahrung verbindet die Individuen und reguliert die Interaktionen. Spiel kann sehr einfach von anderen Verhaltensmustern unterschieden werden. Die

Spielenden tauchen tief in die Aktion ein und sind mit Freude bei der Sache. Sie spielen intensiv, werden erschöpft, ruhen sich aus und fangen von vorne an.

Neurophysiologische Studien zum Spielverhalten zeigen, dass Spielende mit Freude bei der Sache sind. Der Neurowissenschaftler Steve Siviy hat gezeigt, dass Dopamin und eventuell auch Serotonin und Noradrenalin eine wichtige Rolle bei der Regulation von Spielaktivitäten spielen. Große Bereiche des Gehirns sind beim Spiel aktiv. Ratten zeigen zum Beispiel schon rein bei der Erwartung einer Spielsequenz eine gesteigerte Dopaminaktivität.

Diese Forschungsergebnisse begründen die Vorstellung einer neurophysiologischen Grundlage für die Freude am Spiel. Sie bestätigen die Idee, dass bei spielenden Menschen und Tieren die gleichen Vorgänge im Gehirn ablaufen. Mit anderen Worten: Wenn ein Kind mit seinem Hund spielt, spielen beide nicht einfach nur – beide verstehen auch, dass sie spielen und beide ziehen daraus die gleiche Freude (Bekoff, 2007, S. 55–56).

Verhaltenselemente des Sozialspiels

Während eines Sozialspiels kann man unter anderem folgende Verhaltenselemente und Displays beobachten (siehe dazu auch die entsprechenden Beschreibungen an anderer Stelle in diesem Buch):

- Vorderkörpertiefstellung
- Ringen
- Hetzen
- Umklammerungen
- Täuschungen und Finten
- Pfotendrücken
- Erstarren
- Verstecken und Überraschungsangriffe
- Gehemmtes Beißen
- Maulringen
- Vorspringen
- Attacken
- Pföteln
- Festnageln, Spielgesicht
- Mäuslsprung
- Hopsender Gang
- Rollenwechsel
- Den anderen plattdrücken
- Selbstkontrolle (Der stärkste Partner spielt nur so massiv, dass der schwächste nicht überfordert wird.)

Oben – Der Doggenwelpe fordert andere Hunde zum Spielen auf, indem er mit dem Vorderkörper leicht zu Boden geht.

Unten – Vorderkörpertiefstellung als Einladung zum Spiel

Vorderkörpertiefstellung mit einem so konzentrierten Blick kann auch der Beginn einer echten Jagdsequenz sein.

Oben – Die gebogene Körperlinie und die übertriebenen Bewegungen signalisieren die Spielabsicht.

Unten – Der linke Wolf lädt zum Jagdspiel ein – der rechte geht sofort darauf ein.

Die Vorderkörpertiefstellung ist ein wichtiges Metasignal, um »Spiel« zu signalisieren. Sie wird besonders dann gezeigt, wenn ein Spiel in eine agonistische Interaktion abzugleiten droht.

Welpen lernen, ihre Zähne abgestuft einzusetzen. Wenn sie zu stark beißen, kann der Spielkamerad schreien und zieht sich eventuell aus dem Spiel zurück.

Wenn ein Welpe einen erwachsenen Hund zu stark beißt, handelt er sich eine akustische Zurechtweisung oder ein Drohfixieren ein. Vielleicht wird er auch kurz festgenagelt. Ein erwachsener Spielpartner macht einem Welpen unmissverständlich klar, wenn er die Grenze vom Spiel zum Ernst überschreiten sollte.

Während des Sozialspiels drehen sich die Rollen häufiger um und erlauben so allen Spielern, einmal die Rolle des dominanten und einmal die des subdominanten Partners einzunehmen.

Der linke Wolf hat das Maul voll Haut und Fell und zieht heftig. Der andere Welpe sieht nicht gerade glücklich aus.

Kampfspiel

› Siehe auch: Ritualisierte Aggression, Metasignale

Kampfspiele gehören zu den Sozialspielen. Hier üben die Spielenden das echte Kämpfen mit Artgenossen, um später zum Beispiel Konflikte um das Territorium zu regeln, jemanden aus dem Rudel zu verstoßen oder zu töten (bei Wölfen). Auch hierarchische Konflikte (bei Wölfen, nicht bei Hunden) können über echte Kämpfe gelöst werden. Neben dem Kämpfen als solches werden natürlich auch noch andere Strategien geübt, zum Beispiel Flucht oder Deeskalation. Kampfspiele sind auch eine Möglichkeit, die Stärke eines Gegners zu testen, um so eventuell rechtzeitig einen Rückzieher machen zu können.

Ein Kampfspiel kann manchmal in einen ritualisierten Kampf übergehen und von hier in einen Ernstkampf – wenn Metasignale ignoriert oder nicht erkannt werden. Kampfspiele und ritualisierte Kämpfe erlauben Auseinandersetzungen ohne das Risiko, verletzt zu werden oder sich komplett zu verausgaben. Verletzungen können in der Natur schnell den Tod bedeuten, sei es durch Blutverlust oder Infektionen, und müssen vermieden werden.

Zum Kampfspiel gehören:

- Jagen / Verfolgen / Hetzen
- Beißen in die Beine – besonders von hinten in die Oberschenkel
- Gehemmtes Beißen in den Nacken oder andere Körperteile
- Den Gegner niederziehen
- Sich groß machen
- Über dem Gegner stehen
- Sich auf den Gegner schmeißen oder setzen

Jagen / Verfolgen / Hetzen

Zwei Wölfe hetzen sich spielerisch. Dies kann eine Momentaufnahme aus einem Jagdspiel oder einem Rennspiel sein.

Beißen in die Beine – besonders von hinten in die Oberschenkel

Pan beißt Daisy in ein Hinterbein. Genauso würde er es bei der Jagd auf kleinere Beutetiere machen oder im ernsten Kampf mit einem anderen Hund.

Gehemmtes Beißen in den Nacken oder andere Körperteile

Der rechte Wolf setzt zum gehemmten Biss auf die Kruppe des anderen an. Ein echter Biss an dieser Stelle könnte böse verletzen oder ein kleineres Beutetier zum Krüppel werden lassen.

Den Gegner niederziehen

Ein ernster Biss in den Nacken könnte töten oder zumindest verkrüppeln. In diesem Fall ist das aggressive Verhalten ritualisiert und gehemmt – es findet im Spiel statt. Beide Wölfe zeigen übertriebene, hopsende Bewegungen. Im Ernstfall würde der packende Wolf festhalten und versuchen, den anderen umzureißen und zu Boden zu ziehen.

Sich groß machen

Dieser Wolf präsentiert sich selbstsicher. Der Körper ist – trotz der Bewegung – recht hoch gereckt, der Kopf wird hoch getragen und die Ohren stehen aufrecht.

Über dem Gegner stehen

Der stehende Wolf zeigt eine selbstsichere Pose. Er kontrolliert die Situation. Der liegende Wolf hat beschlossen, passive Submission zu zeigen. Er liegt auf der Seite und ist in seinen Bewegungen eingefroren. Der Schwanz ist unter den Bauch gezogen, die Ohren sind angelegt und der Blick ist abgewandt; dazu zeigt er dezente Leckintention.

Sich auf den Gegner schmeißen oder setzen

Der stehende Wolf vom vorherigen Bild hat sich jetzt quer auf den liegenden gesetzt.

Spielgesicht

Der Gesichtsausdruck signalisiert: »Jetzt kommt Spiel.« Das Maul ist meist leicht geöffnet bei leicht zurückgezogenen Maulwinkeln. Die Ohren werden entspannt getragen und können in jede Richtung gestellt sein (Goodman et al., 2002, S. 23).

Beide Hunde zeigen ein Spielgesicht. Die hoch getragenen Schwänze und die steifen Vorderbeine signalisieren, dass das Spiel demnächst losgehen wird. Vielleicht wird einer eine Vorderkörpertiefstellung zeigen oder zur Seite springen.

Der Wolf nähert sich bekannten Menschen und zeigt ein Spielgesicht. Er signalisiert damit, dass eine freundliche Begrüßung zu erwarten ist.

Wicked nähert sich seinem Spielpartner fast wie im Flug und zeigt ein schönes Spielgesicht.

Der acht Wochen alte Pyrenäen Berghund spielt mit seinem Lieblingsspielzeug.

Spiel bei Haushunden

Das Auftreten von jugendlichen Verhaltensweisen bei erwachsenen Individuen wird als Pädomorphismus bezeichnet. Bis vor Kurzem ging man davon aus, dass Spiel bei Haushunden ein Ausdruck von Pädomorphismus wäre: Erwachsene Haushunde spielen wie junge Wölfe.

Erwachsene Wölfe zeigen Sozialspiele fast nur als Balzspiel vor dem Deckakt. Erwachsene Hunde spielen deutlich öfter und ein Leben lang, wenn auch mit zunehmendem Alter in abnehmender Intensität. Heutzutage vergleicht man Hundeverhalten nicht mehr eins zu eins mit Wolfsverhalten, sondern betrachtet Hunde fast wie eine eigene Art, die ihre eigenen Verhaltensmuster entwickelt hat. Die Begriffe »Neotenie« und »Pädomorphismus« werden in der Verhaltensforschung bei Hunden nicht mehr so massiv benutzt wie noch vor fünf Jahren.

Selektive Zucht hat dazu geführt, dass einige Hunde ein relativ wolfsähnlicheres Aussehen haben, während andere die Verwandtschaft zum »Urahn« Wolf nur noch schwer erahnen lassen. Die wolfsähnlichen Hunderassen haben mehr Möglichkeiten zur differenzierten Kommunikation, einfach aufgrund der Ausdruckselemente im Gesicht (zum Beispiel helle Augenbrauenflecken). Man vermutet, dass über die Zucht auf bestimmte Phänotypen auch die generelle genetische Veranlagung für das Zeigen bestimmter Kommunikationsformen (zum Beispiel Submission) verloren gegangen ist. Laut Goodwin et al. (1996, S. 302–303) sind alle Versuche von diesbezüglichen Rückzüchtungen fehlgeschlagen.

Selektive Zucht hat nicht nur die phänotypischen Ausdrucksmöglichkeiten einzelner Rassen verändert – Hunde zeigen ganz generell weniger submissives Verhalten als heutige Wölfe.

Wölfe setzen agonistische Displays zur Warnung ein, um mögliche Konflikte von Anfang an zu deeskalieren oder um zumindest eine weitere Eskalation zu verhindern. Menschen greifen häufiger ein, um Konflikte zwischen Hunden zu beenden oder eine Eskalation zu verhindern. Also ist es für Hunde insgesamt seltener nötig, submissives Verhalten zu zeigen oder Konflikte eigenständig zu deeskalieren. So hat sich im Laufe zuchtbedingter Veränderungen bei Hunden auch das agonistische Repertoire verändert. Es ist weniger fein differenziert und variabel als bei Wölfen, und besonders im Bereich der Submission und Deeskalation bestehen Lücken.

Erwachsene Wölfe zeigen spielähnliches Verhalten bei Auseinandersetzungen um Status und Hierarchie. Das Austesten von Stärke und Selbstsicherheit geschieht über solch ritualisiertes aggressives Verhalten. Nur in sehr seltenen Fällen kommt es zu Ernstkämpfen, bei denen einer getötet wird oder das Rudel verlassen muss. Meist werden Konflikte ritualisiert gelöst, und einer der Kontrahenten entscheidet sich aufgrund seiner Einschätzung der Sachlage für submissives Verhalten.

Eine Herausforderung desjenigen Tieres, das das größte Recht auf Fortpflanzung hat, also eine Herausforderung des »Alpha-Wolfs«, geschieht sehr selten. Die jüngeren Rudelmitglieder entwickeln Statusverhältnisse zueinander, die sich im Zeitverlauf ändern können. »Hunde können aber eine völlig andere soziale Organisation als Wölfe haben. Man geht davon aus, dass sie im eigentlichen Sinn keine Rudeltiere sind« (Sue Alexander, schriftlich an die Autorin, 08/2007).

Ein anderer Ansatz, um die Unterschiede zwischen Kampf und Spiel zu diskutieren und zu verstehen, ist die Berücksichtigung der Spieltheorie (zum Beispiel »Evolution and the Theory of Games« von John Maynard Smith). Die Grundidee ist hier, dass sich erfolgreiche Verhaltensmuster in einer Population verbreiten und nicht erfolgreiche der Population verloren gehen. »Erfolgreich« ist dabei im Hinblick auf die biologische Fitness des einzelnen Individuums zu verstehen.

»Grundsätzlich kann man sagen, dass Aggression nur dort gezeigt wird, wo der Aggressor eine gute Chance auf Erfolg sieht. Wenn er sich diesbezüglich nicht sicher ist, zeigt er lieber kein aggressives Verhalten. Für aggressives Verhalten muss Energie aufgewandt werden, und es besteht immer das Risiko, dass man selber verletzt wird. Wenn man sich über den eigenen Sieg nicht sehr sicher ist, lässt man das Kämpfen lieber bleiben« (Sue Alexander, schriftlich an die Autorin, 08/2007).

Die Möglichkeit zur Interaktion mit Artgenossen (beim Hund auch mit Menschen) ist für die gesunde Entwicklung von Welpen wichtig. Ohne die Möglichkeit zur Sozialisierung im weitesten Sinne werden Welpen ängstlich oder reagieren oft und gesteigert aggressiv. Sie haben weder gelernt, Kommunikation von anderen zu verstehen, noch selbst korrekt zu antworten. Diese Defizite setzen sich in das spätere Leben als erwachsener Hund hinein fort, und Kontakte mit Artgenossen resultieren oft in unlösbaren beziehungsweise schnell eskalierenden Konflikten.

Spielstile

Unterschiedliche Rassen haben auch rassetypisch unterschiedliche Spielstile. Hütehunderassen (zum Beispiel Border Collie, Australian Shepherd oder Corgies) umkreisen ihre Spielpartner, stellen sich plötzlich frontal vor sie und zeigen »Eye« oder beißen sie in die Hacken. Sogenannte »Bullrassen« (zum Beispiel Boxer, American Pitbull Terrier oder Staffordshire Bullterrier) spielen mehr körperlich, rammen den Spielpartner und zeigen Ringen oder Maulringen.

Die Spielstile unterschiedlicher Rassen zeigen, für welchen Arbeitseinsatz diese Rassen ursprünglich selektiv gezüchtet wurden. Kleinere Hütehunde sollten kleinere Tiere wie Schafe treiben und dazu reicht es oft, auf Distanz zu bleiben. Bullenhunde sollten große Tiere (Rinder) treiben und dazu mussten sie auch enger an die Tiere heran. Ansonsten findet man auch unterschiedliche Spielstile bei den verschiedenen Jagdhunderassen sowie bei Hunden für die Wach- und Schutzarbeit.

Menschen werden von etwas heimgesucht, was man den »Hundewunsch« nennen könnte: den zwanghaften Wunsch, so glücklich und sorglos wie ein Hund sein zu können.

James Thurber, in »Thurbers Dogs«

Wir werden geformt und gemacht
durch das, was wir lieben.

Goethe

Die Fröhlichkeit eines Hundes ist ein wertvolles Geschenk und sie fordert nichts weiter als die Freundschaft eines Menschen. Die Bindung zu einem treuen Hund ist eine der engsten und längsten, die die Erde je bieten kann.

Konrad Lorenz

ABSCHNITT 22

Splitting bis Trennungsangst

Der Wolf streckt ein Hinterbein, während er auf dem Baumstamm steht.

Splitting

› Siehe auch: Distanz vergrößernde Signale

Wenn ein Canide sich zwischen zwei andere stellt und dadurch deren Distanz zueinander vergrößert, nennt man das »Splitting«. Das Phänomen »Splitting« wurde bislang in der Verhaltensforschung nicht wissenschaftlich untersucht. Es liegt aber eine Vielzahl von empirischen Berichten dazu vor. Splitting wird als absichtsvolles und zweckgebundenes Verhalten beschrieben. Einige Caniden können aggressiv darauf reagieren, dass sie von »etwas« abgedrängt werden. Die meisten wenden sich allerdings, zumindest für eine kurze Zeit, aus der aktuellen Situation ab. Einige der postulierten Zwecke sind im Folgenden aufgeführt:

- Spannung / Anspannung zwischen zwei Gruppenmitgliedern soll reduziert werden.
- Ein potenzieller Fortpflanzungspartner soll von der Gruppe isoliert werden.
- Ein bevorzugter Spielpartner soll von der Gruppe isoliert werden.
- Im Jagdspiel soll der Spielpartner, der die Beuterolle übernommen hat, isoliert werden.

Rechts oben – Der linke Hund ist der bevorzugte Spielpartner des mittleren.

Rechts Mitte – Splitting in einem Jagdspiel: um den Rollenwechsel zu markieren?

Rechts unten – Splitting in einem Sozialspiel. Die Wölfe zeigen Spielgesichter und sind insgesamt entspannt.

Links – Mit diesem Splitting sollte die aufkommende Spannung zwischen den beiden Wölfen rechts und links unterbrochen werden.

Stereotypie / Zwangsverhalten

Als Stereotypie bezeichnet man es, wenn ein bestimmtes Verhalten häufig und ohne Variation wiederholt wird, ohne dass es einen offensichtlichen Zweck oder eine Funktion hat. Häufig handelt es sich dabei um Verhaltensweisen aus dem Körperpflegeverhalten oder der Fortbewegung, zum Beispiel Sich-Putzen oder Im-Kreis-Gehen (Overall, 2001, S. 3).

Beim Zwangsverhalten werden anscheinend zwecklose Verhaltensweisen wiederholt gezeigt und in solch einem Ausmaß, dass sie mit normalen Lebensäußerungen kollidieren. Bei Menschen haben solche Muster den Zweck, Stress oder Ängste abzubauen, die im direkten Zusammenhang mit dem Verhalten stehen. Wir wissen nicht, ob dies bei Tieren auch der Fall ist. Zwangsverhalten wird nicht unbedingt stereotyp gezeigt. Zum Beispiel gibt es Hunde, die obsessiv in die Luft oder auf eine Wand starren. Dieses Starren wäre in sich nicht repetitiv (Lore I. Haug, schriftlich an die Autorin, 01/2008).

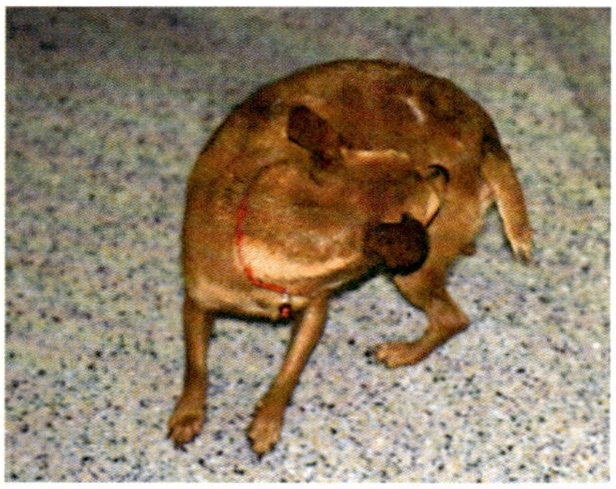

Stereotypie: Schwanzjagen mit Selbstbeschädigung

Koprophagie als Zwangsverhalten

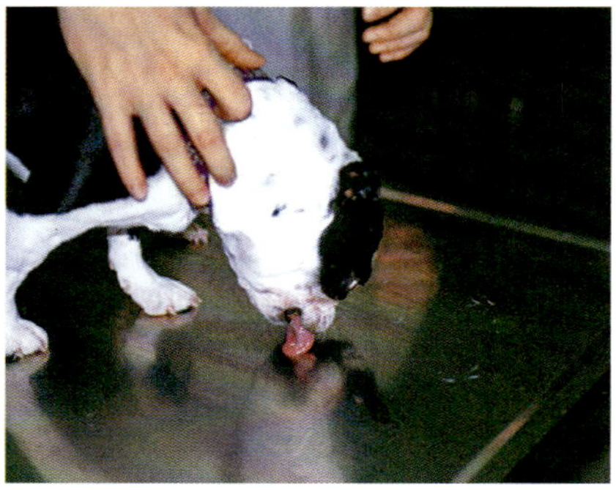

Zwangsverhalten: stereotypes Lecken von glatten Oberflächen

Strecken / Stretching

Hunde können sich auf verschiedene Arten strecken und damit unterschiedliche Emotionen und Motivationen ausdrücken. Strecken in der Vorderkörpertiefstellung kann eine Spielaufforderung sein. Strecken kann auch als Übersprungsverhalten gezeigt werden oder um Hektik und Erregung zu unterbrechen. Es entspannt körperlich und kann sowohl direkt nach dem Schlafen als auch generell bei Müdigkeit gezeigt werden.

Die Hinterbeine werden gestreckt.

Rücken und Vorderbeine werden bei der Vorderkörpertiefstellung gestreckt.

Stress

› Siehe auch: Distress

Ein Stresszustand kann jederzeit eintreten, in jeder Situation, in jedem Alter oder in jedem Lebensabschnitt. Das subjektive Empfinden von Stress und die jeweiligen Bewältigungsstrategien sind von Mensch zu Mensch und von Hund zu Hund verschieden. Mehrere Hunde in der gleichen Situation haben jeweils unterschiedliches Stressempfinden. Einige zeigen vielleicht überhaupt keine Stresssymptomatik nach außen und andere extremes Stressdisplay. Das Gleiche gilt für die jeweiligen Bewältigungsstrategien (Scholz und Reinhardt, 2007, S. 9).

Nicht jeder Stresszustand ist negativ oder schlecht

Angst, Aufregung, Unsicherheit, Furcht, sexuelle oder aggressive Erregung sind sich hinsichtlich der physiologischen Vorgänge alle sehr ähnlich. Bestimmte Umweltbedingungen lösen vielleicht anfangs nur generelle Erregung aus. Im Laufe des Ereignisses erhält die Erregung dann eine negative Qualität und Angst tritt ein. Neurophysiologisch laufen bei positiver und negativer Erregung fast identische Prozesse im Gehirn ab.

Der Deutsch Kurzhaar zeigt Schnauzenlecken und abgespreizte Sinushaare. Er springt schnell nach recht um einem Spielzeughund aus dem Weg zu gehen.

Stressanzeichen

Dezente Stressanzeichen

Dezente Stressanzeichen bedeuten nicht, dass der Stresszustand als solcher nur niedrig ist. Hunde können in einem hochgradigen Stresszustand sein und trotzdem nach außen nur dezente Zeichen zeigen.

Blinzeln

Lecken und / oder Knabbern an anderen

Schnauzenlecken

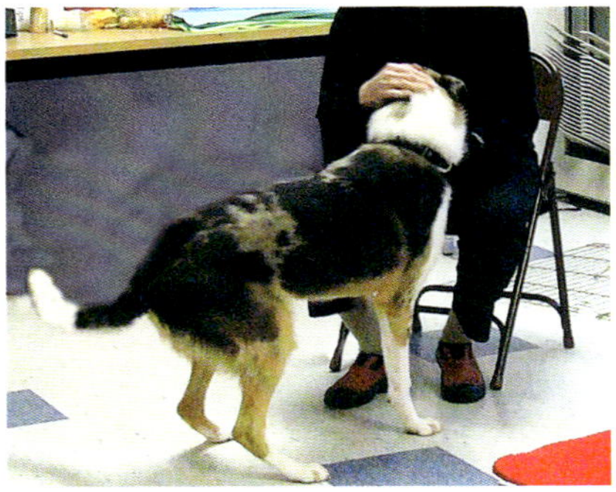

Zurückweichen

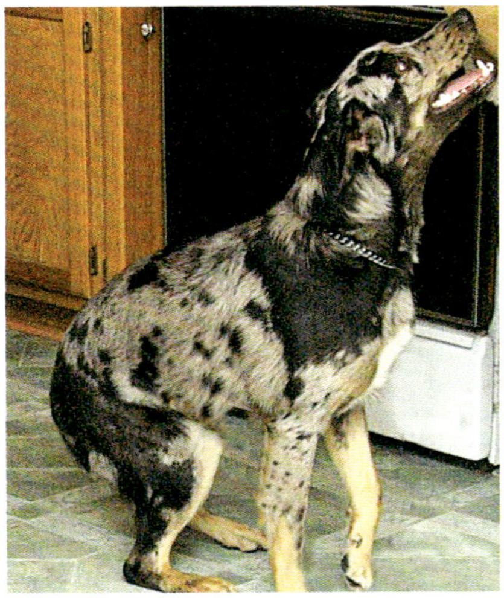

Pfotenheben

Sich-Kratzen

Sich-Schütteln

Niesen

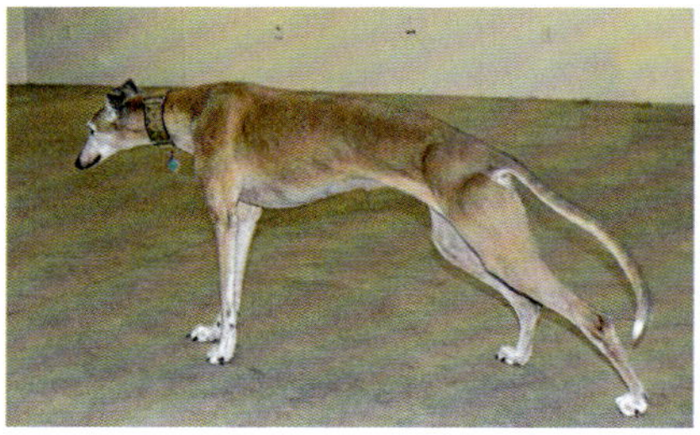

Sich-Strecken

Gähnen

Auffälligere Stressanzeichen

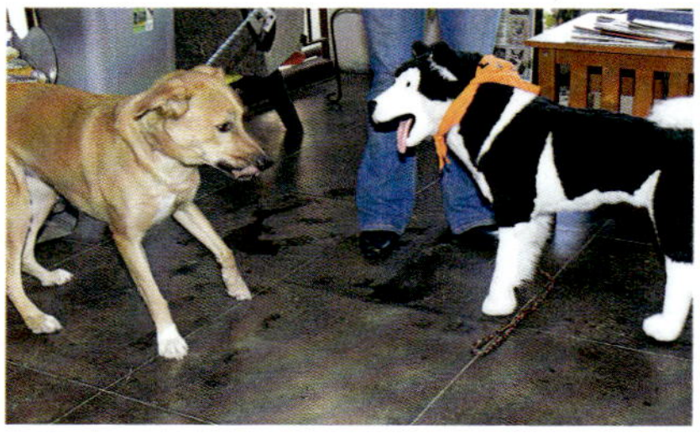

Vorsichtige Annäherung

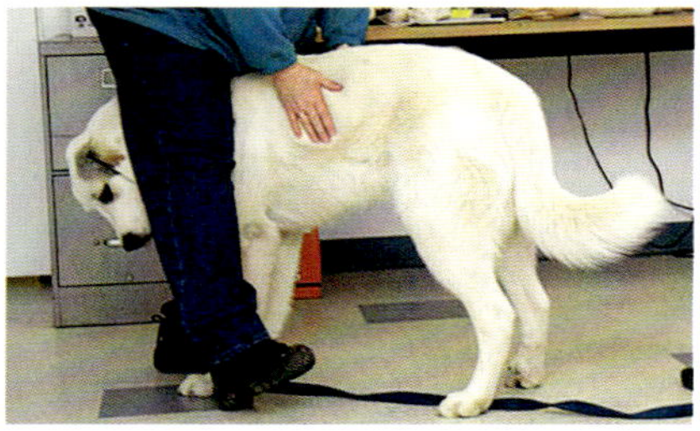

Niedriger / eingezogener Schwanz

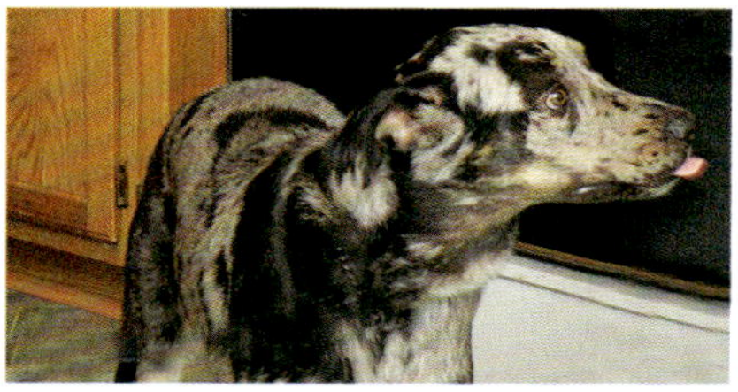

Schnelles und häufiges Schnauzenlecken

Angespannter Maulbereich. Dies kann eine Vorstufe von abgespreizten Barthaaren oder Zähneblecken sein.

Sehr auffällige Stressanzeichen

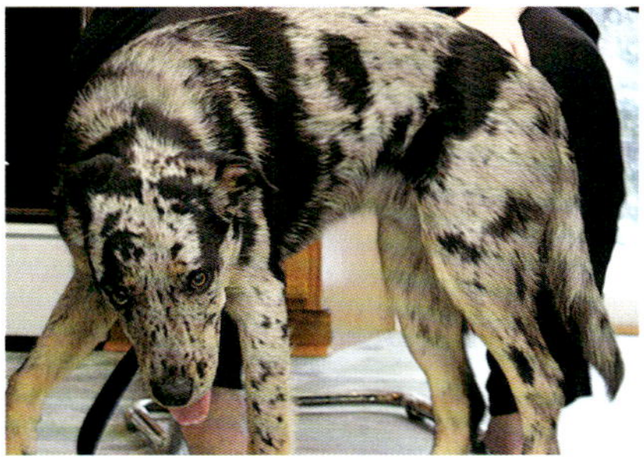

Aufgekrümmter Körper

Große Pupillen

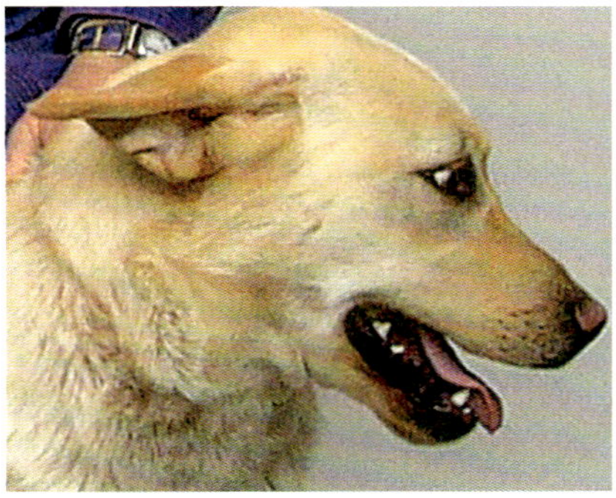

Aufgerissene Augen / zurückgelegte Ohren

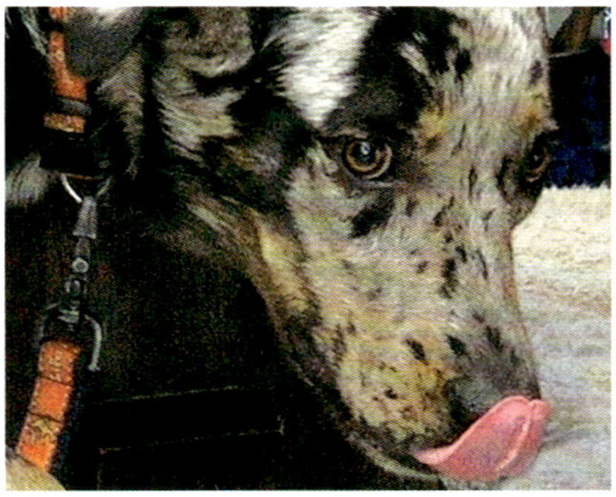

Angespannte Gesichtszüge

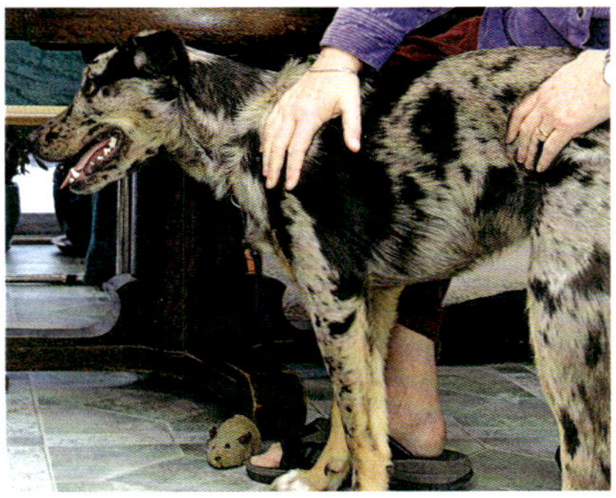

Steifer, angespannter Körper

Starrende Augen

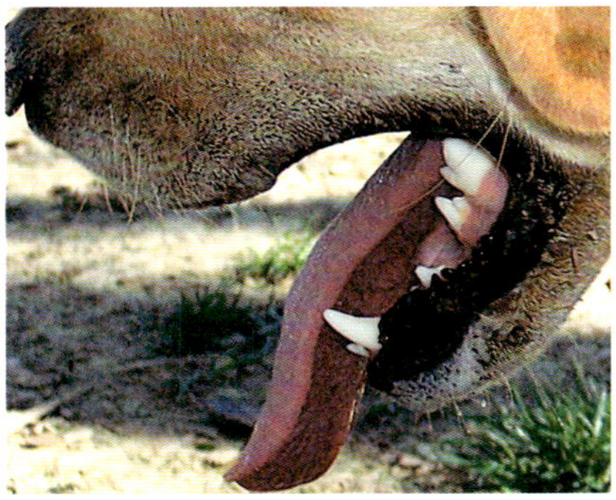

Hecheln und Speicheln

Stark zurückgelegte Ohren

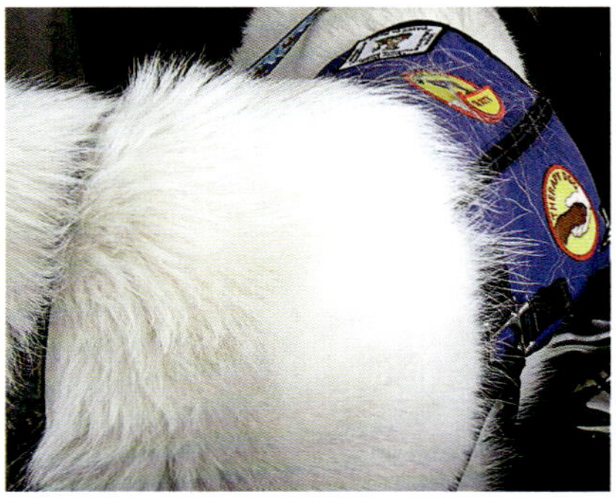

Haarausfall und Schuppen

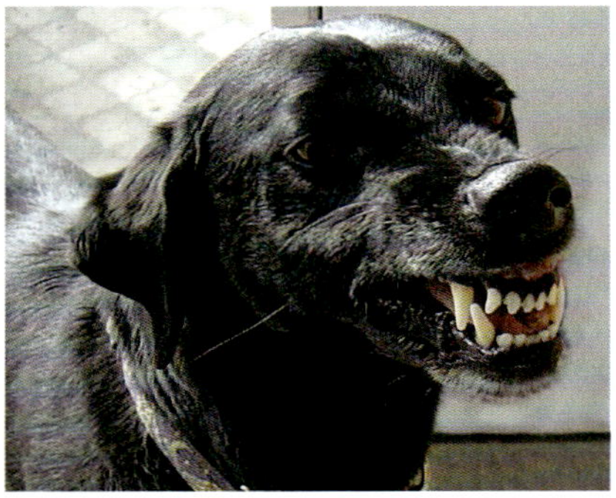

Versteifter Kopf und abgespreizte Barthaare

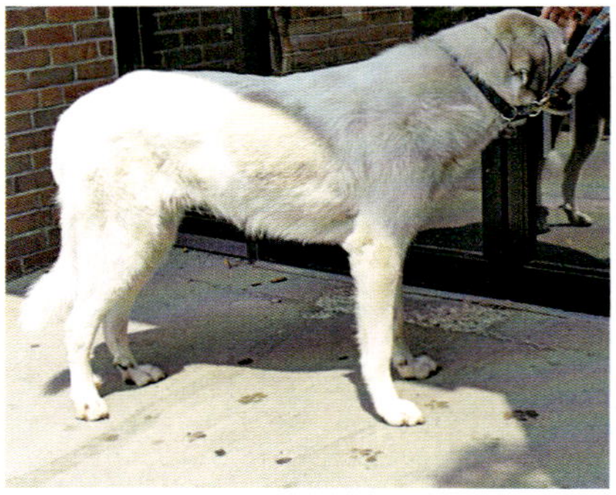

Schweißfüße: Hunde besitzen nur unter den Pfoten Schweißdrüsen. Wölfe haben nicht einmal diese.

Steifer Gang

Der vordere Wolf packt den Hals des hinteren Wolfes. Der hintere hat seine Barthaare abgespreizt und zeigt Leckintention.

Zittern und aufgerissene Augen

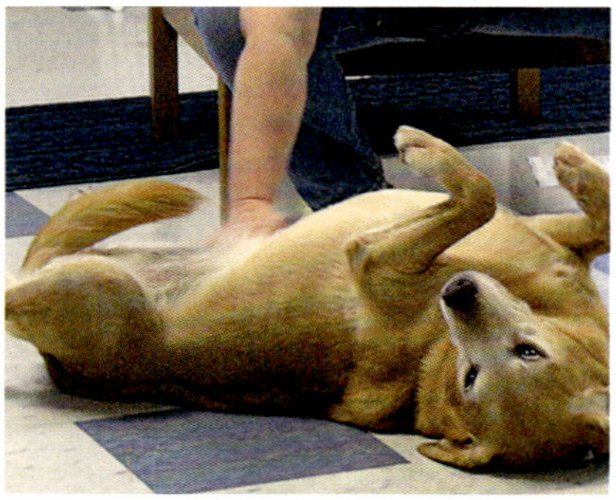

Eingezogener Schwanz

Submission

Unter Submission versteht man ganz allgemein das »Nachgeben« eines Individuums gegenüber einem anderen.

Submissives Verhalten kann strategisch eingesetzt werden und nützt dem Zeigenden auf verschiedene Weisen: Er vermeidet Verletzungen in einem Kampf, er kann eine weniger risikoreiche Position beim Jagen einnehmen, er hat einfachen Zugang zu Ressourcen durch die Allianz mit einem stärkeren Individuum in der Gruppe (Sue Alexander, schriftlich an die Autorin, 09/2007).

Aktive Submission (aktive Demut)

Ein im Status niedrigeres Individuum der Gruppe begrüßt ein im Status höheres. In der Regel geht die Annäherung vom Subdominanten aus. Bei der aktiven Submission sind die Ohren zurückgelegt, der Körper ist relativ klein und der Schwanz eventuell unter den Bauch gezogen. Die Annäherung erfolgt manchmal leicht kriechend; die Tiere zeigen submissives Grinsen, Schnauzenstoß und eventuell Pföteln.

»Aktive Submission wird in normalen Begrüßungen zwischen Hunden und zwischen Hunden und Menschen gezeigt« (Lore I. Haug, schriftlich an die Autorin, 2. 4. 2007).

Links – Aktive Demut: Der linke Wolf macht sich klein, hat die Ohren angelegt und den Kopf abgesenkt. Mit submissivem Grinsen schiebt er sich rückwärts an den anderen heran.

Rechts – Aktive Demut: Leckintention, eingezogener Schwanz, runder Rücken und vor Erregung aufgerichtetes Nackenfell.

»Lästige« Submission

› Siehe auch: Beschwichtigung

Hunde können im Zeigen von Submission gegen Menschen oder andere Hunde extrem lästig sein. Einige Hunde reagieren auf eine Aufforderung zum Sozialspiel so extrem mit aktiver Submission, dass der Spielpartner nicht mit ihnen spielen kann. Sie wälzen sich am Boden, zeigen submissives Urinieren, permanenten Schnauzenstoß, Hüftschieber und anderes Erregungsverhalten, das ein konzentriertes Spiel unmöglich macht.

Hunde können so extrem in ihrem Begrüßungsverhalten gegen Menschen sein, dass die Person einfach überfordert ist und verärgert reagiert. Wenn Hunde eine Vergangenheit mit Gewalt anwendenden Besitzern haben, können sie sich auf solch extreme Weise (submissives Urinieren, Anspringen, permanentes Um-die-Füße-Wuseln, Fiepen etc.) gegenüber ihren neuen Besitzern verhalten. Unter Umständen zeigen sie die »lästige Submission« gegen jeden Menschen, mit dem sie zusammentreffen – und sei es ein Unbekannter auf der Straße.

Extrem lästiges submissives Verhalten von Wolfgang gegen Tristan, der einen höheren Status hat.

Diese Fotos zeigen die gleichen Hunde in drei verschiedenen Situationen. Der schwarz-weiße Hund zeigt regelmäßig lästige Submission, und der braune zeigt unterschiedliche Stufen der Toleranz. Zum Schluss sagt er: »Jetzt ist es aber genug!«

Passive Submission

Die passive Submission ist ein Distanz vergrößerndes Verhalten, während die aktive Submission der Distanzverringerung dient.

Der Wolf oder Hund legt sich auf die Seite oder rollt sich auf den Rücken und präsentiert Bauch und Leistengegend. Dazu zeigen viele ein submissives Grinsen, einen eingezogenen Schwanz und zurückgelegte Ohren. Der Interaktionspartner wird nicht begrüßt; alle aktiven Elemente gegen einen Interaktionspartner fehlen.

Zweimal passive Submission: Einmal stehen zwei Wölfe über demjenigen, der sich auf den Rücken gerollt hat; beim vorderen Paar hat sich ein Wolf auf den anderen gesetzt.

Der Wolf links zeigt eine klassische Pose der passiven Submission. Er liegt auf dem Rücken und zeigt seinen Bauch. Der andere zeigt leichtes Imponierstehen mit aufgerichtetem Nackenfell.

Submissives Grinsen

Links – Pan zeigt submissives Grinsen gegen Louie, der selbstsicher vor ihm steht.

Rechts – Der linke Wolf liegt fast auf dem Rücken und pfötelt gegen den rechten Wolf. Dabei zeigt er ein submissives Grinsen.

Submissives Urinieren

Welpen, aber auch ältere Hunde oder Wölfe können beim Zeigen von Submission Urin absetzen. Die Urinmenge kann von einigen Tropfen bis hin zur kompletten Entleerung der Blase gehen.

Taxonomie

Die Taxonomie ist ein Teilgebiet der Biologie und erfasst Lebewesen aufgrund ihrer Verwandtschaft in einem hierarchischen (Klassen-)System.

Die Klassifizierung von Wölfen sieht folgendermaßen aus:

- Reich: Vielzellige Tiere
- Abteilung: Wirbeltiere
- Klasse: Säugetiere
- Ordnung: Raubtiere
- Familie: Hundeartige
- Gattung: Wölfe
- Art: Grauwolf

Temperament / Wesen

Mit dem Begriff »Wesen« wird die individuelle Persönlichkeit eines Hundes bezeichnet, einschließlich seines Verhaltens gegenüber Menschen, anderen Hunden oder der Umwelt. Es umfasst seine Fähigkeiten, mit Stress und Erregung umzugehen und auf die aggressive Reaktion anderer zu antworten.

Hunde besitzen immense Fähigkeiten, sich auf neue Umwelteindrücke einzustellen und individuelle Verhaltensmuster zu lernen. Einige Verhaltenskomponenten können allerdings eine geringere Plastizität aufweisen. Wenn man Hunde in bestimmten Situationen beobachtet, wird man eine große Ähnlichkeit in der Herangehensweise an unterschiedliche Stimuli beobachten. Zum Beispiel können die Strategien der Annäherung an unbekannte Personen in unterschiedlichen Situationen und über einen längeren Zeitraum sehr konstant und stabil sein. Ein Hund, der auf laute Geräusche mit Angst reagiert, tut dies über Jahre hinweg. Andere Beispiele für Konstanz finden sich bei aggressiven Verhaltenselementen oder bei der generellen Erregbarkeit. Diese stabilen Muster werden unter dem Begriff Wesen oder Temperament zusammengefasst oder, in letzter Zeit, als Persönlichkeit bezeichnet (Svartberg, 2007, S. 182).

Studien und Tests zur Wesensbeurteilung

Es gibt nur wenige standardisierte und kontrollierte Studien zur Wesensbeurteilung. Besonders eine zuverlässige Aussage über die Entwicklung von Wesen oder Persönlichkeit in die Zukunft (zum Beispiel bei Welpen oder Hunden aus dem Tierheim) ist schwierig. Zu viele Faktoren müssen berücksichtigt werden, wenn man den Weg und die Entwicklung von Welpen über Jahre beobachten will. Frühe Traumata, unterschiedliche Trainingserfahrungen, Ernährung, Abgabe an andere Halter und anderes spielt alles eine Rolle hinsichtlich der Persönlichkeitsentwicklung.

Goddard und Beilharz (1986) untersuchten angehende Blindenführhunde auf Charakterzüge wie Ängstlichkeit, Aktivität oder Trainierbarkeit. Sie fanden heraus, dass generelle »Ängstlichkeit« ab der achten Lebenswoche bestimmt werden konnte. Die Aussagekraft des Tests im Hinblick auf Ängstlichkeit beim erwachsenen Hund war allerdings bei einem späteren Testalter deutlich besser.

Das Testen von Welpen und erwachsenen Hunden im Tierheim führt zur erfolgreicheren Vermittlung an Menschen. Als »Erfolg« wird dabei gewertet, wenn der Hund für den Rest seines Lebens bei dem Menschen bleibt.

Für einen individuellen Hund den passenden Besitzer zu finden, ist der wichtigste Faktor für eine erfolgreiche Vermittlung. Die Besitzer sollten über mögliche zu erwartende Probleme informiert werden und bereit und fähig sein, entsprechende Trainingspläne umzusetzen. Der Zuständige im Tierheim muss natürlich auch mit berücksichtigen, welchen Hundetyp die angehenden Besitzer überhaupt wollen. Der Mensch kann noch so fähig und geeignet sein – wenn der Hund nicht in bestimmten wichtigen Aspekten seinen Erwartungen entspricht, wird keine Bindung entstehen und die Angelegenheit ist zum Scheitern verurteilt (Segurson, 10/2007).

Wenn Hunde bestimmte Arbeiten für Menschen ausführen sollen und dafür ein ganz spezielles Training durchlaufen müssen, ist ein vorheriges Testen sinnvoll. Erfahrene Tester und Trainer erkennen viele Eigenschaften, die den erfolgreichen Arbeitshund ausmachen, auf den ersten Blick.

Durch Tests wird die Chance deutlich erhöht, dass der Hund das Training erfolgreich absolviert und später als Blindenführhund, Rettungshund, Assistenzhund, Jagdhund oder bei Polizei / Armee lange und erfolgreich arbeitet. Dabei liegt die Erfolgsrate selbst bei speziell gezüchteten Rassen und vorgeschaltetem Screening nur bei 50%. Ohne Eingangstests und regelmäßige Tests während des Trainings wäre die Durchfallerquote noch höher.

Egal ob man einen Welpen vom Züchter oder einen erwachsenen Hund holt, eine standardisierte Wesensbeurteilung hilft, den geeigneten Hund für eine individuelle Aufgabe zu finden. Selbst bei Welpen, die später eine reine Familienhund-Karriere vor sich haben, sind bestimmte Überlegungen sinnvoll. Schüchternheit, Geräuschempfindlichkeit oder früheres Zeigen von Ressourcenkontrolle müssen nicht unbedingt ein schönes Hundeleben verhindern. Beim richtigen Besitzer und frühzeitig richtig behandelt, sind sie vielleicht schon drei Monate später Geschichte. Bei Hunden, die für einen bestimmten Arbeitseinsatz vorgesehen sind, sollte man allerdings keine Wagnisse eingehen und sich auf Therapiemaßnahmen verlassen. Hier sollte von vornherein alles stimmig sein.

Um konstant gute Arbeitsleistung zu bringen und bei der Arbeit nicht chronisch gestresst zu sein, sollten Assistenzhunde von Anfang an entspannt mit und neugierig auf Menschen sein. Sie sollten entspannt auf unbekannte Orte, Gerüche, Geräusche etc. reagieren und sich von einem unangenehmen / stressreichen Erlebnis schnell wieder erholen. Sie sollten neugierig-aufgeschlossen auf all die kleinen und großen Überraschungen reagieren, denen sie im Leben mit einem behinderten Menschen begegnen.

Dee Ganly erzählt von ihren Erfahrungen beim Testen von Tierheimhunden: Wesenstests geben uns Informationen darüber, welches emotionale Bild Hunde von der Welt haben. Dabei ist das, was wir im Test sehen, immer eine Mischung aus Genen und Lernerfahrungen. Einige unerwünschte Elemente können wir über Training mit positiver Verstärkung verbessern, andere benötigen lebenslange konsequente Managementmaßnahmen.

Die Skalierung der Probanden im Test ist ein kritischer Faktor für die erfolgreiche Vermittlung. Der Hund soll zum Menschen passen und umgekehrt; die Methode für die korrekte Zusammenführung muss objektiv und nachvollziehbar sein. Grundsätzlich teilen wir Hunde in drei Kategorien ein:

Kategorie 1: »Ich bestimme, was hier läuft!«
Solche Hunde sind herausfordernd, lästig und hektisch und brauchen einen erfahrenen Besitzer. Ein Hundetrainer wäre nicht schlecht …

Kategorie 2: »Was kann ich für dich tun?«
Diese Hunde fügen sich problemlos in eine Gruppe ein. Sie sind einfach zu trainieren und das Zusammenleben ist entspannt. Sie eignen sich für Familien mit Kindern aller Altersstufen.

Kategorie 3: »Löwen / Tiger / Bären – du liebe Güte!« Hunde mit Angstproblemen, die:

- sehr ängstlich und scheu sind; sie sind sehr schwierig zu trainieren, da sie kaum auf Belohnungen ansprechen.
- aus Angst oft aggressiv reagieren; auch hier kann die Angst dazu führen, dass das Training problematisch oder zumindest langwierig ist. Der klassische Angstbeißer kann unvorhersehbar reagieren und benötigt sein ganzes Leben lang 100-prozentiges Management.

Einige Hunde passen nicht eindeutig in die eine oder andere Kategorie. Sie zeigen eine Mischung aus angenehmen und unangenehmen Verhaltensmustern und benötigen das entsprechende gute Management und Training. Grundsätzlich ist die Einordnung in diese Kategorien hilfreich, um Hunde erfolgreich zu vermitteln (Ganley und Lyon, 2004).

Trennungsangst

Wenn ein Hund Anzeichen von Angst zeigt, während er allein ist, wird dies als Trennungsangst bezeichnet. Die auffälligsten Verhaltenselemente bei Trennungsangst sind: Kot- oder Urinabsatz, Zerstörung von Einrichtungsgegenständen, lautes Bellen oder Heulen. Speicheln, Hecheln und kognitive Zeichen von Angst sind vermutlich vorhanden, werden aber seltener vom Besitzer beobachtet (Overall, 2001, S. 4).

T-Stellung

› Siehe auch: Aufreiten

Ein Canide nähert sich der Schulterregion eines anderen von der Seite. Dabei kann der Kopf auf den Rücken des anderen gelegt werden, oder es wird nur die Nase gegen dessen Pelz gedrückt. Wenn man sich das Ganze von oben ansehen würde, würden beide Tiere zusammen ein großes »T« bilden. Der eine wäre der Längsbalken, der andere der Querbalken. Wer dabei der Aktivere (der »Herausforderer«) ist, lässt sich schwer sagen. Ein sehr sicheres Individuum hat sich eventuell (als Querbalken) einem anderen in den Weg gestellt. Möglich ist aber auch, dass sich ein Individuum dem anderen als »Längsbalken« nähert, um demnächst aufzureiten.

Ein Rüde nähert sich einer läufige Hündin eventuell von der Seite, um dann aufzureiten. Wenn zwei Rüden eine T-Stellung einnehmen, kann es ebenfalls sein, dass einer beim anderen aufreitet (Goodman et al., 2002).

Links – Bronte und Pan zeigen eine T-Stellung im Spiel.

Rechts – Die Fähe schiebt sich rückwärts an ihren Partner heran. Auch so kann eine T-Stellung entstehen.

Glück ist ein warmer Welpe.

Charles Schulz

Es gibt kein Versprechen, das nicht irgendwann doch gebrochen wurde – außer der Treue eines Hundes.

Konrad Lorenz

ABSCHNITT 23

Übereinander stehen bis Vorspringen mit Bellen

Wölfe heulen im Chor.

Übereinander stehen

Wenn sich ein Canide über einen anderen stellt, kann dies je nach Kontext und begleitenden Signalen verschiedene Bedeutungen haben. Ein Rüde kann sich über eine Fähe oder Hündin stellen, um sie gegen andere Rüden abzugrenzen. Es kann sich auch um provokatives Austesten von Grenzen handeln oder um zu erreichen, dass der andere aufsteht. Als Rang anmaßendes Verhalten kann es eine ritualisierte aggressive Auseinandersetzung starten; es kann aber auch Ausdruck einer engen Bindung sein oder wird direkt im Rahmen der Balz gezeigt.

Links – Hier genießen die Geschwister einen ruhigen Augenblick.

Rechts – Übereinander stehen als Provokation. Der untere Wolf ist nicht erfreut darüber.

Übersprungsverhalten

› Siehe auch: Calming Signals, Abbruchsignale, Distanz vergrößerndes Verhalten, Stressanzeichen

Verhaltensweisen, die für die Situation, in der sie gezeigt werden »unpassend« wirken beziehungsweise nicht zum Kontext passen, werden Übersprungsverhalten genannt.

Die Hunde zeigen sie aus einem inneren Konflikt heraus; sie sind motiviert, ein bestimmtes Verhalten zu zeigen, werden aber daran gehindert. Verschiedene und gegensätzliche Emotionen konkurrieren und das Tier weiß sprichwörtlich nicht, was es machen soll.

Übersprungsverhalten wird in Konflikten oder frustrierenden Situationen gezeigt. Der Hund ist motiviert, verschiedene und widersprüchliche Verhaltensmuster zu zeigen (zum Beispiel Annäherung-Rückzug,

Übersprungsverhalten: Der linke Hund inspiziert seine eigene Genitalregion.

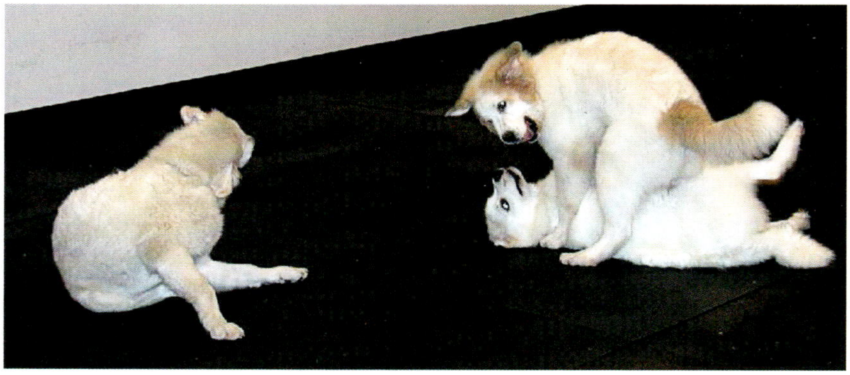

Lear kratzt sich, während seine beiden acht Monate alten Wurfgeschwister wild spielen. Das Übersprungsverhalten macht seinen Konflikt deutlich: Soll er in das Spiel einsteigen oder nicht? Es kann aber auch sein, dass ihn beide gerade vorher aus dem Spiel ausgeschlossen haben.

Begrüßung und Angst vor Strafe). Keines der Verhaltensmuster, zu denen der Hund stark motiviert ist, kann gezeigt werden und so wird ein drittes Verhaltensmuster (das Übersprungsverhalten) gezeigt. Auch bei Frustration, wenn der Hund daran gehindert wird, ein für ihn wichtiges Verhalten zu zeigen, kann Übersprungsverhalten auftreten. Es handelt sich dabei immer um Elemente aus dem normalen Verhaltensrepertoire der Hunde, nur zur falschen Zeit und in der falschen Situation (Overall und Landsberg, 2002).

Wenn Hunde sich unsicher oder gestresst fühlen, zeigen sie oft Übersprungsverhalten. Durch das Zeigen eines gut geübten/gewohnten Verhaltens kann sich der Hund aus der Situation herausziehen, kann sich mit etwas anderem beschäftigen und muss nicht auf den Stressor reagieren.

Übersprungsverhalten ist keine gezielte Kommunikation mit einem Gegenüber; es ist eher eine En-passant-Information über den emotionalen Zustand desjenigen, der es zeigt.

»Die meisten, wenn nicht alle, Übersprungsverhalten sind willentlich ausgeführt: Am Boden schnüffeln, Sich-Kratzen« (Lore I. Haug, schriftlich an die Autorin, 08/2007).

Aus dem Spiel mit Artgenossen oder Menschen heraus können sich Hunde plötzlich hinsetzen und ihre Analregion beschnuppern. Auch dies stellt Übersprungsverhalten dar und ist ein Zeichen dafür, dass für den Hund im Spiel Stress entstanden ist.

Oben – Im Spiel dieser beiden heranwachsenden Hunde haben sich nach und nach Spannungen ergeben. Sie haben das Spiel unterbrochen und liegen jetzt recht nahe beieinander. Beide zeigen Übersprungsverhalten. Louie beschnuppert angestrengt den Boden und Cary hat den Kopf abgewendet und gähnt herzhaft. Übersprungsverhalten in so einer Konstellation zeigt, dass beide Hunde Stress haben, aber aus der Situation noch nicht herauskönnen. Etwas hält sie psychisch fest.

Rechts oben – Die Vorderkörpertiefstellung von Louie kommt hier als Übersprungsverhalten.

Rechts unten – Schnuppern im Duett

Unten – Strecken und Blinzeln rechts als Wohlfühlzeichen; links Schnuppern am Boden

Umarmung

› Siehe auch: Fortpflanzungsverhalten

Pat Goodman, Wolfsforscherin im Wolf-Park, beschreibt dieses Verhalten in ihrem Ethogramm folgendermaßen:

Die Tiere umarmen sich im Hals-/Schulterbereich mit einer oder beiden Vorderpfoten, zeigen dabei aber keinen Beckenstoß. Parallel wird Begrüßungsverhalten oder submissives Verhalten gezeigt. Hin und wieder dient das Umarmen dazu, Kopf oder Hals eines Gegners zu fixieren (Goodman et al., 2002, S. 15).

Links oben – Ritualisierte Aggression. Die Deutsche Dogge umklammert den anderen.

Links Mitte – Umklammerung beim Maulringen

Links unten – Umklammerung im spielerischen Ringkampf

Rechts – Umklammerung während der Werbung des Rüden um die Fähe

Umgerichtetes Verhalten

Wenn ein Hund den eigentlichen Adressaten für ein bestimmtes Verhalten nicht erreichen kann und sein Verhalten stattdessen gegen jemand/etwas anderes richtet, spricht man von umgerichtetem Verhalten (Sue Alexander, schriftlich an die Autorin, 08/2007).

Man nennt es umgerichtetes Verhalten, wenn sich ein bestimmtes Verhalten weg vom eigentlichen Ziel gegen ein anderes, eventuell weniger passendes Ziel richtet. Oft hat sich das weniger geeignete Ziel für den Hund in den Vordergrund geschoben und ein gerade gezeigtes Verhaltensmuster gestört oder unterbrochen. Dann wird das entsprechende Verhalten gegen das neue Ziel gerichtet. Im Gegensatz zum Übersprungsverhalten ändert sich das Verhaltensmuster bei dieser Zielverschiebung nicht (Overall, 2001, S. 3).

Zum Beispiel kann sich ein Hund, der an der Leine aggressiv gegen einen anderen Hund vorspringt, plötzlich umdrehen und seinen Besitzer, der an der Leine ruckt, in den Arm beißen.

Umwelt

Jakob von Uexkull war einer der Ersten, der den Begriff »Umwelt« benutzte (von Uexküll, 1909, Umwelt und Innenwelt der Tiere). Der Begriff steht für das, was ein Lebewesen umgibt, was es wahrnimmt und wodurch es beeinflusst wird. »Umwelterfahrungen« sind individuell und subjektiv. Aus diesem Grund konnte dafür nicht einfach der Begriff »Natur« oder »Welt« genommen werden.

Unterbrecher

› Siehe auch: Hemmung und Rollenwechsel

Unterbrecher sollen steigende Erregung und Hektik im Spiel »herunterfahren«, sodass die Interaktion nicht eskaliert. Als Unterbrecher eignen sich zum Beispiel: Hinlegen, Wälzen, Vorderkörpertiefstellung, Schnüffeln oder sich kurz aus dem Spiel zu entfernen, um etwas zu trinken.

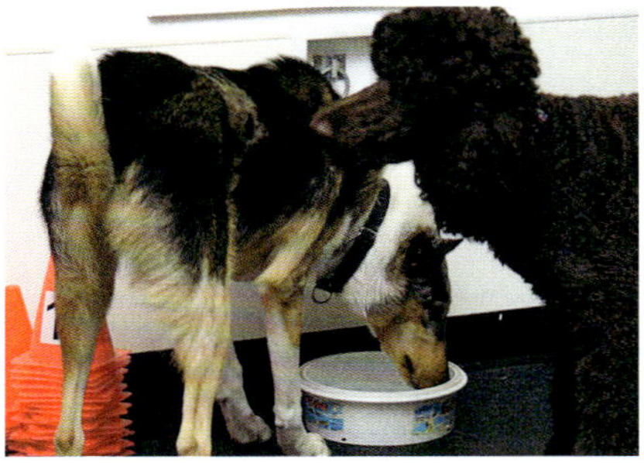

Links – Mitten im Spiel eine kurze Trinkpause einzulegen hat unter Umständen nichts mit Durst zu tun. Man beachte Pans aufgerichtetes Rückenfell.

Rechts – Sich mitten im Spiel einfach hinzulegen kann auch ein wirkungsvoller Unterbrecher sein.

Vokalisation

› Siehe auch: Allelomimetisches Verhalten, Et-epimeletisches Verhalten

Caniden können auf viele verschiedene Arten vokalisieren und damit unterschiedliche Emotionen und Absichten ausdrücken.

Bellen

Bellen ist eine Lautäußerung, die bei Wölfen nicht gezeigt wird. Es hat sich aus dem Heulen der Wölfe entwickelt. Einige Rassen können bei der Jagd ein heulähnliches Bellen zeigen, mit dem sie andere Hunde und den Jäger auf die Jagd mitreißen (Dibra und Crenshaw).

Wicked ist frustriert und bellt fordernd.

Heulähnliches Bellen

Ein kurzes Bellen in häufiger Wiederholung und ohne Variationen in Lautstärke oder Ton heißt: »Geh weg! Geh weg!«

Beim Warnbellen variieren Hunde Lautstärke, Kadenz und Tonfall. Es kann gemischt mit Knurren oder Wuffen gezeigt werden und bedeutet immer eine Warnung oder Drohung. Der Ton ist oft tief und kehlig. Die Maulspalte ist meist kurz und andere Drohsignale werden parallel gezeigt.

Mit forderndem Bellen signalisieren Hunde Frustration und den Wunsch nach Aufmerksamkeit. Es nimmt im Verlauf meist in Lautstärke und Intensität zu, wenn der Hund nicht das gewünschte Ziel erreicht. Die Maulspalte ist meist lang, die Körperstellung ist angespannt und erwartungsvoll.

Fiepen, Winseln

Fiepen und Winseln zeigen einen negativen emotionalen Zustand an: Angst, Furcht, Hunger, Einsamkeit etc. Es sind Aufmerksamkeit einfordernde Geräusche.

Wuffen

Die Luft im Maul wird kurz und heftig ausgestoßen. Es hört sich an wie ein gedämpftes kurzes Bellen. Hunde setzen es zur Begrüßung und zur Warnung ein.

Pan spannt seine Backenmuskeln als Vorbereitung zum Wuffen an.

Knurren

Im Spiel und bei ritualisierter Aggression wird oft geknurrt. Es ist ein Warnsignal.

Heulen

Bei Konflikten kann es hilfreich sein, sich größer zu machen, als man eigentlich ist, um den Gegner abzuschrecken. Wölfe stellen sich mit durchgestreckten Beinen hin und produzieren tiefe Töne (Knurren, Grollen). In Konflikten wird hauptsächlich geblufft und nur selten fließt Blut. Dieses Prinzip kann man auch auf das Rudel übertragen. Ein großes Rudel hat weniger Probleme mit den Nachbarn. Das Chorheulen eines Rudels stellt auch einen Bluff dar.

Anstatt dass Wölfe in einem einzigen Ton heulen, modulieren sie die Töne. Wenn mehrere Wölfe gleichzeitig heulen, wird es schwierig, ein einzelnes Tier herauszuhören oder überhaupt zu bestimmen, wie viele zusammen heulen. Dazu kommt, dass das Geräusch von Felsen, Bäumen oder Berghängen reflektiert wird. Für andere Rudel kann es sich nach sehr vielen Tieren anhören, selbst wenn nur zwei heulen. In der Ethologie wird dies auch »Beau-Geste-Effekt« genannt (Harrington, www.pbs.org/wgbh/nova/wolves/howl.html).

Wölfe heulen auch einzeln, um Informationen über ihren Standort zu geben oder bei anderen abzufragen.

Wölfe sind nicht die einzigen Caniden, die heulen. Kojoten heulen zum Beispiel aus den gleichen Gründen wie Wölfe. Auch manche Hunde heulen. Je nach Größe des Hundes kann es sich wie das Heulen von Wölfen anhören. Viele Hunde (auch die kleinsten) heulen begleitend zu Feuer- oder Polizeisirenen. Manchmal reagieren Hunde mit Heulen, wenn sie in der Ferne andere Hunde bellen oder heulen hören. Hunde heulen erst, wenn sie erwachsen sind. Wölfe können manchmal schon als Welpen heulen.

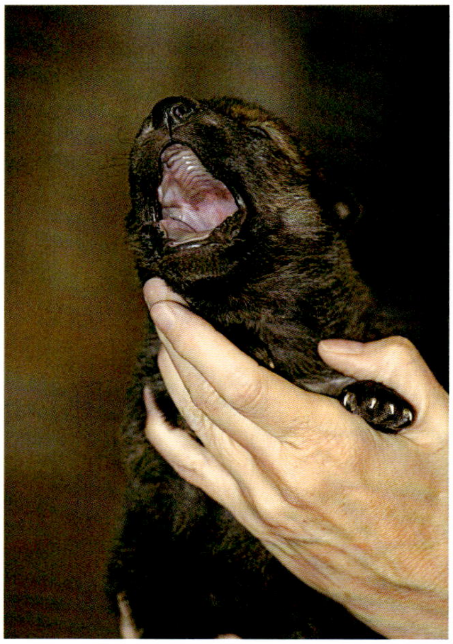

Schon mit knapp zwei Wochen kann dieser Wolfswelpe heulen.

Ein einzelner Wolf heult.

Vorderkörpertiefstellung

› Siehe auch: Spiel, Metasignale

Die Vorderkörpertiefstellung ist eine Position, von der aus sich der Hund spontan und einfach in viele Richtungen bewegen kann. Die Muskeln können dabei gedehnt werden; der Kopf wird tief getragen und gibt dem Ganzen eine eher unbedrohliche Wirkung (Bekoff, 1995, S. 5).

Die Vorderkörpertiefstellung wird dem Spielverhalten zugerechnet, wird aber in den unterschiedlichsten Verhaltensbereichen gezeigt, um sich deutlicher zu präsentieren. Sie kann kurz zwischendurch gezeigt werden, wenn ein Rüde um eine Hündin wirbt, kann aber auch bei der Jagd auftreten oder wird eben genommen, um ein entspanntes Spiel anzubieten (Bekoff, 1995, S. 7).

Während der Jagd hüpfen Wölfe oft mit der Vorderkörpertiefstellung vor der Beute herum; nähern sich an und springen wieder zurück. Sie testen damit die Wehrhaftigkeit ihres Opfers. Wenn es die Nerven verliert und zu flüchten versucht, exponiert es seine Hinterhand für eine Attacke. Vor allem Elemente aus dem Jagdverhalten findet man häufig in Spielsequenzen eingeflochten.

Mit der Vorderkörpertiefstellung haben gerade unsichere Tiere alle Optionen offen und können jederzeit in die verschiedensten Richtungen agieren.

- Die Vorderkörpertiefstellung gehört zu den Metasignalen:
- Sie wird eingesetzt, um den entspannten Charakter des Spiels zu erhalten, wenn andere Signale falsch interpretiert werden könnten: zum Beispiel, wenn im Spiel Beißen und Beißschütteln gezeigt werden.
- Sie hilft die Bedeutung anderer Signale, die kurz vorher oder kurz danach gezeigt werden, zu verdeutlichen. Die Vorderkörpertiefstellung bedeutet nicht nur »Ich will spielen«, sondern auch »Ich spiele hier – unabhängig von dem, was ich gerade getan habe oder gleich tun werde. Ich möchte spielen – auch wenn du gerade etwas anderes gedacht hast« (Bekoff, 1995, S. 3).

Bei Jagdspielen wird nicht nur mit der Vorderkörpertiefstellung gestartet, sondern zwischendurch werden auch die Rollenwechsel zwischen Beute und Jäger damit eingeläutet.

Die Vorderkörpertiefstellung kann eine drohende Eskalation im Spiel unterbrechen.

Wenn ein Rüde um eine Hündin wirbt, zeigt er mit dieser Stellung sein Interesse und setzt es als Aufforderung zu mehr Interaktion ein.

Links – Mittelding zwischen Lauern und Rückzug während der Jagd

Rechts – Vorderkörpertiefstellung als Abbruchsignal

Links oben – Vorderkörpertiefstellung als Metasignal, um Anspannung und Erregung abzumildern

Links unten – Weiterrollen aus der Vorderkörpertiefstellung lässt den Welpen lernen: Dies ist Spiel.

Rechts – Vorderkörpertiefstellung als Spielaufforderung

Links – Lear, der weiße Hund, fordert mit direktem Augenkontakt zum Spiel auf. Pan, der Collie, ist noch unentschlossen. Er ließ seinen Ball fallen und hat die Pfote gehoben. Die Körpersprache geht leicht in Richtung »Distanzvergrößerung«.

Rechts – Der linke Wolf umwirbt die Fähe rechts.

Vorsicht

Mit einer gewissen Vorsicht nähern sich die Kojotenwelpen ihrer ersten Wassermelone.

Neue und / oder unbekannte Situationen oder Objekte werden vorsichtig erkundet. Zum Ausdrucksverhalten »Vorsicht« gehören die folgenden Elemente: vorgestreckte Pfoten und langer Hals, Ohren aufgerichtet oder zurückgelegt, deutlicher Fokus mit den Augen, Zögerlichkeit oder Stehenbleiben. Das Gewicht ist eher auf die Hinterbeine verlagert, sodass der Körper vom »bedrohlichen« Objekt wegzeigt. Besonders dieses Nach-hinten-Schieben vom Körper spricht für Unsicherheit oder Angst.

Das Dränagegitter wird vorsichtig beäugt.

Vorspringen mit Bellen

› Siehe auch: Aggression aus Angst und Frustration, Distanz vergrößerndes Verhalten

Wenn ein Hund in Begrüßungssituationen durch Leine oder Zaun daran gehindert wird, intensiven Kontakt mit einem anderen Hund aufzunehmen, kann er aus Frustration mit Vorspringen und Bellen reagieren. Wird die Frustration stärker, weil die »Behinderung« nicht aufhört, kann er irgendwann aggressiv reagieren.

Aggressives Vorspringen mit Bellen aus Frustration (aufgrund der straffen Leine). Dies ist ein Distanz vergrößerndes Verhalten.

Die Hündin links bellt und springt gegen einen anderen Hund im Auslaufgebiet vor. Sie scheint es sehr ernst zu meinen. Ihr Schwanz ist hoch gereckt, die Ohren zeigen nur leicht nach hinten, die Nackenhaare sind aufgerichtet und die Maulspalte ist kurz. Der rechte Hund versucht, zu deeskalieren. Er wendet den Kopf leicht ab und hebt eine Pfote. Die längere Maulspalte zeigt seine Unsicherheit.

Hunde sind die ungehemmten Lebewesen, die wir auch sein könnten – wenn wir nicht permanent denken würden, wir dürften es nicht sein. Ich glaube, das macht Hunde so anziehend für uns.

Georg Bird Evans

Der Hund ist der eine, absolut uneigennützige Freund, den der Mensch in dieser egoistischen Welt haben kann. Der Freund, der einen nie verrät, nie verlässt oder nie undankbar ist.

Samuel Coleridge

ABSCHNITT 24

Wälzen bis Zoomorphismus

Wolfswelpen stoßen mit ihren Schnauzen gegen Kehle und Maul der Mutter, um das Hervorwürgen von Futter auszulösen.

Wälzen

Caniden wälzen sich aus vielen Gründen. Sie können dadurch einen bestimmten Bereich mit ihrem Geruch markieren, sie können einen bestimmten Geruch annehmen, sie können damit ein Körperteil »kratzen«, an das sie nicht so einfach mit Krallen oder Zähnen herankommen – oder sie haben einfach Spaß dabei. Einige Hunde wälzen sich kurz, um ein Spiel zu unterbrechen, das zu hektisch zu werden droht. Über das Wälzen können sie ihren eigenen und den Erregungslevel der Spielkumpane »herunterfahren«. Caniden scheinen eine Vorliebe für das Wälzen in Aas oder anderen stinkenden Dingen zu haben.

Das Annehmen und Verteilen von Gerüchen ist eine Form der Kommunikation. Nach Goodman (Wolf-Park-Verhaltensseminar, 2007) tragen Wölfe so auch Informationen über Nahrung (Zustand und Lokalisation der Beute) zum Rudel. Wenn sich unsere Haushunde in Gerüchen wälzen, ist dies ein ritualisiertes Überbleibsel von ihren Vorfahren. Haushunde benötigen diese Informationen eigentlich nicht mehr für ihr Überleben.

Rechts oben – Louie wälzt sich einfach nur aus Spaß auf dem Boden herum.

Rechts Mitte – Die Dogge hat durch das Wälzen ein hektisches Spiel unterbrochen.

Rechts unten – Vielleicht verteilt dieser Wolf seinen Geruch auf dem Schnee.

Links – Der Wolf wälzt sich in einem »spannenden« Geruch.

Wegschieben

› Siehe auch: Pfotenstoß, Pfotendrücken

Caniden können sich sowohl beim Spiel, in einer ritualisierten aggressiven Auseinandersetzung als auch im Ernstkampf massiv mit den Pfoten wegschieben. Ein Hund oder Wolf schiebt einen anderen mit allen vier Pfoten massiv zur Seite oder nach oben.

Links – Das Spiel dieser beiden sieht schon fast akrobatisch aus. Der obere Hund hat einen leicht runden Rücken, ein Hinweis auf eine mögliche sexuelle Erregung. Vielleicht wollte er bei dem anderen aufreiten. Der untere Hund wehrt ihn ab, indem er ihn nach oben wegschiebt.

Rechts – Geschwistertreffen: Zwei acht Monate alte Pyrenäen Berghunde spielen. Der Junghund am Boden schiebt den anderen mit allen vier Pfoten von sich weg.

Eine ritualisierte aggressive Interaktion. Der obere Wolf hat die Kontrolle übernommen. Er droht nach unten mit Zähneblecken und Fixieren mit den Augen. Das aufgerichtete Fell über den ganzen Rücken zeigt seine Erregung. Er steht teilweise auf seinem Gegner. Der liegende Wolf zeigt Aggression aus der submissiven Position heraus. Er drückt den anderen mit allen vier Füßen von sich, hat ein weit aufgerissenes Maul und zeigt ebenfalls Drohfixieren.

Welpenschutz

Welpen bis zur sechzehnten Lebenswoche können sich gegenüber älteren Hunden einige Freiheiten herausnehmen. Dunbar beschreibt das Phänomen so: »Es scheint eine Art Freischein für Welpen zu geben – sie können eine wahre Pest für andere sein, ohne dass dies besonders harte oder dramatische Aktionen nach sich ziehen muss.« Nach der sechzehnten Lebenswoche ändert sich dies. Die jungen Hunde verändern sich physiologisch und morphologisch und die Interaktion mit älteren Hunden findet zunehmend in einem anderen sozialen Kontext statt (Clothier, 2002, S. 6).

Es besteht aber kein grundsätzlicher Welpenschutz in dem Sinne, dass mit Welpen niemals härter umgegangen wird. Wenn Welpen lästig sind, dürfen ältere Hunde durchaus auch massiver zur Ordnung rufen.

Der Welpe stößt mit der Schnauze gegen den älteren Pyrenäen Berghund. Er hat noch das Alter, in dem er sich »Frechheiten« (zum Beispiel auch das Stehlen von Futter oder Spielzeug) erlauben kann.

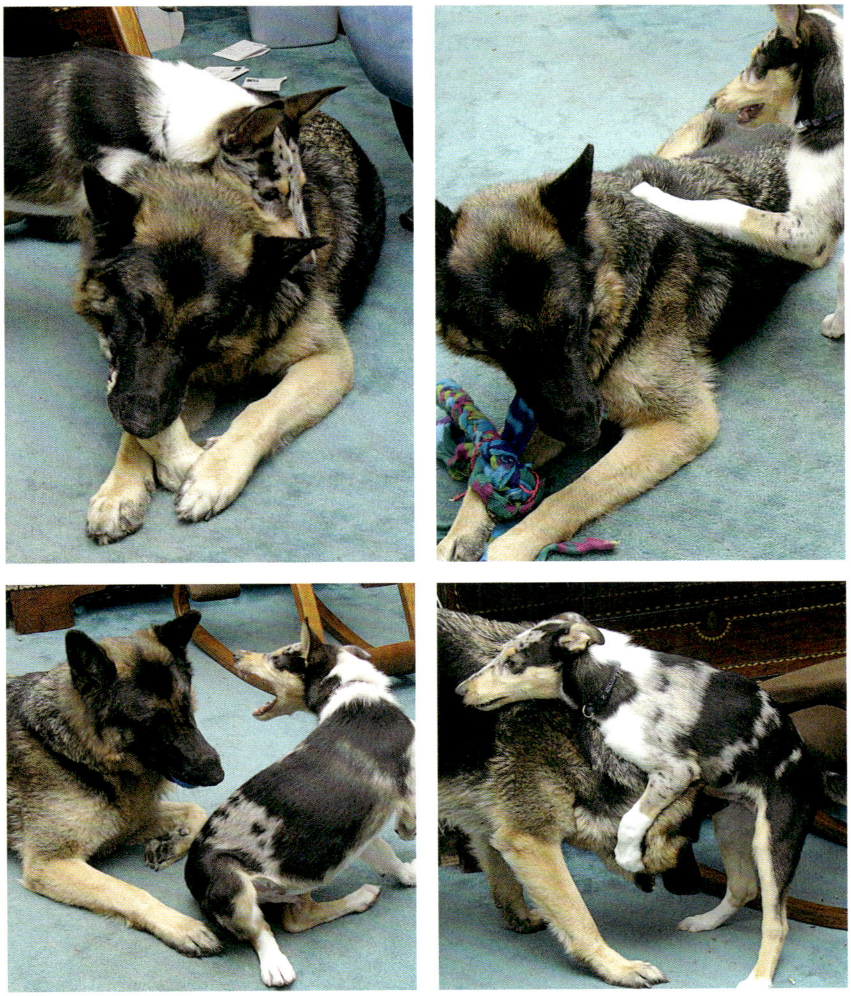

Oben links – Pan baut auf seinen »Freischein« als Welpe, wenn er wie hier den Kopf auf Lucas Schultern legt. Das Kopfauflegen kann der Einstieg in sexuell gefärbtes Verhalten sein oder der Versuch, die Kontrolle über die Situation zu erlangen. Vielleicht will Pan auf diese Weise an Lucas Knochen. Was auch immer der Grund ist – Pan fordert sein Glück heraus, und wenn er nicht so jung wäre, hätte Luca längst geknurrt oder ihn am Boden festgenagelt. Stattdessen ignoriert Luca ihn einfach.

Oben rechts – Pan drückt massiv mit einer Vorderpfote gegen Luca, zeigt Zähneblecken und gesträubte Barthaare. Luca ist der Inbegriff an Duldsamkeit. Er kaut an seinem Spielzeug und ignoriert Pan. Der leicht geneigte Kopf und die seitlich gedrehten Ohren zeigen allerdings, welcher emotionale Konflikt in ihm herrscht.

Unten links – Pan bellt Luca ins Gesicht, bleckt die Zähne und hat das Maul weit aufgerissen. Alles zusammen eine ernstzunehmende Drohung. Luca hat sich hingelegt und den Kopf leicht abgesenkt. Noch hat Pan nicht Lucas Toleranzgrenze überschritten. Luca kaut allerdings heftig auf einem kleinen Ball, um seinen Stress etwas abzubauen.

Unten rechts – Pan übertreibt es jetzt wirklich: Er springt Luca auf den Kopf.

Welpenverhalten und Sozialisation

Die primäre Phase für die Sozialisation liegt zwischen der dritten und dreizehnten Woche. Diese Zeitspanne ist auch kritisch für die Entwicklung erster sozialer Kontakte mit Menschen und Bindungen an Menschen. Welpen, die in dieser Phase nur wenige Kontakte hatten, fallen später deutlich häufiger mit Verhaltensproblemen (besonders Angst und Aggression) auf als Welpen, die ein breites Spektrum der belebten und unbelebten Umwelt kennenlernen konnten. Welpen, die bis zur sechzehnten Lebenswoche isoliert von Artgenossen aufwuchsen, zeigten signifikant mehr Angstverhalten beim Hundekontakt und reagierten dann aggressiv. Sie konnten nicht entspannt und mit viel soziopositivem Verhalten mit anderen Hunden interagieren. Solche Welpen hatten die Fähigkeit verloren, Fremden gegenüber Spielverhalten zu zeigen. Zahlreiche Forschungsarbeiten haben gezeigt, dass die Sozialisationsphase im Hinblick auf eine normale Verhaltensentwicklung eine kritische Zeit ist.

Ein Welpe mit einer Parvovirus-Infektion stirbt unter Umständen innerhalb kürzester Zeit; Welpen mit einem Verhaltensproblem sterben innerhalb weniger Jahre. Die Zeitspanne zwischen Parvo-Infektion und Tod ist kurz – der Sinn von Vorbeugemaßnahmen (Impfen) ist für Menschen leicht nachvollziehbar. Die Zeitspanne zwischen mangelhafter Sozialisation und der Euthanasie aufgrund eines Angst- oder Aggressionsproblems kann sehr lang sein. Sinn und Nutzen von Sozialisierungs- und Erziehungsprogrammen für Welpen sind deshalb nicht so eingängig und werden oft unterschätzt. Hunde, die im Tierheim abgegeben werden, haben mit großer Wahrscheinlichkeit schon eine Tierheim-Vorgeschichte. Es ist aus den vorhandenen Daten nicht erkennbar, ob die abgegebenen Hunde für die Besitzer aufgrund der Vorgeschichte »weniger wert waren«, ob sie aufgrund der Verhaltensprobleme abgegeben wurden oder ob noch andere Gründe dahinterstanden. Eine kürzlich erstellte Studie zeigte deutlich, dass Hunde, die eine Welpengruppe besucht hatten, deutlich seltener abgegeben werden als Hunde, die keine intensivere Sozialisation genossen hatten.

Verhaltensprobleme sind der Hauptgrund für die Abgabe eines Hundes in ein Tierheim. Sie sind auch der Hauptgrund, warum Hunde in Tierheimen eingeschläfert werden. Weil Verhaltensprobleme bei Welpen nicht besonders auffällig sind, wird ihnen in Tierheimen nicht besonders viel Aufmerksamkeit geschenkt. Tierheime können und sollten Vorsorgeprogramme für Gesundheit und Verhalten entwickeln und durchführen (Segurson, 2007, S. 3–4).

Wohlfühlgesicht

Hunde können ein spezielles Wohlfühlgesicht zeigen. Besonders auffällig ist es, wenn sie sich genüsslich kratzen. Der Kopf ist leicht gestreckt; das Maul kann leicht geöffnet sein und die Lefzen sind lang nach hinten gezogen. Die Zähne sind meist nicht zu sehen.

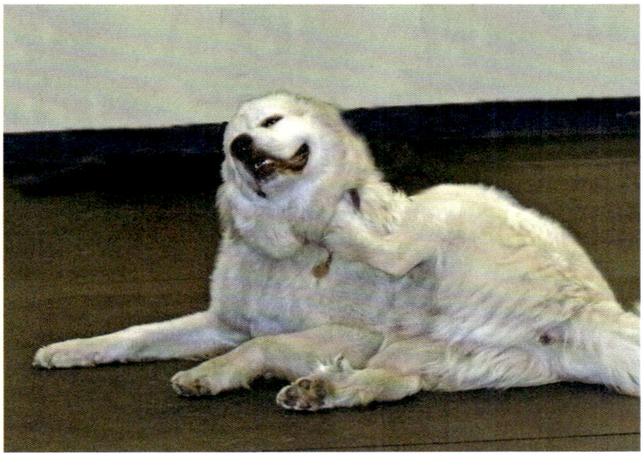

Beide Hunde zeigen Wohlfühlgesichter: entspannte lange Lefzen, blinzelnde Augen, entspannte Ohren.

Zähmung

› Siehe auch: Fluchtdistanz

Damit ein Tier als »zahm« bezeichnet werden kann, muss es eine Fluchttoleranz gleich null haben. Eine Zähmung passiert innerhalb der Lebensspanne eines Individuums, Domestikation läuft über viele Generationen ab.

Coppinger (2001, S. 63) bezeichnet »Zähmung« als »aufgezogen und versorgt von Menschen«.

Im Unterschied zu Wölfen zeigen viele Hunde nicht die geringste Angst vor Menschen. Sie tolerieren ihre Nähe sofort und zeigen sogar zügig Begrüßung mit aktiver Submission. Dieses Hundeverhalten entspricht dem Verhalten von fünf Wochen alten Wolfswelpen oder Hundewelpen, die vertrauensvoll jeden Ankömmling begrüßen. Es erscheint sehr plausibel, dass dieser Pädomorphismus im Verhaltensbereich und die fehlenden Angst vor Fremden das Ergebnis von Domestikationsprozessen über zahlreiche Generationen sind.

Zusammenfassend kann man sagen, dass Zähmung so etwas wie Sozialisierung bedeutet, bei der das Tier eine soziale Bindung zum Menschen entwickelt. Bei Wölfen lässt sich dies am besten über eine Handaufzucht erreichen. Sie sollte früh beginnen, am besten, bevor die Welpen die Augen öffnen. Trotz intensiver Aufzucht bleiben aber individuelle Unterschiede bei den späteren Reaktionen auf Menschen. Der Grad der Zähmung im Bezug auf die emotionale Stabilität der Wölfe ist ebenfalls individuell verschieden. Einige Wölfe bleiben trotz sorgfältigster Sozialisation ihr ganzes Leben Fremden gegenüber ängstlich und misstrauisch (Fox, 1971, S. 154).

Zwischen Wolfgang und Monty Sloan (Fotograf im Wolf-Park) besteht eine enge Bindung, die auf Vertrauen und Respekt beruht. Wolfgang hat eine submissive Pose eingenommen und genießt das Bauchkraulen.

»Was bedeutet ›zähmen‹?« ...

»Zähmen, das ist eine in Vergessenheit geratene Sache«, sagte der Fuchs. »Es bedeutet, ›sich vertraut machen‹.« ... »Noch bist du für mich nichts als ein kleiner Junge, der hunderttausend kleinen Jungen völlig gleicht. Ich brauche dich nicht und du brauchst mich ebensowenig. Ich bin für dich nur ein Fuchs, der hunderttausend Füchsen gleicht. Aber wenn du mich zähmst, werden wir einander brauchen. Du wirst für mich einzig sein in der Welt. Ich werde für dich einzig sein in der Welt. ...« »Was muss ich da tun?« sagte der kleine Prinz. »Du musst sehr geduldig sein«, antwortete der Fuchs. »Du setzt dich zuerst ein wenig abseits von mir ins Gras. Ich werde dich so verstohlen, so aus dem Augenwinkel anschauen, und du wirst nichts sagen. Die Sprache ist die Quelle der Missverständnisse. Aber jeden Tag wirst du dich ein bißchen näher setzen können ...« (St. Exupery, 1943, Kap. 21).

Zähneblecken

Hierbei handelt es sich um eine deutliche Warnung. Die Lippen sind hochgezogen und die Zähne deutlich zu sehen. Bei einem sicheren Hund sieht man eventuell nur die Schneidezähne und die Eckzähne; je unsicherer der Hund ist, desto mehr Zähne werden entblößt. Der Nasenrücken ist gerunzelt; die Maulwinkel sind angespannt und kurz (beim sicheren Drohen) oder lang nach hinten gezogen (beim unsicheren Drohen). Die Zunge kann zurückgezogen sein, sozusagen als Vorbereitung zum Beißen. Sie kann aber auch heraushängen und der Hund kann sich während des Zähnebleckens damit über die Nase lecken.

Der Irische Wolfshund zeigt Zähneblecken und Fixieren. Seine Zunge ist zurückgezogen. Dies kann bedeuten, dass ein Biss kurz bevorsteht.

Dieser Mischling zeigt ebenfalls Zähneblecken mit runder Maulspalte und zurückgezogener Zunge. Der Kopf zeigt nach oben, die Augen fixieren und die Sinushaare sind abgespreizt.

Das Zähneblecken das Labradors ist eine deutliche Warnung. Seine Lefzen sind angespannt und die Maulspalte ist sehr kurz. Er zieht die Augenbrauen zusammen und intensiviert darüber seinen harten Blick.

Zoomorphismus

Zoomorphismus ist das Gegenteil von Anthopomorphismus. Ein Tier sieht einen Menschen als Angehörigen der eigenen Art an. Dies geschieht, wenn ein Tier extrem auf Menschen anstatt auf Angehörige der eigenen Art geprägt wurde.

ABSCHNITT 25

Verhaltensquiz

Was wird als Nächstes passieren? Keiner kann es genau sagen. Es könnte sich ein Jagdspiel entwickeln. Der Deutsche Schäferhund und der Tervueren sind beide im Sprung, aber ohne erkennbar aggressives Verhalten. Sie zeigen Spielverhalten. Der Labrador macht sich eventuell gerade als Landebahn bereit mit seinen gestreckten Beinen ...

Überprüfen Sie Ihr Wissen

Wie viele Verhaltenselemente und Verhaltensweisen können Sie auf diesen Fotos identifizieren? Die Auflösung finden Sie ab Seite 305.

1

2

3

4

5

6

7

8

9

10

11

12

13

14

15

16

17

18

19

20

21

22

23

24

Auflösung

Foto 1

Der Viszla hat ein Aggressionsproblem mit Menschen. In dem Moment, als das Bild gemacht wurde, sprang er vor, um in die Kamera zu beißen.

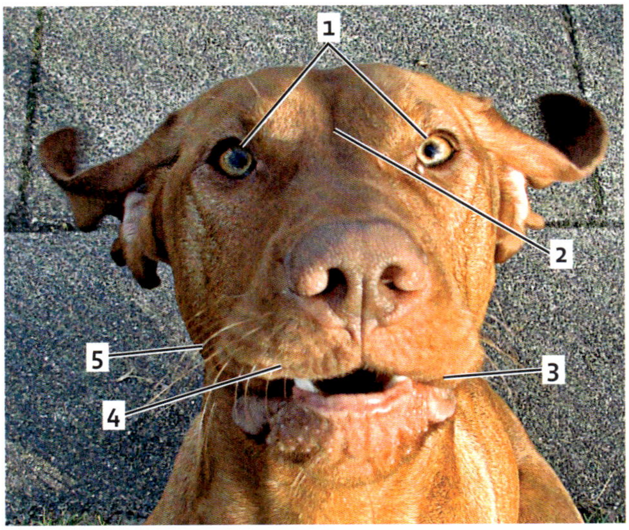

1. Die Augen fixieren
2. Leicht zusammengezogene Augenbrauen
3. Kurze Maulspalte
4. Angespannte Oberlippe
5. Barthaare leicht nach vorn gespreizt

Foto 2

Wicked spielt mit einem gut bekannten Hund. Er liebt heftigen Körperkontakt im Spiel. Hier bekommt er gerade einen massiven Rempler. Anhand seiner aufgerissenen Augen, den angespannten Lefzen und zurückgelegten Ohren kann man sehen, dass er mit den Aktionen des anderen Hundes nicht glücklich ist. Aber er ist immer noch in Spielstimmung.

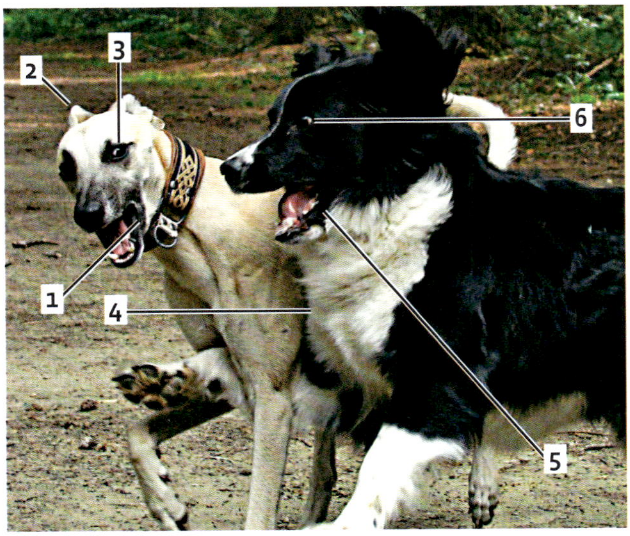

Wicked:

1. Angespannte Lefzen
2. Zurückgelegte Ohren
3. Aufgerissene Augen

Schwarz-weißer Hund:

4. Rempeln
5. Angespannte Lefzen
6. Aufgerissene Augen

Foto 3 und 4

Ein junger Weimaraner (rechts) in einem Zerrspiel mit einem älteren Hund. Der alte Labrador packt das Spielzeug mit festem Griff, während der jüngere es nur mit den Vorderzähnen und ersten Backenzähnen hält. In Foto 4) hat sich der Weimaraner zur Selbstkontrolle hingelegt, um auf gleichem Level mit seinem Spielkameraden zu sein. Der Labrador soll weiter mit ihm spielen.

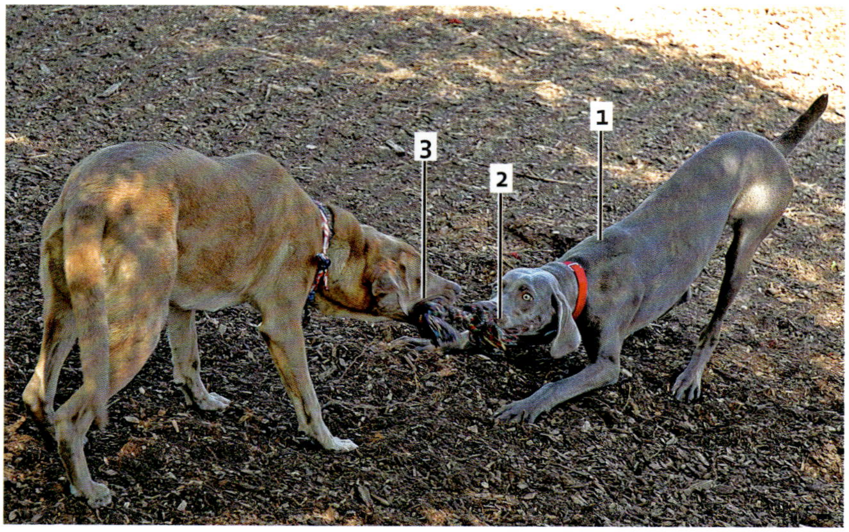

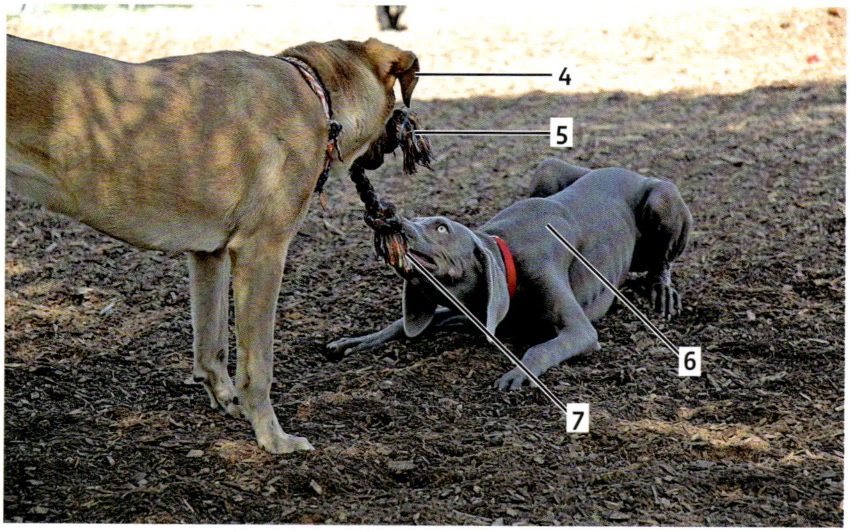

Weimaraner:

1. Vorderkörpertiefstellung
2. Hält Spielzeug mit vorderen Zähnen

Labrador:

3. Packt Spielzeug voll
4. Ohren vorne (entspannt)
5. Packt Spielzeug voll

Weimaraner

6. Hinlegen (Selbstkontrolle)
7. Packen mit vorderen Zähnen (Selbstkontrolle)

Foto 5

Wicked wälzt sich – allerdings nicht sehr entspannt. Er versucht, einen anderen Hund in der Nähe im Auge zu behalten. Seine Hinterbeine sind steif, und der Kopf ist angehoben. Seine Ohren sind nach vorn gerichtet und er zeigt Leckintention als Übersprungsverhalten.

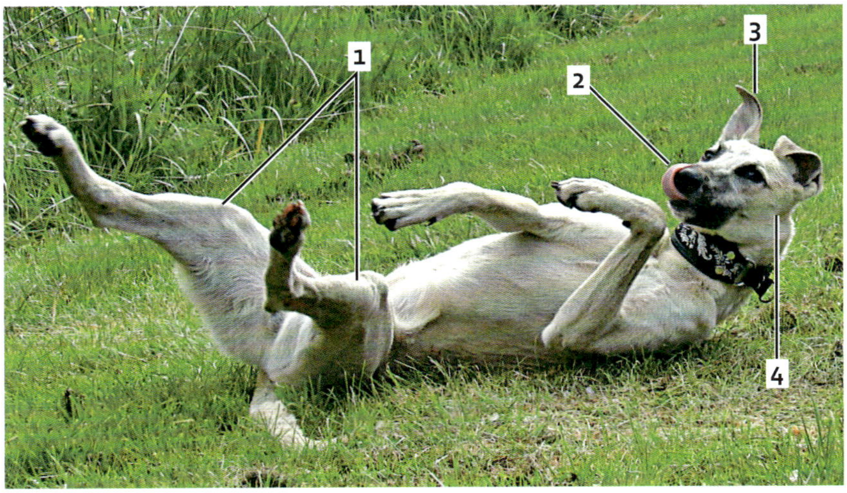

1. Steife Beine
2. Leckintention
3. Nach vorne gerichtete Ohren
4. Angehobener Kopf

Foto 6

Wicked ist sehr entspannt. Entweder wälzt er sich aus Spaß oder weil ein toller Geruch am Boden ist.

1. Kopf liegt auf dem Boden
2. Entspannte Vorderbeine
3. Entspannte Hinterbeine

Foto 7

Pan schnuppert aufdringlich am Hinterteil von Ian. Der dreht sich zu Pan um; seine leicht aufgerissenen Augen zeigen seine Verstimmung.

1. Schnuppern am Hinterteil
2. Ohren zurückgelegt
3. Aufgerissene Augen
4. Maul geschlossen und angespannt

Foto 8

Bianca (links) und Louie (rechts) hatten eines ihrer üblichen wilden Spiele. Wenn Louie zu aufgeregt wird, beißt Bianca ihn meist irgendwo in den Körper. Es ist noch ein Spiel, aber es ist an der Grenze, in echte Aggression zu kippen. In diesem Bild hat Pan sich zwischen Bianca und Louie gestellt, gerade als es zu kippen drohte.

Bianca:

1. Bianca hat Schultern und Körper abgesenkt.
2. Flatterohren
3. Bianca und Louie starren sich an.

Louie:

4. Louies Maul ist leicht geöffnet mit entspannten Lefzen und langer Maulspalte.
5. Ohren leicht nach vorne gestellt
6. Hoch getragener Kopf, selbstsichere Stellung
7. Schwanz wird relativ hoch getragen und wedelt.

Pan:

8. Pan geht so nah an Louie vorbei, dass sich die Schultern berühren.
9. Ohren in neutraler Position
10. Abgesenkter Kopf. Er bemüht sich, Neutralität zu wahren.

Foto 9

Ruedi und Woton in einer sehr ernsten Interaktion. Ruedi ist im Status deutlich niedriger als Woton. Ruedi zeigt Ansätze von aktiver Submission zusammen mit Zähneblecken. Das Schnauzenlecken gibt Auskunft über seinen emotionalen Konflikt. Wotons seitliche Stellung ist eine deutliche Drohung. Sein Körper ist angespannt.

Ruedi:

1. Fixieren mit den Augen
2. Zurückgelegte Ohren
3. Zähneblecken
4. Angespannte Lefzen bei minimal geöffnetem Maul, kurze Maulspalte
5. Schnauzenlecken
6. Submissive Pose
7. Eingezogener Schwanz

Woton:

8. Angespannte Lefzen bei minimal geöffnetem Maul, kurze Maulspalte
9. Fixieren
10. Nackenfell leicht aufgerichtet
11. Schwanz über der Rückenlinie getragen
12. Seitliche Stellung
13. Ohren vorgestellt und leicht seitlich gedreht

Foto 10

Lear (links) und Bianca (rechts) spielen. Die Interaktion wird durch viele Metasignale für »Spiel« bestimmt. Interessant ist der Vergleich zu Bild 9 – als ob die Hunde das nachspielen, was für die Wölfe eine ernste Situation gewesen ist. Es gibt einen dritten, kaum sichtbaren Hund auf diesem Bild. Louie liegt ruhig hinter Lear. Er war so entspannt mit den beiden spielenden Hunden vor sich, dass er einfach im kühlen Schatten liegen geblieben ist.

Lear:

1. Entspannt wedelnder Schwanz
2. Vorderkörpertiefstellung
3. Entspannte Ohren
4. Offenes Maul, entspannte Lefzen
5. Zähneblecken

Bianca

6. Entspannter Blick
7. Entspanntes Maul mit langer Maulspalte
8. Entspannte Ohrstellung, etwas seitlich abgespreizt
9. Gebogene Körperstellung, Lear zugewandt
10. Schwanz wedelt entspannt

Louie:

11. Louie liegt entspannt im Schatten.

Foto 11

Die Wölfe Miska (links) und Marion können sich eigentlich nicht besonders leiden. Nichtsdestotrotz sind sie mitten im Deckakt und hängen. Das Maulringen ist ein Ausdruck des Stress erzeugenden Konflikts, der zwischen ihnen besteht.

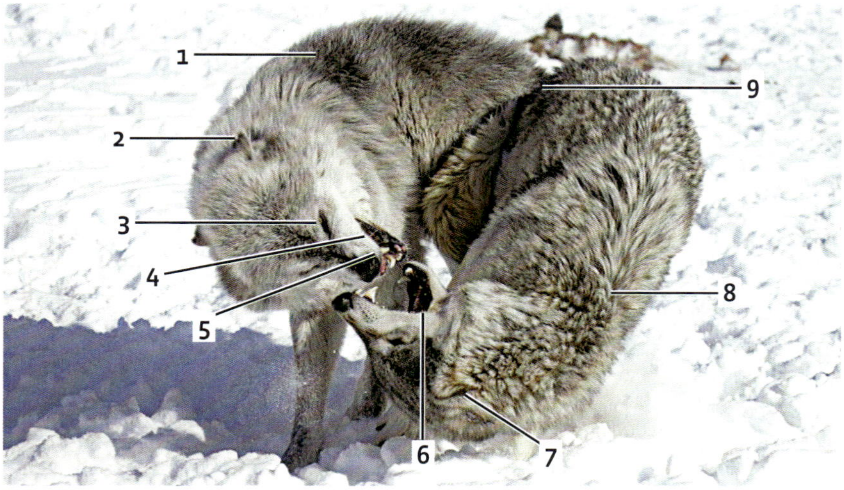

Miska:

1. Nackenfell aufgerichtet
2. Ohren zurückgelegt
3. Augen fixieren
4. Angespannte Lefzen, kurze Maulspalte
5. Zähneblecken

Marion:

6. Angespannte Lefzen, kurze Maulspalte
7. Zurückgelegte Ohren
8. Nackenfell aufgerichtet
9. Hängen

Foto 12

Kailani begrüßt Woton mit einem Schnauzenstoß. Dies ist eine freundliche und beschwichtigende Geste.

1. Entspannte und abgewandte Augen
2. Schnauzenstoß
3. Entspannte Ohren

Foto 13

Pan nähert sich einem potenziellen Freund – der Katze Puck. Pan biegt seinen Körper, als er sich Puck annähert. Er nähert sich nicht frontal, sondern leicht seitlich.

1. Schwanz wedelt ruhig
2. Vorgestellte Ohren
3. Gebogener Körper, seitliche Annäherung
4. Entspannte Augen, Fokus auf Puck ohne zu fixieren
5. Maul leicht geöffnet, Lefzen entspannt, lange Maulspalte

Foto 14

Pan hat einen neuen Freund gewonnen. Pan und Puck drücken die Köpfe aneinander in einer freundlichen Begrüßungszeremonie.

1. Kopfdrücken
2. Ruhig wedelnder Schwanz

Foto 15

Tristan, Woton und Wolfgang stehen über Kailani (Fähe, links) und Renki (Rüde, rechts), die jeweils einen niedrigeren Status haben.

Tristan:

1. Selbstsichere Pose, steht über Renki
2. Nackenfell aufgerichtet
3. Ohren vorgestellt
4. Schwanz erhoben

Woton:

5. Nackenfell aufgerichtet
6. Fixiert Kailani mit den Augen

Wolfgang:

7. Selbstsichere Pose, sitzt auf Renki
8. Nackenfell aufgerichtet

Renki:

9. Schwanz eingezogen
10. Passive Submission
11. Ohren zurückgelegt
12. Kopf auf das Eis gelegt

Kailani:

13. Ohren neutral
14. Pfote angehoben zur Beschwichtigung
15. Kopf angehoben und seitlich gedreht
16. Liegt in submissiver Pose auf der Seite, hat Hinterbeine angehoben
17. Hinterbeine angespannt (bereit zur Aktion)
18. Schwanzwedeln

Foto 16

Bianca (links), Lear (Mitte, Biancas Sohn) und Louie spielen. Das Spiel ist sehr heftig, aber über die zahlreichen Metasignale ist klar, dass es nach wie vor Spiel ist.

Bianca:

1. Entspannte Körperstellung, abgesenkte Schultern
2. Gehemmtes Beißen in Lears Schwanz
3. Entspanntes Schwanzwedeln

Lear:

4. Entweder wollte Lear gerade eine Vorderkörpertiefstellung machen oder er wollte sich auf die Seite rollen als spielerisch-submissive Pose.
5. Entspannte Schultern
6. Entspannte Lefzen mit langer Maulspalte

Louie:

7. Entspannte Augen
8. Entspannte Körperstellung
9. Entspannte Ohren
10. Gebogener Körper
11. Entspanntes Schwanzwedeln

Foto 17

Pan fordert sein Welpenglück heraus. Er bedroht Luca mit Zähneblecken und hat parallel die Ohren zurückgelegt. Luca ist extrem geduldig. Er nimmt sich sehr zurück, liegt auf der Seite und kaut auf seinem Ball.

Die Fotos von Luca und Pan sind interessant. Es gibt Hunderte, auf denen Luca und Pan, als Welpe, spielen. Luca hat auf jedem dieser Fotos etwas im Maul. Luca hat ein relativ hartes Maul. Er spielt hart und setzt sein Maul oft ein. Entweder zum gehemmten Biss oder zum recht harten Stoß. Ein Ball im Maul ist ein Handicap – automatisch setzt er sein Maul mit weniger Kraft ein. Wenn Luca mit erwachsenen Hunden oder mit Menschen spielt, nimmt er sich deutlich weniger zurück.

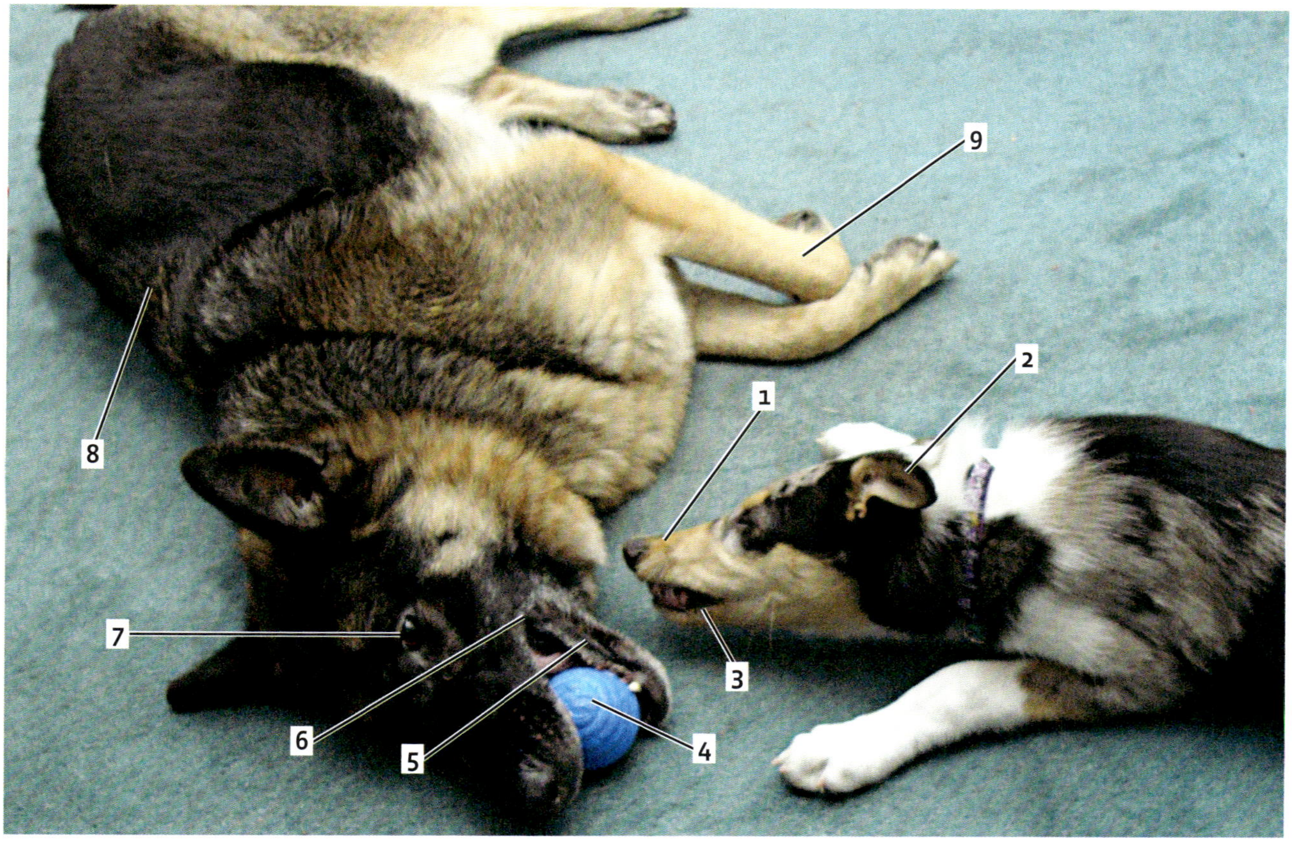

Pan:

1. Zähneblecken
2. Ohren zurückgelegt
3. Angespannte Lefzen mit sehr kurzer Maulspalte

Luca:

4. Ball im Maul
5. Entspannte Lefzen
6. Lange Maulspalte
7. Entspannte Augen
8. Liegt auf der Seite (Handicap)
9. Leicht angehobene Pfote (Beschwichtigung)

Foto 18

Diese drei Hunde spielen. Die Situation ist leicht angespannt, aber immer noch Spiel.

Labrador (rechts):

1. Pfote auf den Rücken legen – kann ein Vorspiel zum Aufreiten sein
2. Ohren leicht nach vorne gestellt und angespannt
3. Angespannte Lefzen mit langer Maulspalte
4. Das linke Vorderbein ist kurz davor, den anderen zu umklammern.
5. Erhobener Schwanz, angespannt

Schäferhund-Mix (Mitte):

6. Aufgerissene Augen
7. Gehemmtes Beißen in ein Vorderbein des Tervueren

Tervueren:

8. Lange Maulspalte
9. Gebogene Körperstellung und abgesenkte Schultern
10. Ohren weder vorne noch hinten, flattern leicht (Zeichen für emotionalen Konflikt und Unsicherheit)

Foto 19

Eine komplexe Interaktion mit vier Beteiligten. Ein einzelnes Foto gibt nur einen ungenauen Einblick, was genau zwischen den Hunden abläuft. Wicked (Mitte), Anna (im Hintergrund) und der schwarz-weiße Hund links scheinen als Dreiergruppe wild gespielt zu haben. Der kleine weiße Hund scheint ein »Eindringling« zu sein und bedroht Wicked. Wicked scheint mitten im Sprung zurückzuweichen.

Kleiner weißer Hund:

1. Zähneblecken
2. Haare auf der ganzen Rückenlinie aufgestellt
3. Angespannte Lefzen

Wicked:

4. Angespannte Lefzen, kurze Maulspalte
5. Zurückgelegte Ohren
6. Weicht dem kleinem Hund im Sprung aus

Schwarz-weißer Hund:

7. Hoppelsprung, Metasignal für Spiel
8. Stock im Maul – gehört zum Spiel der drei Hunde

Foto 20

Ein wildes Spiel zwischen Tervueren (links) und Schäferhund-Mix. Der Schäferhund-Mix führt gerade einen heftigen Schulterstoß beim Tervueren aus. Der Labrador ist nicht direkt involviert, verfolgt die Aktionen aber genau.

Tervueren:

1. Ohren leicht seitlich gestellt (Anspannung, leichte Unsicherheit über die Absichten des anderen)
2. Fixieren
3. Zähneblecken
4. Gehemmtes Beißen in den Nacken

Schäferhund-Mix:

5. Schulterrempler
6. Zunge hängt seitlich leicht heraus
7. Aufgerissene Augen

Labrador:

8. Lange Maulspalte, entspannte Lefzen
9. Fokus auf die anderen Hunde gerichtet
10. Ohren vorgestellt und leicht angespannt

Foto 21

Während sie sich anstarren, zeigen die Wölfe eine Reihe von Übersprungsverhalten zusammen mit Angstdisplay und Drohverhalten.

Linker Wolf:

1. Leicht zurückgelegte Ohren
2. Fixieren
3. Zähneblecken
4. Starkes Schnauzenlecken
5. Angespannte Lefzen
6. Ansatz zum Pfotenheben
7. Eingezogener Schwanz
8. Nackenfell aufgestellt
9. Runder Rücken
10. Krallen greifen ins Eis (Vorbereitung für einen möglichen schnellen Rückzug)

Rechter Wolf:

1. Angespannte Lefzen, kurze Maulspalte
2. Zähneblecken
3. Fixieren
4. Angelegte Ohren
5. Nackenfell aufgestellt
6. Pfotenheben

Foto 22

Zwei rivalisierende Wölfe in einer aggressiven Auseinandersetzung: Woton (links) und Renki (rechts). Beide zeigen ernstzunehmende Drohsignale und Abwehren mit den Beinen. Woton ist in dieser speziellen Situation der offensivere, während Renki mehr Verteidigungsverhalten zeigt.

Woton:

1. Ohren aufgerichtet und vorgestellt
2. Nackenfell aufgerichtet
3. Fixieren
4. Geschlossenes Maul, kurze Maulspalte, angespannte Lefzen
5. Zähneblecken
6. Erhobener Schwanz
7. Offensiver Tritt mit einem Hinterbein

Renki:

8. Körper weicht aus
9. Nackenfell aufgerichtet
10. Ohren zurückgedreht
11. Eingezogener Schwanz
12. Offenes Maul
13. Zähneblecken
14. Fixieren
15. Abwehren mit einer Vorderpfote

Foto 23

Eine sehr angespannte Interaktion zwischen Woton (links), Kailani (rechts) und Ruedi (am Boden liegend). Ruedi gibt sein Bestes, um Woton zu beschwichtigen. Woton steht auf ihm, er und Kailani starren sich an. Sie bedrohen sich gegenseitig. Woton zeigt eine selbstsichere Pose, während Kailani zurückweicht.

Woton:

1. Nackenfell aufgerichtet
2. Ohren aufgerichtet und leicht seitlich gedreht
3. Augen fixieren Kailani
4. Sehr angespannte Lefzen, kurze Maulspalte, geschlossenes Maul
5. Stehen auf Ruedis Brust

Ruedi:

6. Leckintention (Beschwichtigung / Übersprungsverhalten)
7. Ansatz von passiver Submission (Auf-den-Rücken-Rollen)
8. Eingezogener Schwanz
9. Drückt Woton mit den Pfoten weg

Kailini:

10. Angespannte Lefzen, geschlossenes Maul, kurze Maulspalte
11. Fixiert Woton
12. Ohren aufgerichtet, leicht nach außen gedreht

Foto 24

Woton zeigt lästige Submission gegen Wolfgang, der gereizt darauf reagiert.

Wolfgang:

1. Zähneblecken
2. Ohren aufgerichtet und seitlich gedreht (Anspannung)
3. Abgespreizte Barthaare
4. Schwanz gerade und steif nach hinten gestreckt, Haare aufgeplustert

Woton:

5. Ohren angelegt
6. Schnauzenstoß
7. Wegdrücken mit den Hinterbeinen
8. Submissives »Auf-den-Rücken-Rollen«
9. Schwanz teilweise eingezogen

Caniden, die für das Buch fotografiert wurden

Bronte, 3 Jahre alt, männlich, Airedale Terrier, reiner »Privathund«. Kann gut mit Hunden aller Altersstufen spielen, egal welchen Geschlechts.

Bianca, 2 ½ Jahre alt, weiblich, Pyrenäen Berghund, wurde als trächtiger Straßenhund aufgenommen. Ian, männlich, Pudel. Die Vorbesitzer gaben ihn mit 5 Jahren ab; wird zurzeit als Therapiehund ausgebildet.

Cary, 3 Jahre alt, Collie, Behindertenbegleithund, zeigt sich erfolgreich bei Ausstellungen des American Kennel Club (AKC) sowie bei Rally Obedience Turnieren (= eine Mischung aus Obedience und Agility).

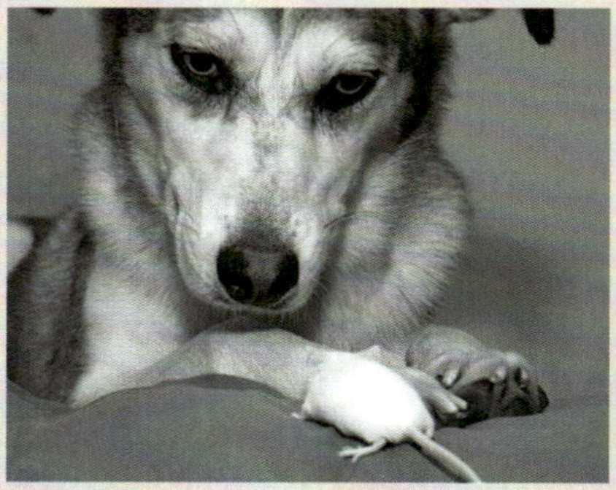

Diaz, 3 Jahre alt, weiblich, Australian-Shepherd-Husky-Mix; Privathund.

Lear, 1 Jahr alt, männlich; Pyrenäen Berghund aus Biancas Wurf.

Leo, 9 Monate alt, männlich, Australian-Shepherd-Mix, wurde im Alter von 4 Wochen auf einem Parkplatz gefunden.

Louie, der sanfte Riese, Mischung aus Pyrenäen Berghund und Kangal, wurde mit 7 Monaten gefunden.

Luca, 7 Jahre alt, Deutscher Schäferhund; mein eigener Hund und Behindertenbegleithund im Ruhestand. Er ging mit 5 Jahren in Rente.

Moon, 10 Jahre alt, Australian Shepherd. Er hat eine kurze Karriere als Behindertenbegleithund und eine lange und erfolgreiche Karriere als mein Agility-Hund hinter sich. Bei Agility-Turnieren nutze ich einen Elektro-Rollstuhl.

Pan, 10 Monate alt, Kurzhaarcollie. Pan ist mein aktueller Behindertenbegleithund.

Sam, 7 Jahre alt, Border Collie; fanatischer Agility-Hund, der auch das Apportieren liebt.

Scout, 2 Jahre alt, Greyhound, von der Rennbahn herunter übernommen. Er stand Modell für die Anatomiebilder.

Wargas, 3 Jahre, männlich, Akbash; Assistenzhund für Hörgeschädigte.

Wicked, 2 Jahre alt, männlich, Lurcher; aerodynamischer und akrobatischer Komödiant.

Grauwölfe im Wolf Park, Indiana, Mitglieder des Hauptrudels

Tristan, geboren 1998, männlich, Alphaposition

Kailani, geboren 2004, die einzige Fähe im Rudel

Wolfgang, geboren 2005, männlich, Bruder von Woton

Renki, geboren 2005, männlich

Woton, geboren 2005, männlich

Ruedi, geboren 2004, Omegaposition, Bruder von Kailani, Renki und Ayla

Ayla, geboren 2004, weiblich. Lebt jetzt allein und freut sich über die Gesellschaft menschlicher Parkbesucher.

Der **Wolf Park** ist eine Einrichtung zur Erforschung von Wölfen und ihrem Verhalten. Sie dient parallel auch der Erziehung und Öffentlichkeitsarbeit und wurde von Dr. Erich Klinghammer 1972 gegründet. Die Tiere werden im Park in großen, semi-natürlichen Habitaten gehalten. Achtzehn Wölfe, drei Füchse, zwei Kojoten und fünfzehn Bisons leben hier und sind so etwas wie die Botschafter ihrer jeweiligen Spezies. Sie informieren die Besucher über Wölfe und verwandte Caniden, über die Beutetiere der Wölfe und ihre Haltung in Gefangenschaft.

Der Wolf Park ist der einzige Wildpark, in dem Beutegreifer und ihre Beutetiere routinemäßig zusammenleben. Die gesunden Bisons haben von den Wölfen nichts zu befürchten – und trotzdem ergibt sich hier die einzigartige Möglichkeit, Wölfe bei der Jagd zu beobachten und zu sehen, wie die Bisons sich verteidigen und die Wölfe verjagen (www.wolfpark.org).

Kojoten im Wolf Park

Twister, geboren 2006, männlich

Willow, geboren 2006, weiblich

Rotfüchse im Wolf Park

Basil, geboren 1995, männlich, auf dem Foto im weißen Winterfell

Ember, geboren 2000, weiblich

Devon, geboren 2000, weiblich, Fellvariation Silber

Danksagung

Viele Menschen haben mir bei der Arbeit für dieses Buch geholfen. Ohne sie wäre es nicht möglich gewesen. Besonders möchte ich mich bei den folgenden Personen bedanken:

Meiner menschlichen Familie – Bob, Kali und Sasha; jeder hat auf seine Weise dazu beigetragen. Eure Geduld und euer Vertrauen haben mir mehr bedeutet, als ich mit Worten sagen kann.

Meiner vierbeinigen Familie, die mein Leben bereichert; besonders Beau, dem meine frühsten Erinnerungen gehören. Und dann Spoon, Moss, Skye, Spin, Moon, Luca und Pan; sie haben mich durch mein Erwachsenenleben begleitet. Ich habe viel von ihnen gelernt über das Hüten von Schafen, Servicearbeit und die manchmal niederschmetternden Erfahrungen beim Agility.

Meinen Schwestern Elly Rubin und Joanne Leonard – ihr habt mir Vertrauen und Zuversicht gegeben. Ich danke für alles, was wir noch gemeinsam erleben werden.

Lore Haug und Sue Alexander waren meine ersten kritischen Leserinnen und ihre Arbeit ist unbeschreiblich. Durch sie hat das Buch an Klarheit und Genauigkeit gewonnen. Sie waren unendlich geduldig mit all meinen Fragen, meinen regelmäßigen Momenten der Frustration und meinen Panikattacken. Ohne eure Unterstützung wäre dieses Projekt vermutlich gescheitert. Vielen Dank auch an Sophia Yin, tierärztliche Verhaltenstherapeutin, die kurz vor Torschluss buchstäblich frischen Wind in das Projekt brachte.

Dee Ganly, du warst so ein geduldiger Lehrer.

Doug Lufkin, dir verdanke und schulde ich viel. Du hast das Projekt von den ersten Gedanken bis zur Fertigstellung begleitet. Dein künstlerischer Einfluss ist überall zu spüren. Es war ein großes Geschenk, so eng mit dir zusammenarbeiten zu können. Deine unendliche Geduld und deine Leichtigkeit brachten Spaß in die Sache – besonders als es zwischendurch so aussah, als ob wir niemals fertig werden würden.

Marie Ricketts danke ich für die tiefe Freundschaft. Du hast mich immer mal wieder vom Computer weg und auf gemeinsame Spaziergänge geführt. Du hast dich durch die vielen Fassungen des Buches gelesen und deine Kommentare waren unendlich konstruktiv und hilfreich.

Monty Sloan – ich danke für dein Vertrauen, dass ich deinen unglaublichen Fotos mit meinen Texten gerecht werden würde. Deine Bilder geben dem Buch Tiefe, Kraft und Humor. Und ganz besonders bin ich dankbar, dass du dein reichhaltiges Wissen über Wölfe mit mir geteilt hast.

Ich danke Cindy Arnold für das sorgfältige Korrekturlesen des Manuskripts und Robyn Mosher, dass sie in mühevoller Kleinarbeit den Index erstellt hat.

Die Fotografen des Buches

Douglas Lufkin

Doug gestaltete das Layout und Cover der Originalausgabe sowie die anatomischen Diagramme. Seine Firma heißt Lufkin Graphic Designs. www.LufkinGraphics.com

Lynn Crook

Lynn lebt in England und trainiert dort Hunde für Fernseh- oder Filmaufnahmen oder andere Veranstaltungen. Außerdem ist sie Tierfotografin. www.filmdogs.co.uk

Marco De Kloet

Marco arbeitet als Hundesitter in den Niederlanden. Immer wenn er mit den Hundegruppen durch Parks oder am Strand wandert, begleitet ihn seine Kamera. Zu Marco gehört Wicked, und beide haben das Buch wirklich mit Humor und Schönheit „gewürzt". Mehr zu Marcos Fotos findet man unter http://flickr.com/Photos/errorsan/. Seine Hundesitter Firma findet man hier: www.blaffenmetgerrit.nl

Barbara Handelman

Barbara arbeitet seit mehr als zwanzig Jahren als professionelle Fotografin. Sie hat sich auf Fotos von Hunden, Pferden, Skatern und Kindern in Aktion spezialisiert. Mehr über ihre Fotos und Videos gibt es auf: www.DogTrainingAtHome.com

Diane Lewis

Diane arbeitet als professionelle Fotografin. Ihre Bilder von Pferden, Hunden und Menschen decken das ganze Spektrum von wunderschönen Porträts bis hin zu den faszinierendsten high-speed Aufnahmen ab. www.DianeLewisPhotography.com

Jennifer Parizo

Jenn ist eine sehr talentierte Hobby-Fotografin. Sie hat mich als Assistentin bei den Fototerminen für dieses Buch begleitet. Ihr Talent, ihre stete Bereitschaft und ihre Achtsamkeit und Aufmerksamkeit gegenüber den Hunden und Wölfen und ihrem Verhalten waren extrem hilfreich.

Kevin Peuhkurinen

Kevin ist ein begnadeter kanadischer Fotograf, der außergewöhnliche Fotos von den Windhunden und anderen Hunden beim Coursing geschossen hat. Wer mehr Bilder von „schnellen Hunden" sehen will: www.flickr.com/photos/wolfhound/sets/72057594069662674

Sabarika

Sabarika stellt ihre wundervollen Fotos von Hunden und anderen Tieren großzügigerweise anderen Künstlern zur Verfügung, die Modelle benötigen. www.spectralphotoandart.com

Monty Sloan

Montys Bilder sagen mehr über sein außerordentliches Talent, als man es mit Worten je könnte. Dieses Buch wäre ohne seine Fotos von Wölfen, Hunden, Füchsen und Kojoten nicht so aussagekräftig geworden. Mehr Informationen zu Monty gibt es hier: www.wolfphotographie.com oder www.wolfpark.net

Mein Dank für großzügige »Fotospenden« geht außerdem an:

Bud Crayne, Rachel Friedman, Dee Ganly, Lore I. Haug, Nancy Lyon, Michelle Morgan, Marie Ricketts, Dani Kinzel-Waldgeister und Elisabeth Way.

ABSCHNITT 26

Service

Über die Autorin

Barbara Handelmans enge Bindung zu Ihren Hunden – Moon, Luca und Pan – hat die Grundlage für dieses Buch gelegt. Die Hunde gaben ihr täglich die Möglichkeit, eine Fülle an faszinierenden Verhaltensweisen zu beobachten.

Barbara Handelman war vierzig Jahre lang Beraterin für psychisch kranke Menschen. Zu Beginn ihrer Tätigkeit war die Therapie von Kindern vor dem Spracherwerb ein Schwerpunkt ihrer Arbeit. In dieser Zeit lernte sie, besonders auf die Körpersprache zu achten – und damit war es schon fast vorgegeben, auch die Körpersprache von Hunden intensiv zu beobachten.

Heute arbeitet sie als Hundeverhaltensberaterin und –therapeutin in den USA und hat sich darauf spezialisiert, Servicehunde für behinderte Menschen zu auszubilden.

In den letzten zwanzig Jahren machte sie außerdem eine zweite Karriere als Fotografin. Mit ihrer Kamera fängt sie die Emotionen und Stimmungen von Hunden, Menschen und Pferden ein.

Mit diesem Buch breitet Barbara Handelman für alle Hundeliebhaber eine wunderschöne Collage aus Bildern und Texten aus. Es ist ihr Lebenswerk.

Foto links – *Monty Sloan*

Foto rechts – *Kali Handelman*

Mehr über Barbara Handelman finden Sie unter:
www.woofandwordpress.com und
www.dogtrainingathome.com

Zum Weiterlesen

Bloch, Günther und Elli H. Radinger: Wölfisch für Hundehalter. Von Alpha, Dominanz und anderen populären Irrtümern. Kosmos, 2010.

Bloch, Günther und Peter A. Dettling: Auge in Auge mit dem Wolf. 20 Jahre unterwegs mit Timberwölfen. Kosmos, 2009.

Bloch, Günther: Der Wolf im Hundepelz. Hundeerziehung aus unterschiedlichen Perspektiven. Kosmos, 2004.

Bloch, Günther: Die Pizza-Hunde. Freilandstudien an verwilderten Haushunden. Verhaltensvergleich mit Wölfen. Buch und DVD. Kosmos, 2007.

Collins, Sophie: Schwanzwedeln. Hundesprache auf einen Blick. Kosmos, 2009.

Donaldson, Jean: Hunde sind anders ... Menschen auch – so gelingt die Verständigung zwischen Mensch und Hund. Kosmos, 2009.

Feddersen-Petersen, Dr. Dorit: Ausdrucksverhalten beim Hund. Mimik und Körpersprache, Kommunikation und Verständigung. Kosmos, 2008.

Feddersen-Petersen, Dr. Dorit: Hunde und ihre Menschen. Sozialverhalten, Verhaltensentwicklung und Hund-Mensch-Beziehung als Grundlage von Wesenstests. Kosmos, 2001.

Feddersen-Petersen, Dr. Dorit: Hundepsychologie. Sozialverhalten und Wesen, Emotionen und Individualität. Kosmos, 2004.

Gansloßer, Udo: Verhaltensbiologie für Hundehalter. Verhaltensweisen aus dem Tierreich verstehen und auf den Hund beziehen. Kosmos, 2007.

Pryor, Karen: Positiv bestärken, sanft erziehen. Die verblüffende Methode, nicht nur für Hunde. Kosmos, 2006.

Rütter, Martin: Sprachkurs Hund. Körpersprache verstehen, richtig kommunizieren. Kosmos, 2009.

Schöning, Dr. Barbara, Nadja Steffen und Kerstin Röhrs: Hundesprache. Kosmos, 2004.

Schöning, Dr. Barbara: Hundeverhalten. Verhalten verstehen, Körpersprache deuten. Kosmos, 2008.

Golden Retrievals

Bringen? Bälle und Stöcke suchen meine Aufmerksamkeit
Jeder für sich. Fangen? Ach nein, lieber nicht.
Häschen, trudelnde Blätter, und das Eichhörnchen – Oh
Freude – hat Angst vor mir. Na dann – Nase in den Wind.

Ich zisch wieder los: Matsch, Teich, Bach und Überreste
Von den unglaublichsten toten Dingen. Und Du?
Du bist in das Gestern versunken, bestimmt den halben Weg
Grübelst über unwiederbringliche Dinge.

Manchmal steckt dein Kopf in anderen Nebeln drin.
Ich glaub, du nennst es »Morgen«. Meine Aufgabe ist dann:
Die Ketten der Zeit zu lösen und dich rauszuholen (Wuff!)
Mein Freund aus dem trüben Dunst. Mein läutendes Bellen ist

Wie der bronzene Gong eines Zen Meister und holt dich
zurück ins Hier und Jetzt: wau-wau, wau-wau, wau-wau.

Mark Doty

Quellen

Abrantes, Roger. *Dog Language: An Encyclopedia of Dog Behavior.* Naperville: Wakan Tanka, 1997.

The Evolution of Canine Social Behavior. Naperville: Wakan Tanka , 2005.

Alexander, Melissa. *Click for Joy.* Waltham: Sunshine, 2003.

"How You Get Behavior Really Does Matter." *Teaching Dogs. Rpt. in Clicker Solutions.* 2 Sept. 2007 <http://www.clickersolutions.com/articles/2004/gettingbehavior.htm>.

Alexander, Sue. *Aggression Seminar Manual.* Guelph: Dogs in the Park, 2003.

The Quicker Clicker Kit: Dogs in the Park, 2003.

Aloff, Brenda. *Canine Body Language – A Photographic Guide – Interpreting the Native Language of the Domestic Dog.* Wenatchee: DogWise, 2005.

Anderson, Robert K. "Puppy Vaccination and Socialization Should Go Together." *APDT Official Website.* 26 Aug. 2007 <http://www.apdt.com/po/rk_anderson_letter.aspx>.

Appleby, David. "Canine Dominance Revisited." *The Association of Pet Behaviour Counselors.* 2004. 17 June 2007 <http://www.apbc.org.uk/article13.htm>.

"AVSAB Position Statement. The Use of Punishment for Behavior Modification in Animals." *American Veterinary Society of Animal Behavior.* 14 Jan. 2008 <http://www.avsabonline.org/avsabonline/index.php?option=com_content&task=view&id=117&Itemid=302>. Punishment training

Bekoff, Marc. "Do Animals Have Emotions." *The Bark* June 2007: 49-51.

The Emotional Lives of Animals. Novaro: New World Library, 2007.

"Observations of Scent-Marking and Discriminating Self From Others by a Domestic Dog (Canis Familiaris): Tales of Displaced Yellow Snow." *Behavioral Processes* 55 (2001): 75-79.

"Play Signals as Punctuation: The Structure of Social Play in Canids." *Behaviour* 132: 419-429. 10 June 2007 <http://cogprints.org/158/00/199709003.html>.

"Social Play Behavior." *Journal of Consciousness Studies* 8.2 (2001): 81-90. Play

"Wild Justice and Fair Play: Animal Origins of Social Morality." *Program of Dialogue on Science, Ethics, and Religion.* 2003. 17 June 2007 <http://www.aaas.org/spp/dser/02_Events/Lectures/2003/02_Lecture_2003_1016.pdf>.

Bekoff, Marc, and John Alexander Byers. *Animal Play: Evolutionary, Comparative and Ecological Perspectives.* Cambridge: Cambridge University, 1981.

Blakeslee, Sandra. "If You Want to Know if Spot Loves You So, It's in His Tail." *New York Times* 24 Apr. 2007. 10 June 2007 <http://www.nytimes.com/2007/04/24/science/24wag.html?ex=1335067200&en=ab3e625105f41358&ei=5090>.

Blackshaw, Judith. "Notes on Some Topics in Applied Animal Behaviour." *Resources for Applied Ethology.* 2003. 13 Feb. 2008 <http://animalbehaviour.net/AppliedAnimalBehaviourTopics.htm>.

Clothier, Suzanne. *Body Posture & Emotions: Shifting Shapes; Shifting Minds.* Stanton: Flying Dog, 1996.

He Just Wants to Say Hi. 24 Aug. 2007 <http://www.flyingdogpress.com/sayhi.html>.

"College of Veterinary Medicine Pet Health Topics." *Anatomy for the Pet Owner.* U of Washington College of Veterinary Medicine. 16 Jan. 2008 <http://www.vetmed.wsu.edu/ClientED/anatomy/>.

Coppinger, Lorna, and Raymond Coppinger. *Dogs.* 10 June 2007 <http://www.pets.f9.co.uk/shop/media/dogs.htm>.

Coppinger, Raymond, and Lorna Coppinger. *Dogs.* New York: Scribner, 2001.

Coren, Stanley. *How Dogs Think.* New York: Free Press, 2004.

How To Speak Dog. New York: Free Press, 2000.

Craig, Wallace. "Appetites and Aversions as Constituents of Instincts." *Proceedings of the National Academy of Sciences of the United States of America.* 1917. 685-688. 17 June 2007 <http://www.pnas.org/cgi/reprint/3/12/685.pdf>.

De Saint-Exupery, Antoine. *The Little Prince.* Trans. Katherine Woods. New York: Harcourt, Inc, 1943.

Dibra, Bash, and Mary Ann Crenshaw. *Dogspeak: How to Learn It, Speak It, and Use It to Have a Happy, Healthy, Well-Behaved Dog.* N.p.: Simon & Shuster, 2001.

"The Myth of the Macho Dog." Online posting. 10 Jan. 1989. *Clicker Solutions.* 10 June 2007 <http://www.clickersolutions.com/articles/2001/macho.htm>.

Dog Reproductive Anatomy and Physiology. 5 Oct. 2007 <http://www.animal.ufl.edu/ANS3317L/badinga/Dog%20reproductive%20anatomy%20and%20physiology.pdf>.

"Dog Socialisation." *The Blue Cross.* 25 Aug. 2007 <http://www.bluecross.org.uk/web/site/Pawprint/AllAboutPets/Socialising.asp>.

Dunbar, Ian. *Dog Aggression: Biting. 2007.* DVD. Dogwise.com.

"Social Hierarchies." *American Kennel Club Gazette* July 1989. Rpt. in Clicker Solutions. 11 Aug. 2007 <http://www.clickersolutions.com/articles/2001/hierarchies.htm>.

"Social Hierarchies." *Clicker Solutions Training Articles.* 2001. 7 Aug. 2007 <http://www.clickersolutions.com/articles/2001/hierarchies.htm>.

Evans, and Christensen. *Miller's Anatomy of the Dog.* 1964. Philadelphia: W.B. Saunders, 1979.

Fletcher, Thomas. *Veterinary Anatomy at the College of Veterinary Medicine.* U of Minnesota. 16 Jan. 2008 <http://vanat.cvm.umn.edu/>.

Florida Nature. 16 June 2007 <http://www.floridanature.org/>.

Forsythe, Adrien. *The Natural History of Sex.* N.p.: Firefly, 2001.

Fox, Michael W. and Marc Bekoff. "The Behaviour of Dogs." *The Behaviour of Domestic Animals.* 1975. Ed. E.S.E. Hafez. London: Bailliere Tindall, 1975.

Ganley, Dee. *Changing People – Changing Dogs: Positive Solutions for Difficult Dogs.* Glos, UK: Learning About Dogs, 2006.

Ganley, Dee, and Nancy Lyon. "Applying Temperament Evaluation Scoring to Adoption Placement." *Shelter Evaluation Articles.* 15 Oct. 2007 <http://www.deesdogs.com/shelter_evaluations.htm>.

"Glossary." *Primate Info Net.* 6 Jan. 2008 </http://pin.primate.wisc.edu/factsheets/glossary>.

Goddard, M E., and R. G. Beilharz. "Early prediction of adult behaviour in potential guide dogs." *Applied Animal Behavour Science* 15 (1984): 247-260.

Goodman, Patricia A., Erich Klinghammer, and Jessica Willard. *Wolf Ethogram.* Ethology Series 3. Battle Ground: Eckhard H. Hess Institute of Ethology, 2002.

Goodwin, Deborah, John W. Bradshaw, and Stephen M. Wickens. "Paedomorphosis Affects Agonistic Visual Signals of Domestic Dogs." Animal Behavior 53 (1997): 297-304.

Greenberg, Neil. "Ecological Perspective." *Deep Ethology.* 2002. 10 June 2007 <https://notes.utk.edu/bio/greenberg.nsf/854ba168246c6472852563ee006f31ee/74ebb869344f1c69852564a200398829?OpenDocument>.

"Habituation." *Animal Behavior Online.* 18 June 2007 <http://www.animalbehavioronline.com/habituation.html>.

Halfpenny, James C. *Yellowstone Wolves in the Wild.* Helena: Riverbend , 2003.

Handelman, Barbara. "The Marriage of Target and Retrieve." *Dog Training at Home.* 9 Oct. 2007 <http://www.dogtrainingathome.com/targetandretrieve.pdf>.

Hildebrande, Milton. *Analysis of Vertebrate Structure.* 3rd ed. N.p.: John Wiley & Sons, Inc, 1988.

Horwitz, Debra. "Changing the Owner-Pet Relationship." *Atlantic Coast Veterinary Conf.* 2001. 10 June 2007 <http://www.vin.com/VINDBPub/SearchPB/Proceedings/PR05000/PR00470.htm>

The Pet Cast, with Steve Dale. *wgn radio.* wgn. 1 Nov. 2006. Transcript. 10 June 2007 <http://caster.wgnradio.com/podcasts/petpod-013-061101.mp3>.

Introduction to Ethology (The Zoological Study of Animal Behavior). 17 June 2007 <http://cas.bellarmine.edu/tietjen/ethology/introduction_to_ethology.htm>.

Jensen, Per, Ed. *The Behavioural Biology of Dogs.* Cambridge: CABI, 2007.

John, Holmes. *The Farmer's Dog.* 1960. London: Popular Dogs, 1975.

Johnson, Doug. "A Beginner's Guide to Operant Conditioning." *Clicker Solutions.* 1999. 2 Sept. 2007 <http://www.clickersolutions.com/articles/2001/ocguide.htm>.

Kalnaijs, Sarah. *The Language of Dogs.* Blue Dog Training & Behavior, 2006. DVD-ROM.

Am I Safe? The Art & Science of Canine Behavior Assessments. 2006. DVD set. Blue Dog Training and Behavior.

Klinghammer, Erich. *Applied Ethology: Some Basic Principles of Ethology and Psychology.* Battle Ground: North American Wildlife Park Foundation, 1992.

Kohl, Judith, and Herbert Kohl. *The View from the Oak.* 1977. New York: The New, 2000.

Lawrence, Ron. "Training Theory." *Doghouse.* 2 Sept. 2007 <http://www.avalanche.org/~doghouse

Lorenz, Konrad. *King Solomon's Ring.* New York: Thomas Crowell, 1952.

Man Meets Dog. Middlesex, UK: Penguin, 1955.

McConnell, Patricia. *For the Love of a Dog – Understanding Emotion in You and Your Best Friend.* New York: Balintine, 2006.

Mech, L. David. *The Wolf: The Ecology and Behavior of an Endangered Species.* Minneapolis: U of Minnesota, 1970.

"Alpha Status, Dominance, and Division of Labor in Wolf Packs." *Canadian Journal of Zoology* 77 (May 2000): 1196-1203. 17 June 2007 <http://www.npwrc.usgs.gov/resource/2000/alstat/alstat.htm>.

Merck. "Principles of Behavior Modification and Treatment." *The Merck Veterinary Manual.* 4 July 2007 <http://www.merckvetmanual.com/mvm/index.jsp?cfile=htm/bc/140102.htm>.

Meredith, Michael. *Florida State University Veterinary College.* 23 Oct. 2007 <http://neuro.fsu.edu/~mmered/index.htm>.

Mirriam-Webster OnLine. 31 July 2007 <http://www.m-w.com/dictionary/pectinate>.

Monks of New Skete. *How to Be Your Dog's Best Friend.* Boston: Little Brown, 2006.

Mullinax, Lisa. "Dog Psychology 101." *4Paws University Dog Training.* 4 July 2007 <http://www.4pawsu.com/dogpsychology.htm>.

Muns, Margaret. "Canine Compuslive Disorders." *Bestfriends.* 24 Aug. 2004. 7 Aug. 2007 <http://network.bestfriends.org/library/download.aspx?d=136>.

Noakes, David. "Animal Behavior Course 2004070." U. of Guelph. Summer-Fall 2004.

"Domestication." Animal Behavior and Zoology Class 4070. University of Guelph. Sept. 2004.

Odendall, J.S.J. "An Ethological Approach to the Problem of Dogs Digging Holes." *Applied Animal Behavior Science* 52 (1996): 200-305. 10 June 2007 <http://www.lapuppyclasses.com/Digging%20Dogs.pdf>.

O'Heare, James. *Aggressive Behavior in Dogs – a Comprehensive Technical Manual for Professionals.* N.p.: DogPsych, 2007.

Overall, Karen. *Clinical Behavioral Medicine for Small Animals.* St. Louis: Mosby, 1997.

"How Animals Perceive the World: Non-Verbal Signaling." *Atlantic Coast Veterinary Conf.* 2001. 10 June 2007 <http://www.vin.com/VINDBPub/SearchPB/Proceedings/PR05000/PR00378.htm>.

"How to Deal with Anxiety and Distress Responses: Dogs." *Atlantic Coast Veterinary Conf.* 2001. 9 Oct. 2007 <http://www.vin.com/VINDBPub/Proceedings/PR05000/PRO00382.htm>.

") Myths and Legends in Animal Behavior: From the Past and Present." *Atlantic Coast Veterinary Conf.* 2001. 10 June 2007 <http://www.vin.com/VINDBPub/SearchPB/Proceedings/PR05000/PR00370.htm>.

Overall, Karen L. "Aggression: Triggers, Flashpoints, and Diagnoses." Paper Presented at *Atlantic Coast Veterinary Conf.* 2001. 14 Jan. 2008 <http://www.vin.com/VINDBPub/SearchPB/Proceedings/PR05000/PR00379.htm>. aggression

Popesko, Peter. *Atlas of Topographical Anatomy of the Domestic Dog.* Vol. 1. Philadelphia: W.B. Saunders, 1975.

Prestwich, Kenneth N. *Evolution and Game Theory.* Course home page. Coll. of the Holy Cross. 19 Sept. 2007 <http://www.holycross.edu/departments/biology/kprestwi/behavior/ESS/ESS_index_frmset.html>.

Price, Edward O. "Behavioral Aspects of Animal Domestication." *The Quarterly Review of Biology* 59.1 (Mar. 1984): 1-32.

Pryor, Karen. *Don't Shoot the Dog.* N.p.: Bantam, 1999.

"The Shape of Shaping: Some Historical Notes." *Karen Pryor's Clicker Training.* 10 Apr. 2007. 2 Sept. 2007 <http://www.clickertraining.com/node/1135>.

Rafe, Stephen. *Command-Train Your Dog to Performance Levels.* Ms. M301. Starfire Products. http://www.starfire-rapport.com/s_index.html.

Ramirez, Ken, Ed. *Animal Training: Successful Animal Management Through Positive Reinforcement.* Chicago: Shedd Aquarium Society, 1999.

Reid, Pamela. *Excel-Erated Learning.* Berkeley: Kenneth and James, 1996.

"Learning in Dogs." *The Behavioural Biology of Dogs.* 2007. Ed. Per Jensen. Cambridge: CABI, 2007. 120-144.

Rogers, Lesley, and Gisela Kaplan. *Spirit of the Wild Dog: The World of Wolves, Coyotes, Foxes, Jackals & Dingoes.* Crows Nest: Australia: Allen & Unwin, 2003.

Rugaas, Turid. *On Talking Terms with Dogs: Calming Signals.* 1997. 2nd ed. Wenatchee: Dogwise, 2006.

Scholz, Martina, and Clarissa Von Reinhardt. *Stress in Dogs.* Wantachee: DogWise, 2007.

Scott, John Paul, and John L. Fuller. *Genetics and the Social Behavior of the Dog: A Classic Study.* 1965. 1974 ed. Chicago: U of Chicago, n.d.

Searle, Edward, Ed. *In Praise of Animals.* Boston: Skinner, 2007.

Segursen, Sheila. "Socialization and Parvovirus Risk." *Shelter Medicine.* UC Davis Shelter Medicine Program. 25 Aug. 2007 <http://www.sheltermedicine.com/documents/Socialization_and_Parvovirus_Risk.doc>.

"Behavioral Assessment in Animal Shelters." *Maddie's Fund.* 14 Oct. 2007 <http://www.maddiesfund.org/organizations/behavior_assessment.html>.

Seligman, Martin E.P. "Learned Helplessness." *Annual Review of Medicine* 23 (Feb. 1972): 407-412. Play

Serpell, James. *Domestic Dog.* Cambridge, UK: Cambridge University, 1995.

Spector, Morgan. *Clicker Training for Obedience.* Waltham: Sunshine, 1999.

Svartberg, Kenith. "Individual Differences in Behaviour – Dog Personality." *The Behavioural Biology of Dogs.* Ed. Per Jensen. Cambridge: CABI, 2007. 182-206.

The Visual Dictionary. 14 Oct. 2007 <http://www.infovisual.info/02/070_en.html>.

Wells, Virginia. *Structure and Function of the Tail in Dogs.* 24 Aug. 2007 <http://www.petplace.com/article-printer-friendly.aspx?id=4811>.

Wilson, E. O. Interview with Lee Alan Dugatkin. *Principles of Animal Behavior.* By Lee Alan Dugatkin. N.p.: W.W. Norton & Company, 2004.

Wilson, E. O. *Sociobiology: The New Synthesis.* Cambridge: Harvard University, 1980.

Yin, Sophia. "Dominance versus Leadership." *Compendiumvet.com* (July 2007): 415-417.

"Vaccines vs Puppy Socialization: A Confusing Debate?" *Dr. Yin's Behavior Answers.* 25 Aug. 2007 <http://www.nerdbook.com/sophia/article1.html?num=107>.

Aktuelle Literatur

Aggression

Alexander, Sue. Aggression Seminar Manual. Guelph: Dogs in the Park, 2003.
Aloff, Brenda. Aggression in Dogs, Practical Management, Prevention & Behaviour Modification. Wanatchee: Dogwise, 2002.
Dunbar, Ian. Dog Aggression: Biting. 2007. DVD. Dogwise.com.
Dog Aggression Fighting. 2007. DVD. Dogwise.com.
O'Heare, James. Aggressive Behavior in Dogs – a Comprehensive Technical Manual for Professionals. N.p.: DogPsych, 2007.

Anantomie und Physiologie

Anatomy for the Pet Owner. U of Washington. 6 Jan. 2008 Anatomy for the Pet Owner. U of Washington. 6 Jan. 2008 <http://www.vetmed.wsu.edu/ClientED/anatomy/#systems>.
Asa, Cheryl S. and Carolina Valdespinot. "Canid Reproductive Biology: an Integration of Proximate Mechanisms and Ultimate Causes." Amer. Zool 38 (1998): 251-259. 5 Oct. 2007 <http://www.icb.oxfordjournals.org/cgi/reprint/38/1/251.pdf >.
Dog Reproductive Anatomy and Physiology. 5 Oct. 2007 <http://www.animal.ufl.edu/ANS3317L/badinga/Dog%20reproductive%20anatomy%20and%20physiology.pdf>.
Evans, and Christensen. *Miller's Anatomy of the Dog.* 1964. Philadelphia: W.B. Saunders, 1979.
Fletcher, Thomas. *Veterinary Anatomy at the College of Veterinary Medicine.* U of Minnesota. 16 Jan. 2008 <http://vanat.cvm.umn.edu/>.
Forsythe, Adrien. *The Natural History of Sex.* N.p.: Firefly, 2001.
Popesko, Peter. *Atlas of Topographical Anatomy of the Domestic Dog.* Vol. 1. Philadelphia: W.B. Saunders, 1975..
Wells, Virginia. *Structure and Function of the Tail in Dogs.* 24 Aug. 2007 <http://www.petplace.com/article-printer-friendly.aspx?id=4811>.

Verhalten

Beaver, Bonnie V. *The Veterinarian's Enclyclopedia of Animal Behavior.* Ames: Iowa State U, 1994.
The Behavioural Biology of Dogs. Ed. Per Jensen. Cambridge: CABI, 2007.
Fogle, Bruce. *The Dog's Mind: Understanding Your Dog's Behavior.* New York: MacMillan, 1990.
Know Your Dog, an Owners Guide to Dog Behavior. New York: Dorling Kindersley LTD, 1992.
Grandin, Temple and Deesing, Mark J.. "Genetics and the Behavior of Domestic Animals." *Behavioral Genetics and Animal Science.* San Diego: Academic , 1998. 1-53. 17 June 2007 <http://www.grandin.com/references.html>.
Hofmeister, Erik, Melinda Cumming, and Cheryl Dhein. *"Coprophagia In The Canine." Behavior and Training Topics.* Douglas Island Veterinary Service. 2 July 2007 <http://home.gci.net/~divs/behavior/coprophagia.html>.
Horwitz, Debra, and Gary Landsberg. "Compulsive, Stereotypic and Displacement Disorders." *Rutland Veterinary Clinic and Surgical Center.* 7 Aug. 2007 <http://rutlandvet.com/compulsivedisorders.html>.
Merck. "Principles of Behavior Modification and Treatment." *The Merck Veterinary Manual.* 4 July 2007 <http://www.merckvetmanual.com/mvm/index.jsp?cfile=htm/bc/140102.htm>.
Miklosi, Adam, et al. "A Simple Reason for a Big Difference: Wolves Do Not Look Back at Humans, but Dogs Do." *Current Biology* 13 (Apr. 2003): 763-767.
Munn, Margaret. "Canine Compuslive Disorders." *Bestfriends.* 24 Aug. 2004. 7 Aug. 2007 <http://network.bestfriends.org/library/download.aspx?d=136>.
Odendall, J. S. J. "An Ethological Approach to the Problem of Dogs Digging Holes." *Applied Animal Behavior Science* 52 (1996): 200-305. 10 June 2007 <http://www.lapuppyclasses.com/Digging%20Dogs.pdf>.
Overall, Karen. *Clinical Behavioral Medicine for Small Animals.* St. Louis: Mosby, 1997.
"How to Deal with Anxiety and Distress Responses: Dogs." *Atlantic Coast Veterinary Conference.* 2001. 9 Oct. 2007 <http://www.vin.com/VINDBPub/Proceedings/PR05000/PR00382.htm>.
"Myths and Legends in Animal Behavior: From the Past and Present." *Atlantic Coast Veterinary Conference.* Proc. of ...Atlantic Coast Veterinary Conf 2001. 10 June 2007 <http://www.vin.com/VINDBPub/SearchPB/Proceedings/PR05000/PR00370.htm>
Svartberg, Kenith. "Individual Differences in Behaviour – Dog Personality." *The Behavioural Biology of Dogs.* Ed. Per Jensen. Cambridge: CABI, 2007. 182-206.
Wilson, E. O. Interview with Lee Alan Dugatkin. *Principles of Animal Behavior.* By Lee Alan Dugatkin. N.p.: W.W. Norton & Company, 2004.

Körpersprache und Kommunikation

Abrantes, Roger. *Dog Language: An Encyclopedia of Dog Behavior.* Naperville: Wakan Tanka, 1997.
Aloff, Brenda. *Canine Body Language – A Photographic Guide – Interpreting the Native Language of the Domestic Dog.* Wenatchee: DogWise, 2005.
Blakeslee, Sandra. "If You Want to Know if Spot Loves You So, It's in His Tail." *New York Times* 24 Apr. 2007. 10 June 2007 <http://www.nytimes.com/2007/04/24/science/24wag.html?ex=1335067200&en=ab3e625105f41358&ei=5090>.
Byrne, Richard W. "Animal Communication: What Makes a Dog Able to Understand Its Master?" *Current Biology* 13: R347-R348. 29 Apr. 2003. 17 June 2007 <http://www.ingentaconnect.com/content/els/09609822/2003/00000013/00000009/art00271>.
Clothier, Suzanne. *Body Posture & Emotions: Shifting Shapes; Shifting Minds.* Stanton, NJ: Flying Dog Press. Stanton: Flying Dog, 1996.
He Just Wants to Say Hi. 24 Aug. 2007 <http://www.flyingdogpress.com/sayhi.html>.
Coren, Stanley. *How To Speak Dog.* New York: Free Press, 2000.
Dibra, Bash, and Mary Ann Crenshaw. *Dogspeak: How to Learn It, Speak It, and Use It to Have a Happy, Healthy, Well-Behaved Dog.* N.p.: Simon & Shuster, 2001.
Goodman, Patricia A., Erich Klinghammer, and Jessica Willard. *Wolf Ethogram.* Ethology Series 3. Battle Ground: Eckhard H. Hess Institute of Ethology, 2002.
Goodwin, Deborah, John W.S. Bradshaw, and Stephen M. Wickens. "Paedomorphosis Affects Agonistic Visual Signals of Domestic Dogs." *Animal Behavior* 53 (1997): 297-304.
Kalnaijs, Sarah. *The Language of Dogs.* Blue Dog Training & Behavior, 2006. DVD-ROM.
Milani, Myrna M. *The Body Language and Emotion of Dogs: A Practical Guide to the Physical and Behavioral Displays Owners and Dogs Exchange and How to Use Them to Create a Lasting Bond.* New York: Quill William Morrow, 1986.
Overall, Karen. *Clinical Behavioral Medicine for Small Animals.* St. Louis: Mosby, 1997.
"How Animals Perceive the World: Non-Verbal Signaling." *Atlantic Coast Veterinary Conf.* 2001. Proc. of ...Atlantic Coast Veterinary Conf 2001. 10 June 2007 <http://www.vin.com/VINDBPub/SearchPB/Proceedings/PR05000/PR00378.htm>
Rugaas, Turid. *On Talking Terms with Dogs: Calming Signals.* 1997. 2nd ed. Wenatchee: Dogwise, 2006.

Hunde in der Literatur

In Praise of Animals. Ed. Edward Searl. Boston: Skinner, 2007.
Paulsen, Gary. *Winterdance: The Fine Madness of Running the Iditarod.* Orlando: Harcourt Brace, 1994.

Domestikation

Beach, F., M. Buehler, and I. Dunbar. "Competitive Behavior in Male, Female, and Pseudohermaphroditic Female Dogs." *Journal of Comparative and Physiological Psychology* 96.6 (1982): 885-874.
Frank, Harry, and Martha Gialdinin Frank. "On the Effects of Domestication on Canine Social Development and Behavior." *Applied Animal Behavior* 8 (Aug. 1982): 507-525. Deep Blue at the University of Michigan. 17 June 2007 <http://hdl.handle.net/2027.42/23918>.

Mit dem Verhältnis zu Hunden ist der Mensch höchstwahrscheinlich die engste Verbindung zu einer anderen Art eingegangen, die einen Dialog ermöglicht. Es ist nicht überraschend, dass Menschen nach Hundekontakten, besondere Gefühle ihnen gegenüber haben.

James Serpell

Goodwin, Deborah, John W.S. Bradshaw, and Stephen M Wickens. "Paedomorphosis Affects Agonistic Visual Signals of Domestic Dogs." *Animal Behavior* 53 (1997): 297-304.

Price, Edward O. "Behavioral Aspects of Animal Domestication." *The Quarterly Review of Biology* 59.1 (Mar. 1984): 1-32.

Dominanz

Appleby, David. "Canine Dominance Revisited." *The Association of Pet Behaviour Counselors.* 2004. 17 June 2007 <http://www.apbc.org.uk/article13.htm>.

Beach, F., M. Buehler, and I. Dunbar. "Competitive Behavior in Male, Female, and Pseudohermaphroditic Female Dogs." *Journal of Comparative and Physiological Psychology* 96.6 (1982): 885-874.

Bekoff, Marc. "Observations of Scent-Marking and Discriminating Self From Others by a Domestic Dog (Canis Familiaris): Tales of Displaced Yellow Snow." *Behavioral Processes* 55 (2001): 75-79.

Buitrago, Pamela. "Debunking the Dominance Myth." *Dog Nose News.* Nov. 2004. 18 June 2007 <http://www.clickersolutions.com/articles/2004/Debunking.pdf>.

Dodman, Nicolas. "The Myth of the Macho Dog." Online posting. 10 Jan. 1989. *Clicker Solutions.* 10 June 2007 <http://www.clickersolutions.com/articles/2001/macho.htm>.

Eaton, Barry. Dominance: Fact or Fiction. Buck: UK: Greenford, 2005.

Horwitz, Debra. "Changing the Owner-Pet Relationship." *Atlantic Coast Veterinary Conf.* 2001. 10 June 2007 <http://www.vin.com/VINDBPub/SearchPB/Proceedings/PR05000/PR00470.htm>

The Pet Cast, with Steve Dale. wgn radio. wgn. 1 Nov. 2006. Transcript. 10 June 2007 <http://caster.wgnradio.com/podcasts/petpod-013-061101.mp3>.

Ryan, Terry. "Assessing the Alpha Roll." *APDT Newsletter* (Aug. 2001): 1+. 17 June 2007 <http://www.apdt.com>. Path: http://www.apdt.com/po/chronicle/article_index.aspx.

"Aversives." *Legacy Canine Training Tips.* 25 Aug. 2007 <http://www.legacycanine.com/tips/aversives_training.html>.

Wilde, Nicole. "Leadership vs. Dominance." *Gentle Guidance 4 Dogs.* 2001. 17 June 2007 <http://www.gentleguidance4dogs.com/dominance_vs_leadership.htm>.

Yin, Sophia. "Dominance versus Leadership." *Compendiumvet.com* (July 2007): 415-417.

Gefühle bei Tieren und in der Mensch-Tier-Beziehung

Bekoff, Marc. "Do Animals Have Emotions." *The Bark* June 2007: 49-51.

The Emotional Lives of Animals. Novaro: New World Library, 2007.

Minding Animals: Awareness, Emotions, and Heart. New York: Oxford University, 2002.

Goodall, Jane, and Marc Bekoff. *The Ten Trusts: What We Must Do to Care for the Animals We Love.* New York: HarperSanFrancisco, 2002.

Masson, Jeffrey Moussaieff. *Dogs Never Lie about Love: Reflections on the Emotional World of Dogs.* New York: Three Rivers, 1997.

McConnell, Patricia. *For the Love of a Dog – Understanding Emotion in You and Your Best Friend.* New York: Balintine, 2006.

Ethologie

Abrantes, Roger. *The Evolution of Canine Social Behavior.* Naperville: Wakan Tanka, 2005.

Coppinger, Lorna, and Raymond Coppinger. *Dogs.* 10 June 2007 <http://www.pets.f9.co.uk/shop/media/dogs.htm>.

Coppinger, Raymond, and Lorna Coppinger. *Dogs.* New York: Scribner, 2001.

Coren, Stanley. *How Dogs Think.* New York: Free Press, 2004.

Craig, Wallace. "Appetites and Aversions as Constituents of Instincts." *Proceedings of the National Academy of Sciences of the United States of America.* 1917. 685-688. 17 June 2007 <http://www.pnas.org/cgi/reprint/3/12/685.pdf>.

Dawkins, Richard. *The Selfish Gene.* 1975. Oxford: Oxford University, 1989.

Dodman, Nicholas. "Ethology The Study of Behavior." *Pet Place.* 10 June 2007 <http://www.petplace.com/dogs/ethology-the-study-of-animal-behavior/page1.aspx>.

Fox, Michael W. *Behaviour of Wolves Dogs and Related Canids.* New York: Harper & Row, 1971.

The Dog: Its Domestication and Behavior. New York: Garland STPM, 1978.

Fox, Michael W., and Marc Bekoff. "The Behaviour of Dogs." *The Behaviour of Domestic Animals.* 1975. Ed. E.S.E. Hafez. London: Bailliere Tindall, 1975.

Fox, Michael W., A.M. Blackman, and E. Blackman. "Behaviour and Ecology of a Small Group of Urban Dogs (Canis Familiaris)." *Applied Animal Ethology* 1 (1975): 118-127. animalbehavior.net. 10 June 2007 <http://animalbehaviour.net/JudithKBlackshaw/Chapter7b.htm>.

Goodman, Patricia A., Erich Klinghammer, and Jessica Willard. *Wolf Ethogram.* Ethology Series 3. Battle Ground: Eckhard H. Hess Institute of Ethology, 2002.

Greenberg, Neil. "Ecological Perspective." Deep Ethology. 2002. 10 June 2007 <https://notes.utk.edu/bio/greenberg.nsf/854ba168246c647285256 3ee006f31ee/74ebb869344f1c69852564a2003988 29?OpenDocument>.

Introduction to Ethology (The Zoological Study of Animal Behavior). 17 June 2007 <http://cas.bellarmine.edu/tietjen/ethology/introduction_to_ethology.htm>.

Klinghammer, Erich. *Applied Ethology: Some Basic Principles of Ethology and Psychology.* Battle Ground: North American Wildlife Park Foundation, 1992.

Kohl, Judith, and Herbert Kohl. *The View from the Oak.* 1977. New York: The New, 2000.

Lorenz, Konrad. *King Solomon's Ring.* New York: Thomas Crowell, 1952.

Man Meets Dog. Middlesex, UK: Penguin, 1955.

Ridley, Matt. *The Red Queen, Sex and the Evolution of Human Nature.* 1993. NYC: Harper Perennial, 2003.

Scott, John Paul, and John L. Fuller. *Genetics and the Social Behavior of the Dog: A Classic Study.* 1965. 1974 ed. Chicago: U of Chicago, n.d.

Serpell, James. *Domestic Dog.* Cambridge, UK: Cambridge University, 1995.

Lerntheorie und Training

Alexander, Melissa. *Click for Joy.* Waltham: Sunshine, 2003.

How You Get Behavior Really Does Matter." *Teaching Dogs.* Rpt. in Clicker Solutions. 2 Sept. 2007 <http://www.clickersolutions.com/articles/2004/gettingbehavior.htm>.

Alexander, Sue. *The Quicker Clicker Kit: Dogs in the Park,* 2003.

Animal Training: Successful Animal Management Through Positive Reinforcement. Ed. Ken Ramirez. Chicago: Shedd Aquarium Society, 1999.

AVSAB Position Statement: The Use of Punishment for Behavior Modification in Animals." *American Veterinary Society of Animal Behavior.* 14 Jan. 2008 <http://www.avsabonline.org/avsabonline/index.php?option=com_content&task=view&id=117&Itemid=302>. Punishment training

Ganley, Dee. *Changing People – Changing Dogs: Positive Solutions for Difficult Dogs.* Glos, UK: Learning About Dogs, 2006.

"Habituation." *Animal Behavior Online.* 18 June 2007 <http://www.animalbehavioronline.com/habituation.html>.

Handelman, Barbara. "The Marriage of Target and Retrieve." *Dog Training at Home.* 9 Oct. 2007 <http://www.dogtrainingathome.com/target-andretrieve.pdf>.

John, Holmes. *The Farmer's Dog.* 1960. London: Popular Dogs, 1975.

Johnson, Doug. "A Beginner's Guide to Operant Conditioning." *Clicker Solutions.* 1999. 2 Sept. 2007 <http://www.clickersolutions.com/articles/2001/ocguide.htm>.

Wölfe haben erstaunliche Ähnlichkeiten mit uns. Wie keine andere Kreatur bieten sie uns einen Spiegel, um uns selbst zu betrachten. Wir sehen darin unsere guten und schlechten Seiten, unsere selbstlose Liebe und verblüffende Grausamkeit. Wir sehen uns, wie wir sind und wie wir sein könnten.

Peter Steinhart

Nun grollt der hungrige Löwe,
und der Wolf heult zum Mond.

Shakespeare,
A Midsummer Night's Dream, v.l. 379

Lawrence, Ron. "Training Theory." *Doghouse*. 2 Sept. 2007 <http://www.avalanche.org/~doghouse

Lindsay, S. R. *Handbook of Applied Dog Behavior and Training*. Vol. 1: Adaptation and. N.p.: Iowa State Univ., 2000.

Longton, Tim, and Edward Hart. *The Sheep Dog: Its Work and Training*. North Pomfret: David & Charles, 1976.

Pryor, Karen. *Don't Shoot the Dog*. N.p.: Bantam, 1999.

"The Shape of Shaping: Some Historical Notes." *Karen Pryor's Clicker Training*. 10 Apr. 2007. 2 Sept. 2007 <http://www.clickertraining.com/node/1135>.

Rafe, Stephen. *Command-Train Your Dog to Performance Levels*. Ms. M301. Starfire Products. http://www.starfire-rapport.com/s_index.html.

Reid, Pamela. *Excel-Erated Learning*. Berkeley: Kenneth and James, 1996.

"Learning in Dogs." *The Behavioural Biology of Dogs*. 2007. Ed. Per Jensen. Cambridge: CABI, 2007. 120-144.

Seligman, Martin E.P. "Learned Helplessness." *Annual Review of Medicine* 23 (Feb. 1972): 407-412. Play

Spector, Morgan. *Clicker Training for Obedience*. Waltham: Sunshine, 1999.

Thorpe, W. H. *Learning and Instinct in Animals*. Cambridge: Harvard University, 1963.

Tillman, Peggy. *Clicking with Your Dog*. Waltham: Sunshine, 2000.

Treat, Sally. "Understanding Learned Helplessness." *Journal of the Academy of Canine Behavioral Theory* 1.3 (Fall 2002). 30 Sept. 2007 <http://www.uspcak9.com/training/vol1no3.pdf>.

Yin, Sophia. *How to Behave so Your Dog Behaves*. Neptune City: T.F.H., 2004.

Spiel

Bekoff, Marc. "Play Signals as Punctuation: The Structure of Social Play in Canids." *Behaviour* 132: 419-429. 10 June 2007 <http://cogprints.org/158/00/199709003.html>.

"Social Play Behavior." *Journal of Consciousness Studies* 8.2 (2001): 81-90. Play

"Wild Justice and Fair Play: Animal Origins of Social Morality." *Program of Dialogue on Science, Ethics, and Religion*. 2003. 17 June 2007 <http://www.aaas.org/spp/dser/02_Events/Lectures/2003/02_Lecture_2003_1016.pdf>.

Bekoff, Marc, and John Alexander Byers. *Animal Play: Evolutionary, Comparative and Ecological Perspectives*. Cambridge: Cambridge University, 1981.

Dodman, Nicholas, Dr. "How Dogs Play." *PetPlace.com*. 18 June 2007 <http://www.petplace.com/dogs/how-dogs-play/page1.aspx>.

Soziale Hierarchien

Dunbar, Ian. "Social Hierarchies." *American Kennel Club Gazette* July 1989. Rpt. in Clicker Solutions. 11 Aug. 2007 <http://www.clickersolutions.com/articles/2001/hierarchies.htm>.

Sozialisation

Anderson, Robert K. "Puppy Vaccination and Socialization Should Go Together." *APDT Official Website*. 26 Aug. 2007 <http://www.apdt.com/po/rk_anderson_letter.aspx>.

"Dog Socialisation." *The Blue Cross*. 25 Aug. 2007 <http://www.bluecross.org.uk/web/site/Pawprint/AllAboutPets/Socialising.asp>.

Segursen, Sheila. "Socialization and Parvovirus Risk." *Shelter Medicine*. UC Davis Shelter Medicine Program. 25 Aug. 2007 <http://www.sheltermedicine.com/documents/ Socialization_and_Parvovirus_Risk.doc>.

Yin, Sophia. "Vaccines vs Puppy Socialization: A Confusing Debate?" Dr. Yin's Behavior Answers. 25 Aug. 2007 <http://www.nerdbook.com/sophia/article1.html?num=107>.

Stress

Scholz, Martina, and Clarissa Von Reinhardt. *Stress in Dogs*. Wantachee: DogWise, 2007.

Selye, Hans. *Stress without Distress*. Philadelphia: Lippencott, 1974.

Wesenstest

Ganley, Dee, and Nancy Lyon. "Applying Temperament Evaluation Scoring to Adoption Placement." *Shelter Evaluation Articles*. 15 Oct. 2007 <http://www.deesdogs.com/shelter_evaluations.htm>.

Goddard, M. E., and R. G. Beilharz. "Early prediction of adult behaviour in potential guide dogs." *Applied Animal Behaviour Science* 15 (1984): 247-260.

Kalnajs, Sarah. *Am I Safe? The Art & Science of Canine Behavior Assessments*. 2006. DVD set.

Segurson, Sheila. "Behavioral Assessment in Animal Shelters." *Maddie's Fund*. 14 Oct. 2007 <http://www.maddiesfund.org/organizations/behavior_assessment.html>.

Wölfe und andere Caniden

Barry, Lopez. *Of Wolves and Men*. New York: Charles Scribner's Sons, 1978.

Barry, Scott Ian. *Wolf Empire, An Intimate Portrait of a Species*. Guilford: Lyons, 2007.

Brandenburg, Jim. *Brother Wolf: A Forgotten Promise*. Minicqua: North Wood, 1993.

White Wolf: Living with an Artic Legend. Ed. James S. Thornton. Minoequa: NorthWord, 1988.

Feher-Elston, Catherine. *Wolf Song: A Natural and Fabulous History of Wolves*. London: UK: Penguin, 2004.

Fox, Michael W. *Behaviour of Wolves, Dogs, and Related Canids*. New York: Harper & Row, 1971.

Halfpenny, James C. *Yellowstone Wolves in the Wild*. Helena: Riverbend, 2003.

Mech, L. David. *The Wolf: The Ecology and Behavior of an Endangered Species*. Minneapolis: U of Minnesota, 1970.

"Alpha Status, Dominance, and Division of Labor in Wolf Packs." *Canadian Journal of Zoology* 77 (May 2000): 1196-1203. 17 June 2007 <http://www.npwrc.usgs.gov/resource/2000/alstat/alstat.htm>.

Rogers, Lesley J., and Gisela Kaplan. *Spirit of the Wild Dog: The World of Wolves, Coyotes, Foxes, Jackals & Dingoes*. Crows Nest: Allen & Unwin, 2003.

Smith, Douglas W., and Gary Ferguson. *Decade of the Wolf: Returning the Wild to Yellowstone*. Guilford: Lyons, 2005.

Steinhart, Peter. *The Company of Wolves*. New York: Vintage, 1995.

Websites

Anatomy for the Pet Owner. U of Washington. 6 Jan. 2008 <http://www.vetmed.wsu.edu/ClientED/anatomy/#systems>.

Asian Protection Network. 10 June 2007 <http://www.aapn.org/>.

At Our Hands: A Pictorial of Animal Exploitation. 10 June 2007 <http://www.atourhands.com/home.html>.

Datt, Vicki L, and Thomas F. Fletcher. *Gait Foot-Fall Patterns*. 6 Oct. 2007 <http://vanat.cvm.umn.edu/gaits/index.html#top>.

Dunbar, Ian. *Dog Star Daily*. 2 Feb. 2008 <http://www.dogSTARdaily.com>.

Fletcher, Thomas. *Veterinary Anatomy at the College of Veterinary Medicine*. U of Minnesota. 16 Jan. 2008 <http://vanat.cvm.umn.edu/>.

Florida Nature. 16 June 2007 <http://www.floridanature.org/>.

Ganley, Dee. *Dee Ganley Dog Training Services*. 2 Feb. 2008. <http://www.deesdogs.com/>

Meredith, Michael. *Florida State University Veterinary College*. 23 Oct. 2007 <http://neuro.fsu.edu/~mmered/index.htm>.

The Visual Dictionary. 14 Oct. 2007 <http://www.infovisual.info/02/070_en.html>.

DVDs

Dunbar, Ian. *Dog Aggression: Biting*. 2007. DVD. Dogwise.com.

Dog Aggression Fighting. 2007. DVD. Dogwise.com.

Kalnaijs, Sarah. *The Language of Dogs*. Blue Dog Training & Behavior, 2006. DVD-ROM.

Am I Safe? The Art & Science of Canine Behavior Assessments. 2006. DVD set.

Hunde wurden speziell für Kinder gemacht. Sie sind die Götter der Fröhlichkeit.

Henry Ward Beecher

Außer Hunden sind Bücher die besten Freunde eines Mannes; in Hunden ist es zu dunkel zum Lesen.

Groucho Marx

Register

Viele, die ein ganzes Leben in Liebe verbracht haben, können uns weniger darüber erzählen, als ein Kind, das gestern seinen Hund verloren hat.

Thornton Wilder

Der beste Platz, um einen guten Hund zu begraben, ist im Herzen seines Herrn.

Ben Hur Lampman

Autoren-Index

DOG: Eine Art Ergänzungs- und Ersatzgottheit, um das Übermaß an Anbetung aufzufangen, das in der Welt vorhanden ist.

Ambrose Bierce

Das Leben von Tieren zu betrachten, schärft den Blick für unser eigenes Leben und macht es größer und besser in jeder Hinsicht.

John Muir

Bildnachweis

Mit Fotos von: **Barbara Handelman:** S. 17: ol, um; 19u, 22, 25: ol, ul; 26: ul, ur; 29: r, ol; 33, 35: or, ur; 39ul, 40l, 42: ul, um, ur; 43: or, mr; 47or; 50: o, u; 51u; 52 (Illu: Douglas Lufkin); 53 (Illu: Douglas Lufkin); 550; 56: or, mr; 600; 61: ol, or; 64: 2. Bild von oben; 65alle; 66alle; 67alle; 70ol; 71: l, r (Morphing: Douglas Lufkin); 73: ol, or; 74ol; 75: ol, or; 77or; 79; 80: ol, ml, ul, ur; 81: ol, ul; 82: ol, ul; 85ul; 87; 89: alle oben, ml, mr, u; 90: om, mr, ur; 96; 99: ol, om, or; 100: mm, mr; 101m; 104ul; 106; 107or; 108: ml, mm; 113u; 114ur; 116l; 117alle; 121ol; 125: or, ul, ur; 126: ol, or, ml; 127: or: beide, ur; 130alle; 134ubeide; 135: or, ul; 1. und 2. Bild von unten rechts; 137ol; 152; 155: or, ul, ur; 157ur; 158: ol, ul, ur; 159: om, um; 160o:beide; 161: ol, ul; 163u; 165: 1. und 2. Bild von oben; 170u: beide; 176; 179beide; 181alle; 184; 191; 193ul; 197or; 198: ol, ul; 203: or, ul; 204: obere Reihe, ul, um; 205ol; 206ol; 209l; 210: ol, ml, mr, ul; 211: ol, om, untere Reihe; 215: ol, or; 216; 221: ul, ur; 222: ol, mr, ul, ur; 223ol; 227: ol, ro, ru; 229or; 230: lm, lu; 231ol; 232alle; 241; 242: o, ul; 243: ol, om, ur; 244ol; 245: o, u; 246: or, ml; 247u; 248alle; 253o; 255u; 261: or, omr; 264; 265: or, ml; 266: alle links, rm: beide; 268: ol, ml, mr, ur; 272ul; 276ul; 277alle; 280o; 281: ol, or, mr; 283alle; 285alle; 287r; 288: olm, ml; 290o; 293or; 294or; 295: ml, mr, ul, ur; 297l; 298; 302: ol, or, mr; 303: 1. Reihe beide, 2. Reihe rechts, 3. Reihe links; 325: ml, mr; 331ur; 335: m, ul; 337alle; 339: or, ul; 342: mm, ur; 345: ol, or, mr, u. **Brad Crayne:** S. 295or. **Daniela Kinzel-Beiswanger:** S. 223mr. **Debi Davies:** S. 80mm. **Dee Ganley:** S. 61ul; 89mm; 265mr; 288ol. **Diane Lewis:** S. 7l; 138; 150beide. **Elizabeth Way:** S. 135r: 2. Bild von oben; 160ml; 265ur; 279l; 280u. **istockphoto / Joop Shijder:** S. 144o.
istockphoto / Kate Leigh:S. 136u; 140; 146o. **istockphoto / Lawrence Sawyer:** S. 143o. **istockphoto / Margo Harrison:** S. 136ol. **istockphoto / Matt Cooper:** S. 45. **istockphoto / Michael Thompson:** S. 151m. **istockphoto / Robert Churchill:** S. 145o. **istockphoto/ Waldemar Dabrowski:** S. 151ol.
Jennifer Parizo:S. 54: ul, ur; 56ol; 59o; 80or; 81ur; 90or; 90mm; 101l; 125ol; 133ul; 134o; 153; 155ol; 157or; 163or; 172; 180alle; 182alle; 183alle; 195ur; 196ul; 211or; 234r; 244ul; 265ol, ul; 266ur; 267: ol, or, ml, mr, 2. Bild von unten links; 268: 2. Bild von unten rechts; 289u. **Kevin Peuhkurinen:** S. 37u; 142o; 147beide; 149u; 163; 213l; 223or; 231or; 253: 2. Bild von unten; 299l; 326u. **Lore Haug:** S. 59u; 262alle; 267ur. **Lynn Crook:** S. 42o; 55m; 61om; 83r; 90ol; 107ol; 107om; 268or; 271: 1. und 2. Reihe. **Marco de Kloet:** S. 50r; 8r; 9l; 10beide; 11alle; 14o; 15alle; 16alle; 17: om, or, mr, ur, ul, ml; 23alle; 29ur; 43: ol om, ul, ur; 44; 46; 47: m, mr, u; 51o; 54: ol, or, um; 57alle; 58alle; 60ul; 61ur; 68; 75um; 85ur; 90ul; 91alle; 100om, 104ol; 107: ul, um; 108ol; 126: om, ur; 137: or, ml, mr, ul, ur; 159or; 161: ml, mr; 167: o, m, u; 168: ol, om, or; 189; 192l; 196: ol, or; 197: ml, mul, mr; 206or; 212ul; 215: ul, ur; 218: ol, om, or; 228; 240; 246: ol, untere Reihe; 255or; 258alle; 259alle; 284alle; 291alle; 297r; 299: m, r; 300; 301: ol, or, ul, ur; 303: 3. Reihe rechts, 4. Reihe links und rechts; 323ur; 326o; 328; 331: ol, ml, ul; 335: ol, or, ur; 339: ol, ml; 342: or, ml, mr, ul; 345ml. **Maria Ricketts:** S. 223 ml. **Michelle Morgan:** S. 36l. **Monty Sloan:** S. 3; 4alle; 5ol; 6beide; 7r; 8l; 9r; 12; 13; 14u; 18; 19o; 20; 24; 25ur; 26: o, um; 28; 35ul; 36r; 37o; 38; 39: or, um, ur; 40r; 41; 47: ol, om; 56u; 64: 2. Bild von unten; 69alle; 70: or, ul, ur; 72alle; 73u; 74r; 75: ul, ur; 76: o, l or; 77: ol, m, ul, um, ur; 78; 80: mr, um; 81or; 82r; 83l; 86; 90ml; 93; 94alle; 95alle; 97alle; 98; 99u; 100: ol, or, ml, u; 105; 107ur; 108mr; 110; 111alle; 112; 113o; 114: l, or; 115o; 116r; 118; 119alle; 120alle; 121: or, ul, ur; 122alle; 123alle; 124; 126: ul, ur; 127ul; 128; 131; 132o; 133: o, ur; 141; 142u; 143u; 144u; 145: ul, ur; 146u; 148beide; 149o; 151: or, u; 156beide; 157um; 158om; 159ol; 160ul; 161ur; 162; 163om; 164; 166: ol, m; 167: 2. Bild von unten; 168: m, u; 169; 170o: beide; 171alle; 190; 192r; 193: or, ur; 194beide; 195l; 198ur; 199; 200; 201alle; 202; 203ur; 204ur; 205or; 206u; 207; 208; 210ur; 212: ol, or, ur; 213r; 217; 219; 221o; 222: or, ml; 223ul; 224; 225; 226beide; 227: rom, lu; 229u; 230r; 231: ul, ur; 233alle; 238alle; 239alle; 242ur; 243: or, ul; 244: om, um; 247o; 251: om, mr, ur; 252u; 253: u, 2.Bild von oben; 254: o, m; 255l; 260; 261: mu, oru; 263alle; 266or; 268ul; 269alle; 270; 271u; 272: o, ur; 276ur; 278; 279r; 281u; 282: ol, olm, ur; 286alle; 287l; 288ur; 289o; 292; 293: ul, ur; 294u; 302: ml, ul, ur; 303: 2. Reihe links; 304alle; 324alle; 325: ol, or mu; 326: 2. Bild von unten; 337alle; 339mr; 348. **Nancy Lyon:** S. 267: 2. Bild von unten rechts. **Rachel Friedman:** S. 76ur; 220. **Sabarika:** S. 25or; 56ml; 60ur; 62alle; 63alle, 64: o, u; 85: or, ol; 101r; 104: or, ur; 115u, 165: 1. und 2. Bild von unten; 166: or, u; 193ol; 195or; 198: 2. Bild von oben; 203ol; 209r; 210or; 212um; 218u; 230ol; 234l; 237; 251: ol, ul, or; 254u; 267ul; 282ul; 288or; 290u; 293mr; 294ol; 301: ml, mr; 326: 2. Bild von oben.

Impressum

Aus dem Englischen übersetzt von Dr. Barbara Schöning, MSc. PhD., Fachtierärztin für Verhaltenskunde und Tierschutz, Zusatzbezeichnung Tierverhaltenstherapie (www.struppi-co-verhaltenstherapie.de)

Titel der Originalausgabe: Canine Behavior: A Photo Illustrated Handbook English Edition published by Woof and Word Press, Norwich, Vermont, USA. ISBN 978-0-9765118-2-3.

Umschlaggestaltung von Populärgrafik, Stuttgart unter Verwendung eines Farbfotos auf der Umschlagvorderseite (U1) von Sabine Stuewer und fünf Farbfotos auf der Umschlagrückseite (U4) von Monty Sloan (2. Bild von links, 2. Bild von rechts) und Marco de Kloet (links, Mitte, rechts)

MIX Papier | Fördert gute Waldnutzung FSC® C004592 FSC www.fsc.org

Gedruckt auf chlorfrei gebleichtem Papier

Für die deutschsprachige Ausgabe:

Pfizerstraße 5–7, 70184 Stuttgart
kosmos.de/servicecenter

ISBN 978-3-440-12069-9
Redaktion: Ute-Kristin Schmalfuß, Valeska Klauder
Gestaltungskonzept und Satz: Populärgrafik, Stuttgart
Produktion: Eva Schmidt
Printed in Germany/Imprimé en Allemagne